對本書的讚譽

對人們影響深遠的經典，往往是一些內容精實的著作，例如英文寫作聖經《The Elements of Style》、為會議帶來秩序的《羅伯特議事規則》。這兩本著作看似短小，卻影響了整個人類世界。我認爲這本書也能躋身感動讀者的經典之列。打開這份精彩絕倫的簡報設計指南，學習打造簡單而明確的訊息。正如他所堅持的簡單原則，賈爾・雷諾茲以一種自然而寫意的方式傳授簡報技巧，分享成功簡報案例。

——**Ric Bretschneider**
微軟 PowerPoint 開發團隊資深專案經理（1993-2010）

賈爾對所有感到灰心或無助的觀眾來說，是盞希望的明燈。他的設計哲學和基礎原則為訊息賦予生命，並讓各種職業充滿活力。他的簡單原則，就像是一場靈魂擺脫滑鼠桎梏的旅程。

——**Nancy Duarte**《簡報女王的故事力！矽谷最有說服力的不敗簡報聖經》、
《矽谷簡報女王用數據說出好故事》作者

這本書改變了我的人生以及我的客戶。身為溝通專家，我一直在找尋一種方式來製作影像，好讓這些影像不僅能支持我所說的話，同時不會轉移故事的焦點。賈爾的書優雅又流暢地說明了影像設計的概念和方法，絕對能夠啟發你的觀眾。在讀這本書之前，千萬不要再做簡報！

——**Carmine Gallo**《跟 TED 學表達，讓世界記住你》作者

賈爾讓我們用不同的方式來看待簡報的力量；更重要的是，他教導了整個世代的溝通者，該如何才能把他們的工作做好。千萬別錯過這本書！

——**Seth Godin**《這才是行銷》作者

如果你注重簡報的品質，在乎訊息內容明確清晰，那麼你該讀這本書，閱讀每一頁，仔細品味書中智慧。這是一本當代經典著作。

——**Daniel H. Pink**《動機，單純的力量》、《未來在等待的人才》作者

四年前，蓋爾的這本大作全面顛覆了溝通者的世界。幾乎在一夜之間，曾經華而不實、陳腐乏味的內容變得字字珠璣、擲地有聲，甚至可以說是趣味橫生。在成千上萬次煥然一新的簡報演說之後，這個世界已經準備好再度溫故知新，就在我們最需要的時候，蓋爾再次施展他的魔法。

——**Dan Roam**《餐巾紙的背後》作者

簡報美學

簡報X設計X呈現

Presentation **Zen**

To Mom & Dad

目錄

致謝

如果沒有一路上各方人士的支持與協助，我不可能完成這本書。我想感謝以下所有人對本書的貢獻與鼓勵。

感謝 Guy Kawasaki 為本書製作視覺化推薦序。

感謝 Pearson 的 Laura Norman 鼓勵我撰寫本書第三版，感謝 Victor Gavenda 與 Linda Laflamme 兩位編輯，以及 Tracey Croom 與她的製作團隊 David Van Ness 與 Becky Chapman-Winter。

感謝 Nancy 與 Mark Duarte，以及矽谷 Duarte 公司的優秀成員這幾年的大力支持。

感謝以下人們對於本書的貢獻，包括 Seth Godin、Dr. Ross Fisher、Jon Schwabish、Gihan Perera、Masayoshi Takahashi、Sunni Brown、Clement Cazalot、Markuz Wernli Saito 以及 Dr. Andreas Eenfeldt。感謝巴黎的 Phil Waknell 和 Pierre Morsa，以及斯德哥爾摩的 Gapminder 基金會。

感謝 David S. Rose、Daniel Pink、Dan Heath、Rick Heath、Rosamund Zander、Jim Quirk、Dan Roam、Carmine Galloand、Debbie Thorn、CZ Robertson、Ric Bretschneider、Howard Cooperstein 以及 Deryn Verity，從第一版創作時即為本書內容提供建議與點評。感謝位於奧勒岡州海岸的 Brian 與 Leslie Cameron、Mark 與 Liz Reynolds、Matt 與 Sheryl Sandvik Reynolds。

感謝日本的 Shigeki Yamamoto、Tom Perry、Darren Saunders、Daniel Rodriguez、Nathan Bryan、Jay Klaphake、Jiri Mestecky 及 Stephen Zurcher。

我要感謝拿起這本書的所有讀者，以及這些年來與我分享他們的個人經驗與案例的人們，特別是澳洲的 Les Posen，感謝你們。

最後，我想對我的妻子致上最深的感謝，謝謝她成為我最大力的支持者，刺激我無數的創作靈感，並且給予我最無私的理解與包容。給我的孩子們：你們是我每天起床的動力。給我們的狗狗 Chappy 和貓咪 Luke 及 Kona：你們是最鍥而不捨的鬧鐘！

推薦序

蓋・川崎 Guy Kawasaki

既然這本書的主題是如何做出更好的投影片簡報，那麼，我用投影片來發表序言再適合不過了。就我所知，這是有史以來第一本以一套投影片來做前言的書。好啦，優秀的投影片應該用來強化演講的力量；但若少了你，投影片無法讓故事完整。從下一頁的投影片中，我想你可以懂我想說的重點是什麼。如果我要做一場簡報來說明為什麼你該買這本書，那些投影片會大概就會長得像這樣。

蓋・川崎

《Wise Guy: Lessons from a Life》
一書作者

Canva 首席宣傳長、前 Apple 首席
品牌傳教士

www.guykawasaki.com

What we see
Long
Boring
Bad slides
Content-free

What we want to see
Short
Simple
Visual
Engaging

This book is
YOUR SOLUTION

So open your wallet.
And buy it.
Then open your mind.
And read it.
Then open your heart.
And do it. *Thank you!*

introduction
介紹

「簡單，是極致的複雜。」

—— 李奧納多・達文西（Leonardo da Vinci）

1

今日世界中的簡報

在東京完成多場成功的簡報之後，我搭上下午五點零三分的新幹線前往大阪，手上拿著我的車站便當（日本車站裡限定販售的餐盒）以及一瓶綠茶。對我來說，最精華的「日本經驗」就是一邊乘坐最先進的鐵路科技，像飛一樣掠過日本鄉間景致，一邊用筷子享受著傳統的精緻餐點並啜飲日本綠茶，偶爾從身旁的大片車窗瞥見寺廟、神社，甚至是富士山。這是很棒的新舊交織景象，也是非常愉悅的一日尾聲。

正當我在享用便當中的美饌時，我往右手邊的那排座位望了一眼，看見一位日本上班族，臉上帶著鬱悶的沈思表情，看著一份列印成紙本的投影片簡報。每一頁上有兩張投影片，而每一張投影片的方框裡都用不同顏色寫著密密麻麻的日文字，完全沒有空白。除了在每一頁上方的公司標誌之外，一格格的簡報裡沒有任何圖案；只有一張接著一張寫滿了文字、標題、項目的投影片。

這份投影片是用來輔以現場口頭簡報用的嗎？如果是，那我真的很同情現場的觀眾。你什麼時候見過觀眾可以一邊聽人講話一邊看字的（即便他們可以清楚地認出螢幕上那些 12 點大的文字）？還是，這份投影片只是一份以簡報軟體製作的文件？如果是，那我很同情這位作者及其讀者們，因為簡報軟體不是用來製作文件的工具。一塊塊方格裡列出一條條的項目，再配上公司標誌，這並不適合用來作講義或報告。此外，我看到這個男子不斷把這疊簡報前前後後翻來覆去，很可能是因為內容不夠清楚而沮喪不已。這一切對他來說，實在再明白不過了。

真是個簡報內容的負面案例啊。我不禁這麼想：跟我隔壁排座位上那疊設計差、又難以理解的紙本 PowerPoint 投影片比起來，在我眼前這個既美麗又有效率且設計精良的日本便當裡，完全沒有任何多餘的東西。為什麼一份要用在現場報告的商業或技術內容的投影片，不能與日本車站裡販售的便當有更類似的製作精神呢？舉例來說，日本便當的內容物就是以最有效率、最優雅的方式妥切地排列組合出來。沒有缺少什麼，也沒有什麼不自然的痕跡；沒有刻意裝飾，卻經過優美的設計。它看起來很美，吃起來味道也很棒。在吃便當的二十分鐘裡，盡是滿足、感動，以及完整的感受。你什麼時候對投影片簡報有過這樣的感覺？

或許美味的日本便當和投影片沒有什麼關係，但就在多年前，我正以 200 英里的時速橫越日本的那一刻，突然很深刻地體悟到，一定得有人來徹底解決糟糕透頂的投影片，以及無聊至極的旁白所帶來的痛苦折磨 —— 而我正好可以幫上這個忙。在日本，和世界上任何一個地方一樣，只要是專業人士，每天都會因為設計得很爛的投影片而深受其害。簡報中的投影片往往只有幫倒忙的份。這些投影片一點都不有趣，而且完全沒有效果可言。我知道，如果我可以開始試著讓其他人以不同的角度來看待簡報表達、設計，以及製作投影片這件事，那麼，或許我可以盡自己小小的力量，來幫助其他人更有效率地進行溝通。在子彈列車上的那一刻（約莫是在橫濱到名古屋之間的某處），我開始著手本書第一版的寫作。從我在「Presentation Zen」網站上分享我的想法開始，「Presentation Zen」是一個部落格空間，後來它成了網路上最多人瀏覽的簡報設計網站。

這本書一共分成三個部分：簡報、設計、呈現。在整本書我會不斷讓各位看見原則、概念與靈感之間的平衡點，以及實際操作的範例。我甚至會讓大家看看我所吃的便當在被吃掉之前與之後的照片，這也正是寫作這本書的靈感。在我們開始說明今日簡報的地位，以及為什麼簡報在現在會比過去更為重要之前，先讓我們來看看何謂「Presentation Zen」。

Presentation Zen的方式

這並不是一本說禪的書；這是一本關於溝通，並且以不同的角度看待簡報的書，而這個方式與我們的時代同調。雖然我在過程中引用了許多關於禪及禪學的思想，但我的引用完全不是打比方而已，而真的是其字面上所代表的意義。從字面上來看，禪或禪學與今日世界的簡報藝術完全無關。然而，我們的一些專業活動（尤其是專業上的溝通）卻可以與禪的精神一貫相通。我的意思是，在禪的精粹與精神中，有許多原則都與美學、全神貫注、心靈連結等等有關，而這些原則完全可以應用在我們每天的活動裡，這些活動之中也包括了簡報。

而你也可以說，生命中充滿磨難。這種顛簸困頓之所以存在，正是因為我們難以割捨一些其實不重要的事物而造成的。同樣地，要創作和打造一份出色的簡報，首先你要很清楚地知道，所謂「一般的」簡報是什麼，以及在今天被稱為「一般的」東西，其實完全與人們實際所學、以及溝通時所用的方法完全不一樣。

每一種情況都有所不同，但是我們根據自己的經驗知道，商業或學術方面的簡報，其實對觀眾和講者本人來說，都是極大的折磨。如果我們想要用更清楚、完整、漂亮、聰明的方式來溝通，那麼，就必須超越所謂的「一般」，轉而使用較為不同且更加有效的方法。在簡報的每一個步驟中，我最注重的原則就是節制、簡單、自然：在準備時要節制、在設計時要簡單、在呈現時要自然。最後，這三個重點會讓我們及觀眾看見更清楚的全貌。

就很多方面來說，自從兩千三百年前亞里斯多德（Aristotle）的年代之後，或者說戴爾・卡內基（Dale Carnegie）在 1930 年代提出何謂基本原則之後，人們的許多行為方式並沒有發生太多變化。然而，原本是基本常識的東西，用在製作簡報時，卻完全不是那麼回事。這本書所介紹的 Presentation Zen 方法，就是要挑戰現代人製作簡報的智慧 —— 特別是在製作投影片時，並鼓勵大家以不同的方式來思考如何設計和進行簡報。

這是一種方式，而非方法

說起來，Presentation Zen 並非一種方法，而是一種方式。所謂的方法，是指一種經過系統化整理、設計的線性步驟。方法有著一套沒有疑義、經過認可的程序，就像你可以從書架上依次取出從字母 A 到 Z 排列的書一樣具有邏輯性。但是，Presentation Zen 呢？它更像是一種方式。所謂的方式，更像是提供一種途徑、一個方向、一種思考的模式，甚至或許可以說是一種哲學，但絕非一種經過驗證，以便讓人遵循的公式化規則。這世上並不存在打造完美簡報的萬靈丹，而我在這裡也不會提供你成功的處方。成功靠的是你自己，以及你個人的獨特情況。不過，我會提供一些指導原則，以及一些想法供你參考，而這些想法很可能會與一般大多數人用多媒體工具來自做現場簡報的方式有所衝突。

同樣地，禪本身也是一種生命的狀態、生活的方式，而非一套讓所有人都得依樣畫葫蘆地照做的規則或戒律。確實，有許多種方式都可以讓人獲得啟發。禪的中心思想是個人意識的覺醒，以及能夠去看見、去發現的能力。禪是實用的，它關注的是此處及當下。而實用性、此處及當下，也正是我們在簡報中必須特別注意的地方。這本書的目的是要幫助專業人士從製作和進行簡報的痛苦中解脫，幫助他們以不同的方式去看待簡報這件事；這個方式將會更簡單、更視覺化，而且更自然，當然，也會更有意義。

每種狀況都不同

並非每一種簡報都適合多媒體工具（投影片簡報）。舉例來說，如果觀眾人數很少，而且要討論的內容非常扎實，一份紙本的會議資料再加上你來我往的討論，往往會是更適合的方式。在許多情況裡，使用白板、簡報架或是寫上詳細數據的白紙，其實都能達到更好的輔助效果。每一種情況都是不同的。不過，這本書所討論的，主要是針對那些使用多媒體會對你的簡報有所助益的狀況，而大多數原則都可以應用到所有狀況，不論你是否使用科技軟體或工具。

這本書與軟體工具並沒有太大的關係，只要能把節制與簡單這些原則隨時謹記在心，你就可以應用書裡所介紹的方式，在適合的簡報中設計出更好的視覺效果。而談到軟體功能，我不認為重要的是去學習更多技巧，反而應該是要忽視、忘記這些技巧，這樣一來，你就可以專注在更重要的原則以及一些小手法上。在這裡，軟體技術並不是我們的關注重點。

提到劍客宗師小田切一雲（Odagiri Ichiun）及其對技巧的看法，禪學大師鈴木大拙（Daisetz T. Suzuki）是這麼說的：「……劍術的第一個原則就是不依賴技巧。大部分劍客把技巧看得太過重要，有時候反而把技巧看成他們主要的目標……」大部分製作簡報的人也都把軟體當成他們在準備及分享簡報時最值得關心的重點。這樣的下場通常是一堆擠成一團的畫面，以及讓人無法投入，也不容易讓人記住的長篇敘述。

沒錯，擁有軟體方面的基本知識很重要，而簡報技巧和「該與不該做的事」也都很值得去瞭解，但這不僅僅是技術問題而已。簡報這門「藝術」將技術轉化，讓我們能夠移除眼前的高牆，與觀眾產生連結，在一段非常有意義、非常特別的時間裡，提供他們訊息，或者，說服他們。

▲使用白板也能體現 Presentation Zen 的原則。重點是準備要充分，將內容視覺化，並且吸引你的觀眾。

▲在觀眾人數很多時，多媒體工具能夠強化我們要傳達的訊息，但是，連結與投入仍是簡報的核心原則。

今日的簡報

用電腦製作的投影片簡報，感覺上已經存在我們生活中很久很久了，但事實上，大量普及地使用這些投影片不過是這三十到三十五年之間的事而已。PowerPoint 1.0 版誕生於 1987 年的矽谷，由羅伯特・蓋斯金（Robert Gaskins）和丹尼斯・奧斯汀（Dennis Austin）所製作，當時他們是為了要在 Mac 電腦上呈現出簡報的圖像。PowerPoint 很酷，而且很好用，所以這兩位創造者在同一年，就把這個應用程式賣給了微軟。Windows 版本的 PowerPoint 一直到幾年之後才正式上市，而（老天啊！）整個世界從此截然不同。正如暢銷書作家賽斯・高登（他應該是這世界上看過最多糟糕簡報的人了，任何人都不應該看這麼多糟糕的東西）在 2001 年出版的電子書（也是當年最暢銷的電子書）——《*Really Bad PowerPoint*》（暫譯：《糟糕透頂的 PowerPoint 簡報》）中所說：「PowerPoint 原本有機會成為電腦裡最強大的工具，但事實上它並不是。它只是個令人震驚且沮喪的失敗品罷了。幾乎所有 PowerPoint 簡報都像臭掉了的雞蛋一樣讓人難以下嚥。」

這麼多年來，使用投影片或其他多媒體工具輔助的簡報為什麼會失敗，一個很主要的原因就是，它們所呈現的只不過是填滿了一行又一行文字的畫面罷了。根據在 1980 年代發展出認知負荷理論的約翰・史威勒（John Sweller）的說法，如果有人同時以口語和文字的方式來提供資訊，我們要理解這些訊息的困難度就會倍增，因為人們很難同時處理聆聽和閱讀這兩件事，所以，一定要避免出現充斥文字的畫面。換句話說，提供資訊呈現的多媒體，應該要能讓人在聆聽講者講述頁面內容的同時，也能夠一面把眼前呈現的畫面看進腦海，而這些資訊包含了以影像方式呈現的量化數據。

大多數人都很直覺地知道，在一場二十分鐘的簡報裡，如果眼前的螢幕全是寫滿文字的畫面，這場簡報顯然很難發揮效果。搞不好讓觀眾自己安安靜靜地去讀投影片上的文字，效果還會比較好呢。但是，這樣一來，又引出另一個問題：那你何必上台簡報？一場出色的口頭簡報，和一份文情並茂的文稿是不同的，而嘗試將兩者結合，只會製造出一場糟糕的簡報和一份糟糕的文稿，這部分且容我在本書中娓娓道來。

長路依舊漫漫

儘管簡報科技一年一年進步，但簡報本身卻不一定跟著進化。直到今天，數百萬的簡報者隨時都有電腦應用軟體在旁協助，例如 PowerPoint 和 Keynote，以及各式雲端工具。然而，大部分的簡報還是麻木不仁而且無趣至極，變成一件簡報者和觀眾都得咬牙忍耐的事，更有甚者，裝飾過度的美工圖片、動作過多的動畫不停地在畫面上喧賓奪主，即使是內容非常豐富紮實的簡報，都變得束手束腳，無從展現。一般來說，大部分的簡報都沒有發揮什麼功效，這不是因為簡報者不夠聰明或缺乏創意，而是因為他們養成了一些壞習慣，而且不但沒有察覺到，同時也缺乏製作好簡報的知識。

雖然簡報技巧隨著數位科技的進步不斷地變化，但一場有效簡報的基本精神，從過去到現在都是一樣的。無論使用哪一種軟體（甚至完全沒有使用任何數位工具），節制、簡單和自然這三點，依舊是關鍵所在。而無論我們在一場現場簡報中使用了多少種軟體，都要盡可能地運用這些工具和技術，讓簡報更清楚、更簡單，並且更加深講者和觀眾之間所建立的情感連結。目前最新的工具和科技對我們所要傳達的訊息來說，都是很好的促進器和強化器，但唯有聰明、有所節制地使用它們，讓簡報整體感覺自然而真實，才能達到如此效果，否則，它們只會成為溝通上的障礙。

不管未來的技術有多麼令人驚艷、不管增加了多少功能和特效，靈魂的技術從來不曾改變過。當技術發揮到最極致時，能讓簡報內容更清楚、更容易記住，並且更能加深人與人之間的情感連結，而這也是溝通的基礎。如果運用地好，多媒體工具的確擁有這般力量。

簡報世代

在今天，擁有站在眾人面前進行一場具有渲染力的簡報，並且緊緊抓住全場觀眾心神的能力，是再重要不過的事了。有些人稱我們這個摩登年代為「簡報世代」。這種能夠熱情、清楚，並且以畫面方式來講演的能力之所以在今天比過去更重要，其中一個理由是，我們的講演能夠傳播到無遠弗屆之處，而這絕大部分的功能都要歸給線上影片的力量。今天，你所說的話和你所簡報的內容，輕輕鬆鬆而且不用花什麼錢就能用高畫質影片錄製下來，然後傳播到世界各個角落給任何想看的人觀看。你的演講和簡報能夠改變他人（甚至改變世界）的可能性，已經遠遠超過話語本身。話語很重要，但是如果只是想要這些語句，我們大可以製作一份詳細的文書報告，到處去發送宣傳就好了。一場有效的簡報，可以更強化我們話語中的力量。

說到線上影片對於散播創新想法的力量，2012 年在英國牛津所舉辦的 TED 全球大會中，TED 的演講者克里斯・安德森（Chris Anderson）談到了對於促成改變，面對面溝通和簡報擁有非常強大的力量。安德森強調一個事實 —— 閱讀通常是最快獲取資訊的方式，但閱讀也經常會讓人遺漏一些必要的深度和豐富性。簡報之所以具有效用，一部分就在於它的視覺衝擊性，以及其看圖說故事的概念。簡報的視覺畫面、架構和故事，都是簡報無可比擬的重要元素，就算是一場放在網路上的錄影簡報也一樣。不過，根據安德森的說法，還不只如此而已：

> 在這其中，被傳遞出去的不僅僅是話語文字而已。就是在那些非關文字語言的部分中，存在著一種妙不可言的魔力，隱藏在那肢體的揮舞驅動、音調的抑揚頓挫、臉部的表情變化、眼神的交會相通和熱情之間……這其中有千百條潛意識的線索，能夠說明你的理解到了什麼程度，以及你是否受到了啓發。

我們天生就是面對面溝通的動物。安德森說：「在經過了數百萬年的進化之後，面對面的溝通方式已經做過了無數次的微調。這也是為什麼面對面溝通既神秘又充滿力量。某人說了一些話，而聽到這些話的人在腦中產生了共鳴迴響，〔接著〕一群人就一起開始行動。面對面溝通是促使人類這個超級有機體做出行動的一種連結性細胞組織，並且已經主導了我們的文化發展好幾百萬年。」

提高標準，創造不同

像是 TED 這一類型的組織以及 TEDx 活動已然證明，經過精心策劃並且引人注目的簡報，可以教導、說服和啟發他人。雖然簡報在呈現上已經有了進步，但整體來說，絕大部分的商業和學術簡報都還是非常讓人厭煩的東西，儘管內容可能相當重要實用，卻完全無法吸引觀眾投入。

其實，目前簡報的品質還是相對低的，特別是那些運用多媒體工具來輔助的簡報。但這也不必然是件壞事 —— 事實上，這是個轉機。這是你能夠與眾不同的大好機會。你有一些值得與他人分享的好點子，所以，現在絕不是猶豫不決的時刻。你去看看今天全世界那些成功的創意研發公司和組織，它們通常都非常歡迎個人貢獻出自己的創意構想。照這樣看來，你根本不應該浪費時間猶豫，趕快把你的作品和偉大的想法提出來吧。人生稍縱即逝，如果你想要改變些什麼（包括你的事業職涯）那麼，你如何表現自己、如何呈現你的想法，就顯得非常非常重要了。為什麼不讓自己與眾不同呢？

▲觀眾（在這個例子中是學生）對講者和內容不感興趣。

▲觀眾全神貫注地投入在講者分享中。

在這個「概念時代」中做簡報

我最喜歡的一本書莫過於丹尼爾・品克（Daniel Pink）的暢銷書《*A Whole New Mind*》（暫譯：《全新的頭腦》，Riverhead Trade 出版）。這本書於 2006 年出版，但時至今日，依舊與人們的生活息息相關。正是因爲有了《*A Whole New Mind*》，才會有今天的「Presentation Zen」。這是個被品克以及其他人稱為「概念時代」的年代，所謂的「高科技人性化」（high-touch）和「高概念性」（high-concept）在所有的人類天賦特質中獲得高度重視。品克說：「未來是屬於另一種人的 —— 像是設計師、發明家、教師、說故事的人 —— 這些有創意、有同理心、且右腦發達的人，他們的能力展示出該由誰帶領這個時代向前。」

在《*A Whole New Mind*》這本書中，品克精確詳實地描繪出現今的專業人員所面臨的威脅恐懼及大好機遇。品克聲稱我們生活在一個全然不同的年代和世紀。在這個時代裡，能夠擁有「與眾不同的想法」的人，會比過去更有價值。關於我們生活的這個時代，根據品克的說法是：「我們被不同形式的思考和全新的生活方式推動著 —— 也就是我稱之為『高科技人性化』和『高概念性』的兩種優秀人類稟賦。『高概念性』代表的是分辨模式和機會的能力，它能夠創造出具有藝術性和充滿情感的美，可以塑造出令人滿足的敘事方式……」

在這裡，品克所說的並不是邏輯與分析（「左腦」思考），此二者在「資訊時代」中有著舉足輕重的地位。的確，邏輯思考的重要性依然與過去一樣，光是靠「右腦思考」並沒有辦法讓火箭升空或讓疾病治癒。邏輯思考絕對是必須的。然而，越來越清楚的是，光只有邏輯，對想要成功的個人或公司來說，還是遠遠不夠。右腦思考在現代是和左腦思考一樣重要的 —— 在某些狀況裡甚至更為重要（所謂左腦與右腦的區分，其實是根據真實大腦分成兩個半球所做的一種比擬；一個健康的正常人必須同時運用兩邊的腦來進行很簡單的一些動作。）

在《*A Whole New Mind*》這本書中，最具價值的是「六感」，或者說，六種「由右腦主導的天賦特質」。品克認為，在我們所生活的這個越來越互相依賴的世界裡，這六感是在如今這個自動化及外包工作都大幅增加的世界裡，成功的專業人士所必須具備的特質。

這六種特質分別是：設計、故事性、調和、同理心、好玩，以及意義。懂得如何發揮並運用這些天賦特質，在今日世界中，已經是專業人士追求成功與個人價值的必須條件了。下一頁中對這些特質所做的介紹，是以多媒體的簡報方式設計而成，但是你可以將這六種特質運用在電玩遊戲設計、程式編寫、產品設計、專案管理、健康照護、教學、零售等各種主題上。下方的投影片整理了品克在書中所提及的六個關鍵要素。

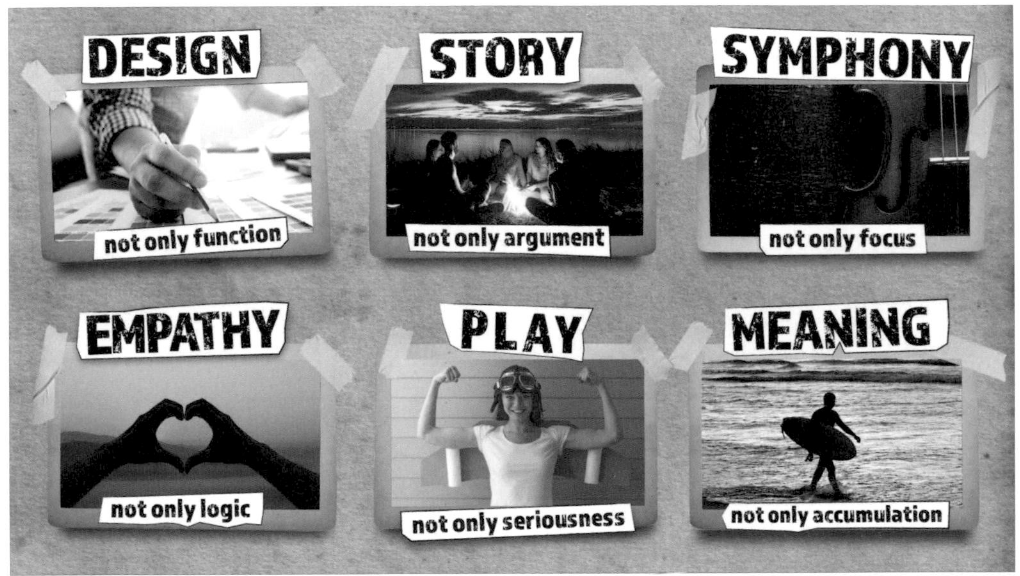

▲我利用這張投影片介紹丹尼爾・品克《*A Whole New Mind*》所提及的六項天賦特質。（投影片中的素材影像來自 Shutterstock。）

設計

對許多商人來說，設計是某種包裹在商品表面的東西，就像蛋糕表面的糖霜；有它會很不錯，但並不是絕對必須的關鍵。不過，這樣的設計對我來說並不算設計，頂多只能算是「裝飾」。而裝飾，不論好或壞，都能引起注意 —— 有時候讓人喜歡，有時候讓人厭煩，卻絕對不會讓人看不見。然而，最好的設計是如此精巧，甚至不會讓觀眾／使用者清楚地意識到設計本身的存在，像是一本書的設計，或是機場裡的一面招牌。我們會記住透過設計而顯得非常清楚的訊息，而不是那些色彩配置、字體排版、商品概念等等的東西。

設計是從一開始就得進行的，並不是到最後再來考慮的；設計並非之後添加上去的東西。如果你要在簡報中使用投影片軟體，那麼，你得在打開電腦之前的準備階段就開始設計投影片裡的視覺影像。在這個準備階段中，你要放慢速度，讓自己的腦袋「放空」，這樣才能思考你的主題和目的，以及想要傳達的關鍵訊息，還有你的觀眾是誰。唯有這麼做，才能開始描繪出你的想法，而這些想法之後將會展現在投影片裡的數位圖像中。

故事性

事實、訊息、資料。大部分這些東西都可以在網路上找到，或者透過電子郵件寄給其他人，你可以製作成 PDF，或者列印成紙本以一般郵件來寄送。資料和「事實」已經比過去更容易取得了。認知學家馬克・透納（Mark Turner）稱「說故事」為「影像化的敘述」，這是讓思緒得以成形的一種重要手法。我們生來就是會說故事、聽故事，我們是天生的說故事（和聽故事）高手。當我們還是小孩子的時候，我很期待「說故事時間」，而且會在下課或午餐時間呼朋引伴，告訴大家那些真實發生的重要故事和事件，至少對我們來說，那是很重要的。

但不知道從什麼時候開始，「故事」變成了小說，甚至成了捏造作假的同義詞。於是，說故事這件事受到商業及學術人士的排擠，被當成一件正經的人不會去摻和的事情。不過，根據一些大學生告訴我，那些最棒、教學功力最高的教授，往往都是那些會講真實故事、分享實際例子的教授。從我學生的觀點來看，最棒的教授不會只講解課本裡的內容。他們會將自己的個性、特色和經驗融入，以說故事的方式來解釋說明，而那是深具啟發性、引人入勝，並且讓人記憶深刻的。故事可以被用來發揮在所有地方：教學、分享、指引啟發，當然，還能以說實話的方式來說服他人。

調和

焦點、特殊化、分析，這在「資訊時代」中一直是非常重要的，但是，到了「概念時代」，能夠將看起來無關的小片段串連並拼湊成一幅完整畫面的能力，才是至關重要的，就算是想要標新立異也一樣。品克稱這樣的特質為「調和」。

優秀的講者可以用我們前所未見的方式來點亮人與人之間的關係連結。他們能夠「看見存在於人際關係之間的關聯」。想擁有調和性，需要我們更懂得去「看」—— 以一種全新的方式真正地去看見。誰都可以根據螢幕上條列出的重點資訊照本宣科地複誦一遍，但是，我們真正需要的是，那些能夠在複雜的問題中找出模式、能夠看見細緻差別、看見其簡單性的人。調和，在簡報之中並不代表「呆板地」將資訊化為聲音，去談論一般大眾媒體歡迎的重點。調和，是讓我們的頭腦做出最大的發揮（邏輯、分析、整合、直覺）讓我們對「我們所身處的世界」（即簡報的主題）做出合理的解釋，找出全面性的樣貌，並且在我們上台簡報之前，決定什麼是重要的，而什麼是無關緊要的。調和，也能讓我們決定必須留下什麼、捨棄什麼。

同理心

同理心是一種情感，它讓你設身處地為他人著想。同理心包含了理解他人沒有說出口，卻代表了重要意義的舉動，同時也隨時注意到自己的行為。舉例來說，好的設計師就擁有這樣的能力，他們能將自己放在使用者、顧客或觀眾的位置上。或許這是一種天份吧，這並不是可以經由教導而習得的技巧，但是任何一個人都可以讓自己做得更好。同理心讓講者甚至可以連想都不用想，就能注意到什麼時候觀眾真的「聽進去了」，而什麼時候沒有。一個富有同理心的講者能靠著解讀某位特定觀眾的反應，來判斷接下來該怎麼做。

好玩

品克認為，在概念時代，工作不只是嚴肅認真的事，也是好玩有趣的事。每一次的簡報狀況都有所不同，不過，在許多公開演講的場合中，玩笑和幽默往往能讓整場演講更加引人入勝。就這一層意義來說，「幽默感」並不代表「說笑話」，或者像個小丑一樣表演，這裡所指的是古老定義中的那種幽默，當我們把話說完之後會讓大家笑出聲的那種。在品克的書中，印度的內科醫師馬丹・卡塔利亞（Madan Kataria）指出，很多人都以為個性嚴肅的人最適合從商，而且性格嚴謹的人比較負責任。「〔不過〕，這並不是真的。」卡塔利亞說：「那是過去的事了。會笑的人比較有創意，而且他們也比較有生產力。」

不知道從什麼時候開始，我們似乎接受了這樣的想法 —— 真正的商業或學術簡報絕對是無聊的、不能有一絲幽默感，並且是一件必須忍耐而非享受的事。如果你要用投影片的話，那就弄得越複雜、越細節、越不容易看越好。這樣的作法到了今天還是大行其道，但是我們可以展望未來，期待這終將成為「過去的事」。

▲優秀的講者（以及優秀的教師），懂得運用趣味性來吸引觀眾投入。

意義

上台簡報是你對這個世界做出些許改變的機會，無論這個世界指的是你所屬的社群、公司或學校。一場糟糕的簡報，會對你的精神（和工作）都造成極大的衝擊；而一場很棒的簡報，能為你和觀眾帶來極大的滿足感，甚至能讓你的職業發展更上一層樓。有人說，我們生來就是要尋找意義。我們需要活出自我，並找到機會和人分享那些我們認為很重要的事物。如果你足夠幸運，現在的工作正是你所熱愛的。那麼，對你來說，找到機會和人分享你的專業（或你的故事），應該就是件很值得興奮的事了。從教導別人新事物而感到與他人心靈相通，或分享那些你認為很重要的事，這樣的快樂與回報，是少有其他事物可以相比的。

觀眾是這麼地習慣「死在 PowerPoint 手上」，所以他們似乎已經學會以平常心看待這個狀況了，儘管這並不是最理想的狀況。然而，如果你與眾不同（如果你能超越大家的預期，讓觀眾看到你為他們著想、你有做足功課、很清楚自己要說的內容是什麼，並且透過行動來表達你有多麼感激能夠站在台上），那麼，你很有可能帶給他們影響並讓他們做出改變，即便只是小小的影響和改變。即使是如此微小的連結，都有著偉大的意義。

設計、故事、調和、同理心、好玩、意義。丹尼爾・品克的《*A Whole New Mind*》讓我們知道我們所生活的這個新世界的來龍去脈，也解釋了「高科技人性化」的能力（這其中包括了出色的簡報技巧），為什麼在今日的世界中如此重要。今天，全世界的專業人士都必須了解，為什麼設計、故事、調和、同理心、好玩和意義這些右腦特質，會比在過去的時代裡更重要許多，而他們的重要性又各是什麼。在我們這一代，最棒的簡報將會由專業人士 —— 工程師、執行長、創意人才，這些擁有健全完整的「全腦」特質與天賦的人來創造。當代的簡報者不僅需要這些特質，也要能使這些天賦與其他重要的能力（例如嚴謹的分析技巧）相輔相成；這份能力會讓你在這個概念時代成為一位出色的溝通高手。

La Ciudad de las Ideas 年會

賽斯・高汀｜Seth Godin

專業講者、部落格創作者、《這才是行銷》作者

www.sethgodin.com

身為行銷大師以及一位無與倫比的專業講者，賽斯・高汀說：「簡報，是情感的轉移。」

無論你是為了教堂、學校或是財星百大公司挺身出來說話，你都可能用到 PowerPoint。PowerPoint 是由工程師發明出來的工具，幫助他們與行銷部門溝通 —— 反之亦然。PowerPoint 是一項很了不起的工具，因為它可以讓人進行頻繁的口語溝通。沒錯，你當然也可以送張紙條，但現在早就沒人會看了。當公司的工作節奏越來越快，我們越需要一種方法來跟不同的團隊溝通想法。好，那就用 PowerPoint 吧。

PowerPoint 有機會成為電腦裡最強大的工具，但事實並非如此。數不清有多少創新點子最終落得失敗收場，都是因為它們的發明人使用了 PowerPoint，而且是微軟希望大家使用的方式，而非正確的方式。

溝通，是要讓其他人接受你的觀點，並且幫助他們理解為什麼你是如此地興奮（或傷心、或看好，或是任何其他的感覺）。但如果你只是想要做出一份檔案，上面詳列出事實和圖表的話，那麼，取消你的會議吧，寫一份報告送過去就好了。

我們的大腦分成兩邊。右腦掌管的是情感、音樂與情緒，而左腦掌管的是靈敏度、事實和實際可見的資料。當你在做簡報的時候，觀眾會希望自己腦子的兩邊都可以用到。所以他們會使用右腦來評斷你說話的方式、穿衣服的風格，以及你的肢體語言夠不夠好。通常，你在播放第二張投影片的時候，人們就已經做出結論了。在那之後，你的條列式重點已經沒有辦法再為你加分了。你有可能因為溝通過程中的邏輯性太差，或是缺乏支持例證而毀掉一場簡報，但是你絕對不可能不帶絲毫情感地在台上把簡報做完。光只有邏輯是不夠的；溝通，是情感的轉移。

持某種論點的人一定得懂得推銷 —— 向內部的觀眾推銷，也要向外在的世界推銷。如果整個房間裡的人都同意你的看法，那麼，你也不需要到這裡來做簡報了，對吧？你可以省下大把時間，把計畫報告印成一張紙，送給每個人看就好啦。錯！需要簡報的原因是我們想要說明一種觀點，把自己的想法推銷出去。

如果你相信自己的看法是對的，那麼就去說服別人。盡全力說明你的觀點，努力達成你來這裡做簡報的目的。你的觀眾會很感激你這麼做的，因為，在每個人心裡，我們都希望自己能被人說服。

如何立即有所改善

首先，你的投影片要能加強你所說的話，而不是讓你覆述。你的投影片要加入情感成分，表現出你所說的話不光是正確的，也是真實的。一張投影片上面不要出現超過六個字。絕對不要！世界上沒有哪一種簡報複雜到必須打破這個規則。

第二，不要用品質糟糕的圖片。要就用專業的照相圖片。你要談的是休士頓的污染問題嗎？與其給我四點條列式的環保署數據，你還不如把資料唸給我聽，同時讓我看一張裡面有死掉的鳥禽、黑煙，甚至是生病的肺的照片。這是投機的行為！這樣不公平！但是，這樣很有用。

第三，不要用淡出、翻頁，或其他的轉場效果。保持越簡單越好。

第四，整理一份可以備用的文稿。在這份文稿中，儘管寫上你想要的註解或細節。然後，在開始簡報之前，可以告訴觀眾你會在簡報結束後將所有細節都給他們，他們不需要抄下你所說的每一句話。要記住，簡報是要讓你有感情地說服別人，而那份文稿則是一份證據，可以幫助那些較具有相關知識的觀眾接受你的論點。千萬不要把你的投影片印成紙本發給觀眾。沒有你，那些投影片完全起不了作用。

要怎麼形容一份成功的投影片呢？很簡單，你展示了一張投影片，而它牽動了觀眾的情緒反應。他們坐直身體，希望知道你對這張影像會有什麼說法。然後，如果你做得正確，每次他們只要一想到你說的話，就會浮現那個畫面（反之亦然）。當然啦，這跟人們的一般作法是不一樣的。但是，大家都忙著在爭論辯護眼前既有的狀況（這是很容易的），而你卻忙著勇於提出新的創見，這難度很高。

Lyza Danger Gardner

範例投影片

這裡的幾張範例投影片正是賽斯在某一場簡報中所使用的。沒有了賽斯，這些影像可以說是根本沒有意義。但是，只要搭配賽斯富有情感的旁白敘述，這些圖像能讓一個動人的故事更具有啟發性。

新時代，得用新的思考模式

今天，要成為有效的溝通高手，一個人所必須擁有的技能與過去截然不同。今天，能力素養包括的不只是閱讀與寫作（雖然這兩項能力的確也很必要），還包括了懂得何謂視覺化溝通。今天，我們需要更高程度的影像能力素養，並且還要理解到，視覺影像有著傳達重要訊息的強大力量。

在現場簡報中使用視覺設計的人，通常會把 PowerPoint 當成一種製作文件的工具。他們所遵循的原則以及所使用的技術，有很大程度受到一般慣用、所謂適當的商業文件撰寫方式所影響，像是信件、報告、財務報表等等。許多商務人士和學生使用多媒體投影片的方式，就如過去使用透鏡式投影儀的透明投影膠片沒兩樣，裡面盡是一塊又一塊的文字、重點，還有一些剪貼圖片。

如果你想要成為一位更好的簡報講者，那麼，你該參考的就不只是那些教你怎麼使用簡報軟體製作投影片的書，或是那些教你簡報技巧的書（包括你現在讀的這一本在內）。這些書都有它們存在的價值，只不過，你也應該要尋找其他經過證明後顯示，透過影像來說故事是極為有效的參考素材。舉例來說，紀錄片電影加入了旁白、訪問、音聲、具震撼力的影像及照片、偶爾穿插一些出現在螢幕上的文字，來訴說非虛構的真實故事。這些全部都是可以使用在現場口語簡報中的元素。戲劇與簡報是不同的，但可能不像你所想像得差距那麼大。我看過每一部由肯・勃恩斯（Ken Burns）所製作的紀錄片電影，並從中學到了非常非常多關於透過影像說故事的技巧。在優秀的電影作品中，例如《大國民》（Citizen Kane）、《北非諜影》、黑澤明的《生之慾》、甚至是《星際大戰》，你都可以從中學習如何說一個好故事，如何運用視覺影像進行溝通。

另外，漫畫，則是另一個你可以尋找靈感與方法的地方。比方說，漫畫把文字和圖像結合在一起，效果超乎想像，造就了一種強而有力的敘述方式，既引人入勝，又讓人印象深刻。

漫畫和電影是以影像來說故事的兩種最主要的方式。製作會議簡報或是擔任大會講者的原則和技巧，與製作一部好的紀錄片或一本好看的漫畫書是非常相似的；相較之下，使用條列式重點來製作一般靜態的商業文件，反而與製作投影片簡報沒什麼關聯。

放手

要以禪的方式讓簡報表達更成功，其中有一部份，就是要放下你在過去那個 PowerPoint 年代中所學到的簡報製作方法，以及那種像是用餅乾製作機壓出來般整齊劃一的設計與演說方式。第一步就是要停止讓過去、以及我們所「知道」的（或者我們以為自己知道的）來阻礙我們接受其他簡報方式。一張投影片不超過七個句子？加一些剪貼圖片讓畫面看起來更好一點？沒有人會因為這樣做而被開除，對吧？但如果我們一直把自己桎梏在過去，就無法學會任何新的事物。我們一定要放開自己的心智，才能以全新的眼光看見這個世界真正的樣貌。正如（在遙遠星系中的）偉大的尤達大師[1]曾經說過，我們一定要先忘掉自己之前所學過的東西。

（本投影片之影像來源為 Shutterstock.com）

1 尤達（Yoda）為《星際大戰》系列電影中的著名角色，是一名絕地武士，有許多為人傳頌的至理名言。

練習

自己一個人或是和你的小組一起做一次腦力激盪，檢視你對於現職公司裡的簡報有什麼想法，以及這些簡報的製作規範是什麼。你的簡報中有哪些是不那麼流暢的地方呢？該怎麼做才能修正這些地方？關於簡報的設計與呈現，有哪些問題是你在過去不曾問過自己的？有哪些部分是讓你的講者和觀眾感到痛苦難耐的？過去你是不是都將注意力過度集中在其實無關緊要的地方？哪些是比較不重要的地方？或者，你可以把注意力轉移到其他哪些地方呢？

歸納整理

- 就像日本的便當一樣，好的簡報內容會以最有效率、最優雅的方式妥切地排列組合，一切都剛剛好，沒有什麼不自然的裝飾。簡報的內容是簡單、平衡，且美麗的。
- Presentation Zen 是一種方式，而非所有人都得遵守、牢不可破的規則。有許多不同的方式可以進行設計和實際上場簡報。
- Presentation Zen 的關鍵原則是 —— 準備時要節制、設計時要簡單、呈現時要自然。這些原則可以應用在技術性和非技術性的簡報中。
- 無聊、充滿文字的投影片是很常見的簡報方式，但其實沒有什麼效果。問題並不在於所使用的方法技術和工具 —— 問題在於大家已經養成的壞習慣。雖然有些工具比較好用，但藉著多媒體的輔助，還是可以做出有效的簡報。
- 在這個「概念時代」，紮實的簡報技巧比過去重要得多。要簡報得好，得有「全腦」技巧。好的講者會同時瞄準觀眾的左腦和右腦感知力。
- 使用多媒體來輔助的現場簡報，它與紀錄片電影的共通點，要多過於紙本文件。今日的現場演說，一定要輔以圖像或其他適當的多媒體來為故事增色。
- 我們在過去養成了許多沒用的習慣。而改變的第一步，就是放下過去。

preparation
準備

「清楚透徹的自我節制，
擁有強大的力量。」

——詹姆斯・羅素（James Russell）

2

創意、極限與限制

第 3 章會談到準備簡報的第一個步驟，不過，在這之前先回頭看看，有樣東西我們似乎從來不曾把它跟準備簡報這件事連在一起，那就是——創意。你可能不覺得自己是個有創意的人，更別提從事任何一種與創意有關，像是設計師、作家、藝術家等等的職業了。然而，製作出簡報內容，尤其是借助多媒體工具來發表的內容，本身就是一種創意行為。

我在世界各地的教室或研討會裡遇到的學生和專業人士，大部分不覺得自己「很有創意」。其中有些人當然是客氣了，這毋庸置疑，但我認為大部分成人是真的發自內心覺得自己沒有創意。他們說服自己，「有創意」絕對不會是他們用來形容自己的一個詞彙。但是，這些人都在工作上表現出色，而且通常都擁有愉快充實的生活。他們怎會相信自己沒有創意，或者他們的工作不需要高度的創意呢？但換個場景，假如你問一屋子小朋友，誰是當中最有創意的人，你一定會看到所有人都搶著舉手。

帕布羅・畢卡索說：「所有孩子生來就是藝術家，問題是我們能不能一直維持到長大。」創意也是一樣的。你生來就充滿創意，而且到了今天你也依然如此，無論你從事哪個職業。表現創意有許許多多方式，而設計和發表一場有效的簡報，就是其中一種。

製作簡報的過程絕對是高度創意的行為。製作簡報所要求的想像力與直覺，就和它所要求的分析與邏輯思考一樣多，而且，設計在這其中絕對是舉足輕重的。誰說創意與商業一定是勢不兩立的呢？難道商業就只是管理數字和處理行政工作而已嗎？如果學生讓自己在當下就培養出更好的設計頭腦，或許，未來他們能成為更好的企業領袖也說不定。對任何一種職業來說，不論從業人員所受的訓練為何，也不論他們手上要處理的工作是什麼，所謂的「設計頭腦」、「設計敏銳度」以及「創意思考」，都被視為是具有極高價值的才能，不是嗎？

一旦當你了解到準備簡報的過程非常需要創意，而不只是單純地把事實和資料按照線性的方式排列組合，那麼，你就會知道，準備簡報這件事是「全腦」活動，它需要的右腦思考就和左腦思考一樣多。事實上，你的研究資料與研究背景可能需要非常多的邏輯分析、計算和小心縝密的證據收集等這一類左腦功能；但是，當你要把這些東西轉化成簡報內容時，那就需要你使用大量運用右腦功能了。簡報是一項全面性的思考活動，它需要人們同時以圖像和文字思考，我們需要一雙注重細節的眼睛，同時也要時常看清全貌。

以初心來面對

禪學中常會提到所謂「初心」或「赤子之心」。一個總是以新鮮、熱忱且開放的心態來看待世上萬物的人，就像一個小孩一般，眼前有個無數可能的想法以及對事物的解答。孩子不知道什麼叫做「不可能」，所以他們能夠展開雙臂，欣然擁抱一切探索、發明與試驗。只要你能夠以初心來看待創意性的工作，就能更清楚這工作的本質，並放下你那早已成形的成見、早已養成的習慣，甚至掙脫一般世俗給予它的定義。一個擁有初心的人不會受到積習的牽絆，也不會執著於「我們在這兒都是這樣處理這種事的」，或是某件事「應該」怎麼做、「可以」怎麼做。一個凡事皆以開放心態來接受的人比較可能會說：「何不這樣做呢？」或「我們來試試看好了」，而不是「從來沒有人這樣做過」或是「其他人會怎麼想？」

當你以初生之犢的態度迎向新挑戰時（即便你是個閱歷豐富的成人），你必須克服對失敗和犯錯的恐懼。如果你以「專家」的態度來看待問題，通常會看不見其他的可能性。你那所謂的「專家」心態是受到過往種種所箝制的，它對於新奇的、不同的、或是前所未見的事物完全不感興趣。「專家」會說：「這不能這樣做」，或者是「這不應該這樣做」。而你的初心會說：「說不定可以這樣試試看？」

若你能以初心來看待一件工作，就不會害怕犯錯。害怕犯錯、害怕會有犯錯的風險，或者害怕別人說你錯了，這樣的憂慮隨時都跟著我們。這實在是很不應該的事。犯錯和發揮創意並不是同一回事，但是，如果你願意嘗試去犯錯，那麼結果可能會非常有創意。如果你的腦袋一直在想著恐懼和風險迴避，那麼最後一定會選擇安全的解決之道——之前曾被使用過許多次的方法。有時候，「前人走出來的路」的確是最好的方法，但是，你不應該只是一昧地跟隨，而完全不去弄清楚這個方法的來龍去脈。當你願意接受各種可能性時，可能會發現最常使用的處理方式對於目前手上的案子來說是最好的。但是，你不應該出於習慣就不假思索地選擇。你會在經過深思熟慮之後，以一個全新的初學者態度、嶄新的視界、新穎的觀點來做出判斷。

當我們是小孩的時候，我們最是充滿人性。小時候，我們會專注在「創作」自己的藝術作品上，連續做上幾個小時不休息也不會累，因為藝術就在我們之中，儘管我們沒有刻意去培養它。等到慢慢長大，恐懼開始侵襲而來，再加上質疑、自我壓抑，以及多慮。然而此刻，創意精神就在我們身上，我們即創造力。只要看看我們身邊的小孩就能夠知道這一點。不管今天你是 28 歲還是 98 歲，永遠都不會太遲，因為，那個小孩依然在你心裡。

「在懷有初心的人眼中，事事皆可能；
而在專家的眼中，一切盡皆不能。」

——鈴木俊隆（Shunryu Suzuki）

簡報是一項創意活動

創造力或想像力並非專屬於這個世界上的藝術家、畫家、雕刻家這一類的人。教師也同樣需要創意。此外，像是程式設計師、工程師、科學家，以及醫生等等也都一樣需要。你可以在各個領域中看到創意天份的發揮。大家還記得嗎？ 1970 年升空的阿波羅 13 號太空船，在遭到損壞後逐漸累積了大量致命的二氧化碳；那時發揮了天馬行空的精神來解決這個危機的，正是一群聰明絕頂的美國太空總署「怪咖」工程師。他們那英雄式的解決方法，其實就只是運用了封箱膠帶和太空船的備用零件而已。這個方法一點都不才華洋溢，但是，卻非常有想像力，而且充滿創意。

並不是穿著黑色高領毛衣在爵士樂咖啡館裡喝卡布奇諾就代表你是有創意的人。創意是——你要用完整的頭腦去找出解決的方法。創造力不會被你既有的知識和所知的方法所牽制，創造力可以讓你跳脫原本的框架（有時在很短的時間內就可以做到），為預想不到的問題找出解決之道。在這種狀況之中需要的是邏輯與分析的能力，但同時，全觀思考的能力也一樣不可或缺。而全觀思考正是一種創意天賦。

現在讓我們回到正題，像研討會簡報這種看起來非常世俗的事情，只要輔以投影片工具的幫助來設計與發表，也可以成為創意的展現。簡報是個讓你自己，或公司及事業顯得與眾不同的機會。這是個讓你說明為什麼你要表達的內容是如此重要、為什麼它影響重大的大好時機。這，也是個扭轉局面的機會。所以，為什麼要用和其他人一樣的方式來呈現、來表達呢？為什麼要這麼努力去達成別人的期望呢？為什麼不試著超越預期，讓所有人刮目相看呢？

你是個很有創意的人，你的創意可能遠比自以為的還要多。每一個人都應該要努力去開發自己的創造能力，並釋放自己的想像力。《*If You Want to Write*》（暫譯：《如果你想寫》，Graywolf Press 出版）這本由布蘭達・伍艾倫（Brenda Ueland）所寫的書，是我讀過最啟發人心，也最有用的一本書。這本書在 1938 年時出版，當時其實應該把書名取為《如果你想要有創意》才對。書中那些簡單卻睿智的建議，不只是針對作家而提出，同樣也可以提供給任何一個渴望自己在工作上變得更有創意的人，或者是希望幫助他人觸碰自己創意靈魂的人做參考

（這些人可以是程式設計師和流行病學家，也可以是設計師和藝術家）。所有專業人士都應該要讀這本書，特別是那些需要教導其他人不論什麼內容主題的人。以下是幾項啟發自布蘭達・伍艾倫的建議，當你在準備製作簡報，或是要從事任何一件帶有創意行為的工作時，請將之銘記於心。

把握機會

我們告訴自己的大謊言是：「我沒有創意」。當然啦，你在自身的領域中不見得能成為下一個畢卡索（但話說回來，誰知道呢？）但是，這也沒什麼大不了。重要的是，不要太早在探索的過程中放棄自己。跌倒，沒有關係，而且事實上，跌倒是必須的。但是，如果是因為恐懼或擔心別人怎麼想，而不放膽去嘗試或總是選擇逃避風險，這只會比任何短暫的失敗更讓你寢食難安。失敗了，就過去了。失敗了，就結束了。但是，如果一直在擔心「如果這樣做的話又會如何呢……」或是「假如我當初有如何如何，不知道結果會怎樣……」，這些都是你終日要扛在身上的重擔。這些負擔非常沈重，而且它們會扼殺掉你的創造力。把握機會好好發揮你自己吧。你只來世上這一遭，而且時間並不算長，為什麼不看看自己擁有多高的天賦呢？說不定你會讓某些人感到出乎意料。更重要的是，你可能令自己驚艷不已。

◀ 此投影片來自我對於 21 世紀教育現狀所做的簡報。這段話引用了肯恩・羅賓森爵士（Sir Ken Robinson）2006 年在 TED 大會的〈學校教育是否扼殺了創造力？〉演講。

就當隻獅子吧！

靈感這種東西，到底要去哪裡找呢？你大概可以在幾百萬個地方、用幾百萬種方式找到靈感——但是，這可能並不包括我們每天固定習慣的地方和方法。有時候，你可以在教導別人時獲得靈感。當你在教導別人一些對你來說非常重要的事情時，你也會再一次領會到為什麼這些事如此重要，而學生的熱情——無論是大人或小孩——也是具有感染力的，你也因此充滿能量。伍艾倫說：「我以讓他們感覺更自由、更奔放的方式來幫助他們。就讓她去吧！什麼都不要管、儘管揮灑自我吧！把自己當成一隻獅子、當個海盜吧！」你知道自由是非常重要的，像孩子一般自由自在。只是你需要時不時被提醒一下。

不要強迫自己

把腦袋放空（也就是無所事事）是很重要的。大部分的人，包括我在內，滿腦子都想著要把這個做完、該把那個做好。我們很害怕自己什麼都沒做。但是，重要的靈感常常都在你「偷懶」或「浪費時間」的時候悄然出現。我們需要一些時間從工作的挑戰中抽離，例如在海灘上好好散步、在森林中慢跑、騎一趟腳踏車、花四五個鐘頭在咖啡館裡看一本書。在做這些事的同時，你的創造力會充飽能量。有些時候，你需要獨處或稍作休息，讓步調慢下來，如此一來，便能以不同的角度來看待事情。懂得這個道理並且願意給下屬所需的時間的主管，是對下屬很有把握的主管（因為要這麼做，必須對下屬全然信賴），同時也是最棒的主管。

一片赤誠

把你的愛、熱情、想像力和精神都放在熱誠之後吧！少了熱誠，就沒有創造力。熱誠可以是默默的，也可以是喧嘩的，這並不重要。只要這份熱誠是真實的就對了。我記得有個同事對我所做的一個成功的長期計畫表達了他的看法，他這麼對我說：「嗯，我只能說你很有熱誠啦……」他並沒有意識到這是個間接的讚美，而他就是那種會讓我們感到沮喪的人。人生苦短，不要讓自己身處這一類不看重熱誠的人之中，或者更糟的是想消滅你的熱誠的人。你的腦袋裡根本就不應該去想著要讓別人驚艷，或者是擔心其他人將如何看待你的一片赤誠。正如理查・費曼（Richard Feynman）的至理名言：「你管別人怎麼想？」

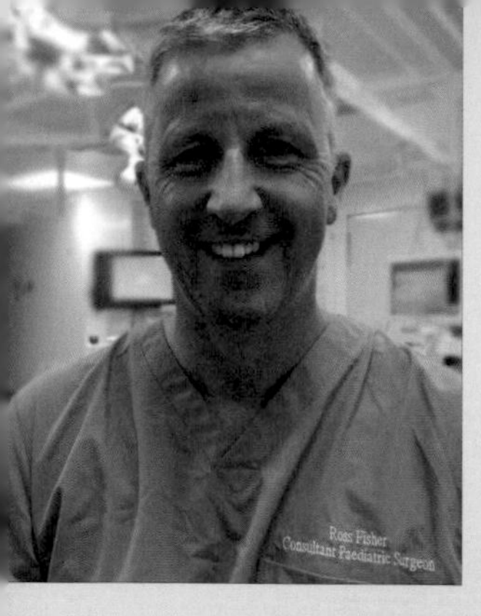

羅斯・費雪醫師｜Dr. Ross Fisher

英國謝菲爾德兒童醫院　小兒外科顧問
ffolliet.com

為了表彰羅斯在簡報技巧及醫學教育的傑出貢獻，加拿大皇家醫學院於 2019 年特聘其為「Harry S. Morton 訪問學者計畫」之外科客座教授。

簡報是醫學教育中不可或缺的一環。大量資訊在課堂和醫學會議上被「講演」，但令人難受的一項事實是，這些資訊中只有很少數能被真正地傳達，留在人們腦海中。這並不是因為講者或觀眾不夠用心，或者不夠努力，而是因為簡報本身的架構。當我們確實理解了有效簡報背後的設計與呈現原則，將能夠顯著改善醫學教育的品質，以及進一步提升病人照護品質。

大多數醫學領域的講者沒有被真正教導過有效的簡報方式，他們只是對現有既存但絕非完美的方法依樣畫葫蘆。基於對傳統慣例的尊重，以及對於符合人們期待的渴望，他們想盡辦法持續了一種帶有缺陷的簡報風格，這種簡報風格讓他們所受的漫長醫學教育訓練顯得毫無效用。這樣的惡性循環必須停止，我們必須修復這個缺陷。

身為一位外科醫師、研究學者，以及一位教育者，「Presentation Zen」對我來說就像一個令人大開眼界的全新探索過程，完完全全地顛覆了我對醫學教育，以及以「P3 概念」（p-cubed concept）設計醫學簡報的方式。這些變化很簡單，而效果非常驚人。

身為臨床醫生，我們要打造的是能夠促進「學習」，而不只是收集數據的簡報。在人們面前呈現大量的事實證據，並不等同於充分的學習。

一個有效的簡報由三個部分組成：故事（P1）、支持媒體（P2）以及呈現（P3）。當這三個元素相輔相成，就能體現一場簡報的價值，也就是 P3 值。

用來支持這樣的簡報演講的媒體必須能夠說明並支持你的故事內容，而這些媒介絕不會是腳本、講義上的圖片，或是一段解釋文字。充滿大段文字的投影片在教育學習上具有反面效果，經常阻礙人們吸收與記憶資訊。如果你的觀眾忙著閱讀、理解甚至記下投影片上的文字，那麼他們很可能無法全神貫注，認真聆聽你所說的話。別讓你的媒體（P2）阻擋了你的簡報呈現（P3）。複雜的資訊應該以講義形式提供給人們，而不是直接放到螢幕上。

在醫學簡報中很容易出現許多不好的簡報表達習慣，例如小到看不清楚的註腳與參考來源、期刊文章的截圖、或是直接從文章中照搬的表格和圖表。「無處不在」並不是效用性的有利證據，確實掌握印刷媒

▲羅斯・費雪在 2019 年於倫敦舉行的 Don’t Forget the Bubbles 醫學會議分享簡報。你可以到官網（dftb19.com）觀看此次及其他演講分享。

體和表演媒體的不同之處，是改善你的簡報表達能力（P3）不可或缺的一步。同樣地，一個能夠牽動觀眾心神，在傳達訊息時展現熱誠，讓人投入其中的講者，讓醫學簡報變得更好的關鍵。

> 「一個能夠牽動觀眾心神，在傳達訊息時展現熱誠，讓人投入其中的講者，是提升醫學簡報的關鍵。」
>
> ——羅斯・費雪醫師

教育及心理學掌握了改善醫學簡報的關鍵金鑰。揮別過時的方法，為累積學習經驗打造簡報，不要只是講述數據或資料，在演講時展現你的熱情與赤誠，這麼一來，能夠促進更加有效的學習，並且進一步提升病人照護品質及成效。

「當被迫深陷囹圄，受到極致的壓迫時，想像力將產出最豐盛的果實。但當給予了絕對的自由時，它卻開始漫無目的地散漫起來。」

——T.S. 艾略特（T.S. Eliot）

在限制中發揮的藝術

幾年前，我在日本大阪聆聽了一場由我的兩位資深設計師朋友——賈斯柏・馮・米爾漢（Jasper von Meerheimb）和川村幸子（Sachiko Kawamura）所做的精彩簡報。這次簡報的主題是，創意工作如何在有限制的狀況下發展出創新的解決方案。他們提到該如何在時間、空間和預算的限制之下，發展創意構想並實際完成。對專業的設計師來說，在外界加諸的成千上百萬條限制和約束之中創造出傑作，本來就是現實世界裡設計工作運作的方式。無論限制是好是壞，是讓人更有創意還是綁手綁腳，其實無關緊要。這個世界本就充滿限制。但是，正如約翰・馬耶達（John Maeda）在《簡單的法則》中所指出的：「在設計這個領域裡，有人相信當限制越多，越能夠找出更好的解決方案。」舉例來說，時間，以及隨之而來的急迫感，幾乎隨時都是一種限制，然而，馬耶達認為：「急迫感和創意是攜手同行的……」

在客戶、老闆等人所給的種種限制下，運用創意與技巧來解決問題或設計出某個訊息的傳達方式，對設計師來說是家常便飯。他們隨時處於這樣的狀況，每天都是。然而，對於那些數以百萬計、隨手就能取得強大設計工具的非設計專業人來說，他們並不了解限制與約束的功用何在。沒有受過設計方面訓練的人，要利用今日的軟體工具來創作一份簡報圖像（或海報、網站、新聞通訊等等），很可能會被多到不可勝數的選項搞得挫敗不已，不然就是在開始發揮自己的藝術天份之前，已經先預設自己會被軟體裡那些越來越多的色彩、形狀和特效搞得暈頭轉向。上述兩種狀況都會讓設計和想傳達的訊息遭受無妄之災。你可以從專業設計人員身上學到兩點：一、限制和約束是非常強大的盟友，不是敵人；二、設定出自己的限制、極限與範圍，通常是製作出創意好作品最基本的條件。

Pecha Kucha Night 42
Tokyo
Pecha Kucha Night 42
Tokyo
Pecha Kucha Night 42
Tokyo

Pecha Kucha
——「限制」的藝術

Pecha Kucha 已經成為全球性的簡報現象，它始於 2003 年，由兩位移居至東京的建築師馬克・迪紳（Mark Dytham）和奧斯崔・克萊（Astrid Klein）所發起（Pecha Kucha 為日文，意思是：「喋喋不休」）。Pecha Kucha 是改變簡報態度的一個例子，也是非常具有創意且顛覆傳統的一種投影片製作方式。Pecha Kucha 的簡報設計方法非常簡單，你只能用 20 張投影片，每一張簡報只有 20 秒的播放時間，而你得在播放簡報畫面的同時，一邊講解你想說明的故事，所以，整個過程一共是 6 分 40 秒的時間。簡報時會自動換頁，當時間一到，就一定得結束。就是這樣，回到你的座位坐下吧。之所以設定這些簡單而嚴格的限制，是為了讓人在簡報時保持簡潔，扣緊主題，並讓更多人有機會在同一個夜晚上台分享。

「Pecha Kucha 之夜」在全球超過 1000 個城市舉辦過，從阿姆斯特丹、奧克蘭到威尼斯、維也納都有。在東京的 Pecha Kucha 之夜是在一個很時髦的多媒體場地舉行的，而我參加的那一次，全場氣氛是介於一場很炫的使用者討論會與時下流行的酒吧之間。

撇開其他不談，Pecha Kucha 是一種很好的訓練，也是個很好的方法。所有人都應該試試 Pecha Kucha，這是個可以讓你把想說的話濃縮的好方法；即使你在現實中說話時並不會完全照這樣做。然而，無論你是否能把這個「20X20 6:40」的 Pecha Kucha 方法套用在你的公司或學校裡，這套方法背後的精神，以及「利用限制來解放」的概念，卻幾乎可以應用在任何需要簡報的場合中。

這個方法其實無法讓人太深入說明些什麼。但是，如果在 Pecha Kucha 式的簡報之後，能接著有一場很棒的討論，那麼，這個方法其實可以在組織中得到相當不錯的發揮。我可以想像大學生用這樣的簡報方式來呈現他們的研究，接著再由班上同學和指導老師一起深入發問和探討研究中的種種。大家覺得哪一種方式比較能夠展現出學生所擁有的知識是否充足，或者哪一種方式對學生來說比較困難呢？是一場長 45 分鐘，大家重複使用的一般投影片簡報方式呢，還是緊湊的 6 分 40 秒簡報，緊接著 30 分鐘的發問及討論時間呢？換個角度來說好了，如果你無法在少於七分鐘的時間內說出你故事中的精華，那麼也許你根本不該上台簡報。

上網查詢你所在城市的「Pecha Kucha 之夜」：
www.pechakucha.com

自我設限可以幫助你整理出清楚明確的訊息，包括視覺上的訊息。舉例來說，在許多不同的禪學中，你會發現，小心翼翼地學習、練習，並且恪守嚴格的規範（限制），能引發出一個人的創造力。比方說，日本的俳句流傳已久，有著非常嚴格的規定，但是，只要透過練習，你就可以創作出（十七個字母或更少的）詩句，描繪當下此刻的細節與精髓。俳句的格式的確有著嚴格的限制，但是這樣的規則卻可以幫助你以既精緻又有深度的方式來表達你自己的「俳句心境」。在《*Wabi Sabi Simple*》（暫譯：《侘寂簡約》，Admins Media Corporation 出版）一書中，作者理查・包威爾（Richard Powell）在提到侘寂[1]、規範和簡約之美時，將之與盆栽和俳句相提並論：

> 只做那些必要的動作就好。仔細地去除那些會影響必要主體的東西，以及那些有所妨礙和曖昧不清的……雜亂、龐大、知識太過豐富的東西會混淆我們的感知力，也會扼殺我們的理解力，正如單純可以讓我們的注意力更直接、更明確。

生命就是在規範與限制中進行的，而限制不一定都是壞事。事實上，有所限制很有幫助，甚至很有啟發性，因為它促使我們用不同且更有創意的方式思考某些問題。這些問題可能是你臨時被要求用 20 分鐘的時間來推銷一件商品，或是用 45 分鐘來介紹一個研究發現（這些問題本身即帶有限制，包括了時間、空間和預算），如果我們能往後退一步想想，做一次長久深遠的思考，找出方法來設定自己的限制與規範，效率就會提高。而我們也可以在開始準備並設計下一次的簡報時，決定如何設定自己的限制和變數，如此一來，就能以更清楚、更明確、更平衡、更有目的性的方式來準備簡報了。

在我們的生活日益複雜、選擇項目持續增加的同時，如何讓想要傳達的訊息清楚、簡單、明確，就顯得更加重要了。明確簡單，通常是人們想要或需要的，但卻越來越少見，所以，當它出現時就更加令人珍惜。你想要讓大家感到驚喜嗎？你想要出乎他們的意料之外？那就考慮讓你所做的東西看起來漂亮、清楚、簡

1　「侘寂」（wabi sabi）為日本人特有的一種世界觀，這個觀念認為，不完美、未完成與缺陷是有其價值的。「侘」的意思是單純、不造作；「寂」的意思是隨著歲月流逝而形成的美。

單……而且——偉大。「偉大」的東西可能是那些看不到的，而不是那些看得到的。偉大的東西需要創意，並且需要勇氣來展現。你的觀眾會希望你既有創意，也很有勇氣。

歸納整理

- 準備、設計和進行簡報是創意行為，而你是有創意的生物。
- 擁有開放的心態以及犯錯的意願，才能擁有創造力。以初心來看待工作吧。
- 限制、約束與極限並不是敵人，而是你絕佳的盟友，能夠激發更多的創意力。
- 把 Pecha Kucha 方法當作一種讓訊息更加簡練的練習。你可以在 www.pechakucha.com 尋找離你最近的「Pecha Kucha 之夜」。
- 當你在準備一份簡報時，別忘了設下限制，而且隨時謹記這三個詞：簡單、清楚、扼要。

taken making a decision

practical

decisions come from feelings inside ('intuition')

Practical decisions based on own will

Across other side of the world

Listen & don't judge others. Allow others to clarify themselves

Changed schools

stress sleepless nights thinking time

brain all over the place scattered thinking

practical support

Chose flexible first.

different perspective people

Logical

Trial & Error

Cast net wide, try things, gauge best feasible

Excited about one on one expert mentor

Travelled S-A

3

以類比方式進行規劃

在簡報的初期準備階段中，最重要的事情就是，遠離你的電腦。大家都很容易犯下一個基本的錯誤，那就是花費大部分的時間，坐在電腦螢幕前思考簡報的內容該是什麼。在你設計簡報之前，你必須要能夠看見簡報完整的面貌，並且確認核心訊息為何——可能只有一個，也可能有無數的。這是非常困難的工作，除非你能夠讓頭腦保持冷靜，屏除雜訊；而當你在投影片軟體中東拼西湊，或是被社群媒體分散注意力時，保持頭腦冷靜是一種很難達成的狀態。

其實，軟體製造商很鼓勵人們使用軟體工具來規劃簡報，但是，我並不建議。使用屬於「類比世界」的紙和筆先描繪出粗略的想法，往往會讓我們在最後使用數位方式來製作簡報時呈現更清楚、更好，也更有創意的結果。既然你最終會使用多媒體來製作簡報，到時就會需要很多時間坐在電腦或其他數位裝置前面了。我稱這種遠離電腦來準備簡報的方式為「走類比路線」；相反地，使用電腦來準備簡報則是「走數位路線」。

放慢腳步，仔細看

放慢腳步，不只是讓人能擁有更健康、快樂、滿足的人生的好建議，同時也是帶領你邁向心智清明境界的一個方法。你的直覺可能反駁：「荒謬！」，做生意最講究的就是速度。研發要搶第一、上市要搶第一。所有事都非第一不可，速度當然也要第一。

然而，我在這裡所要說的是一種精神的狀態。眼前有太多事要處理，你無疑是忙碌的。但是，「忙碌」並不是真正的問題。當然，一天的時間絕對不夠你用想要的方式來處理所有的事情，而我們全都得面對時間的限制。但是，時間限制同樣也可以是一種很棒的動力，它給我們帶來急迫感，激發創意思考，迫使我們去發掘問題的解決方法。今天，問題並不在於「忙碌」本身，而是「忙碌感」。

忙碌感，是當你覺得急迫、受到干擾、有點無法專注或心不在焉時，那種很不舒服的感覺。雖然你還是可以把工作做完，但你希望自己可以再做得更好一點。你知道自己可以的，但儘管你是那麼地努力，卻發現，想要擁有可以深思細想而非躁動反抗的精神狀態，竟是如此地困難。你嘗試著去做，深呼吸一口氣，開始去想下禮拜那重要的簡報。於是你開始用心地思考。接著，辦公室的電話響了，但是你讓這通電話進入語音信箱，因為同時間你的老闆正好打手機給你。「我需要測試程序規劃報告（TPS report）[1]，越快越好！」她說。接著，你的電子郵件軟體通知你收到新郵件，其中包括了一封你的大客戶寄來的信，標題是：「緊急！測試程序規劃報告不見了！！！」然後，你的同事探頭進來說：「嘿，你有沒有聽說測試程序規劃報告不見了啊？」所以，你開始處理工作上的各種狀況，而身處在這樣的環境中，根本就不可能慢下來。

忙碌感扼殺了創造力。忙碌感催生了一套套擠滿文字圖片的投影片簡報，取代了精彩、內容充實、具討論性的會議、研討會或是演講，這些原本應該要有真正的對話交流的場合。但是大家都覺得好急好趕，甚至快要抓狂了。所以他們隨便從過去的簡報中抓了幾張投影片，就忙著開會去了。結果，溝通無效，觀眾也痛苦

1 原本 TPS report 指的是測試程序規劃報告或交易處理系統報告，此處隱含意指完全沒有意義的東西（Totally Pointless Stuff）。

不堪。沒錯，我們大家都快忙瘋了——專業人士和學生們都一樣——，但也正因為如此，我們更有責任不要浪費自己和觀眾的時間在那些「敷衍了事」、「恐怖至極」的投影片上。想把事情做得更好，需要不同的心態，而你需要遠離忙碌感，抽出時間和空間來，才能擁有這樣的心態設定。

只要想想就會發現，那些最了不起的創意人才——設計師、音樂家，甚至是企業家、程式設計師等等——都是能以不同角度看事情，並且擁有獨特的見解、觀點和疑問的人（答案當然也是很重要的，但首先得有問題才會有答案）。對我們大多數人來說，這種特別的洞見和知識，就像是純粹的第六感和直覺一樣，只有在慢下來、停下來，仔細看見我們某個特殊議題的所有面向時才會出現。不論你是科學家、工程師、醫師或商業人士，當你在準備一場簡報時，你就是個創意人，而你需要時間遠離電腦、數位大綱和投影片。此外，只要有可能，你都需要找時間獨處。

許多簡報完全沒有效果的原因是，現在的人並沒有花足夠的時間——或者根本沒有時間——回頭檢視，並且認真地評估一下什麼是重要的。這些人通常都無法把任何獨特、有創意或嶄新的東西帶入簡報之中。這並不是因為他們不夠聰明或沒有創意，而是因為他們沒有時間一個人放慢速度，好好地思考問題何在。想要看見事物全貌並找出你的核心訊息，需要你自己一個人「自力更生」一小段時間。有很多方法可以讓你靜一靜，你甚至不需要真的一個人。我自己就有一個非常好的獨處天地，舉例來說，大阪、奈良和京都的一些咖啡店，裡面的店員全都熟到可以直接叫我的名字。這些都是非常忙碌的咖啡店，但同時也讓人感到自在舒適，裡面有很多塞滿坐墊的沙發和椅子，還有輕柔的爵士樂當背景音樂。而當我在那裡時，不會有任何人來打擾我。

我的意思並不是獨處的時間越多，你就越可以解決缺乏靈感的問題，或者是你就可以因此變得更有創意或找到更好的解決方案。但是我認為，你會因此驚喜地發現，每一天、每一週、每個月、每一年都可以多找出一些時間來感受獨處的美好。對我來說，獨處幫助我更專注、思緒更清楚，同時也讓我可以看見事物的全貌。而清晰與全貌正是大部分簡報所缺少的基本要素。

我並不想要過份地美化獨處這件事。太多「一個人的時間」很明顯也是一件壞事。只不過，在今天這個忙碌的世界中，很少人會面臨到獨處時間太多這樣的問題。對許多專業人士來說，要找出一段可以一個人獨處的時間，確實是相當大的難題。

獨處的需求

許多人相信，獨處是人類的基本需求之一，而否認這一點對身心都是不健康的。艾絲特・布荷姿博士（Dr. Ester Buchholz）是一位心理醫師和臨床心理學家，她於 2004 年去世，享壽 71 歲。在世時，她在個人的專業生涯裡，做了許多關於獨處的研究，而她稱獨處為「一個人的時間」。布荷姿博士認為我們的社會低估了獨處與一個人的時間的重要性，卻過份地強調了與其他人相互依賴的價值。布荷姿博士認為，如果要開發我們的創意天賦，獨處的時間是非常重要的。「人生中所有創意方案的出現，都需要一個人的時間。」她說：「我們的潛意識需要獨處來釐清問題、處理問題。」下面的投影片引用了博士這段話的後半段，而我常會在一些有關創意的演講中使用這張投影片。

（此投影片之影像來自 Pearson Asset Library）

森林浴

我們住在日本奈良縣，一個被森林環繞的地方，我養成了在附近森林裡慢跑或慢慢散步的習慣。如果我要為一場重要的簡報或手頭上的專案做準備工作，我會在口袋裡帶上一個小小的數位錄音筆。我不會對問題苦思冥想，而是好好地在林間漫步，但是，當值得紀錄的想法逐漸成形時，我可以直接說出腦中所思所想，然後用錄音筆記下來。這個錄音工具非常好用，讓我不必刻意記住想法與見解。當然，我也可以用智慧型手機紀錄，但數位錄音筆更小、更輕便，而且更重要的是，這個小工具不會像智慧型手機一樣讓人分心。

我一直都很喜歡置身於大自然的時間，但直到我在 2008 年寫下這本書的第一版時，我才認識到「森林浴」（shinrin-yoku）的概念。在中文裡，「森林浴」這三個字分別代表森林、樹林和沐浴。森林浴有時候又被形容為「森林癒」，因為在森林環境下好好待上一段時間，對於人體健康確實存在療癒效果。

森林浴一詞直到 1980 年代才開始出現。在 2000 年左右，日本醫科大學的李卿博士及其他學者開始探究森林與人體健康之間的可能關聯。李卿博士是舉世頂尖的森林醫學專家，現任日本醫科大學的副教授。李卿博士在森林醫學領域潛心鑽研超過 30 年，致力探索森林環境之於人體身心靈健康的影響，在該領域發表了無數期刊論文。

我推薦李卿博士於 2018 年四月出版的《森林癒：你的生活也有芬多精，樹木如何為你創造健康和快樂》。這本書對森林浴做了很好的介紹。「森林浴可以讓你睡得更好，也讓你擁有好心情。」李卿博士說：「它能放慢你的心跳頻率，降低血壓，改善心血管疾病與新陳代謝，更重要的是，森林浴可以強化你的免疫系統。」

關於森林環境對於心靈健康之影響的研究，支持了「抽出一些時間在森林中散步，能幫助我們心智清明、釐清思緒，並且改善記憶力和解決問題的能力」這樣的想法。森林浴相關研究文獻同樣也支持了「置身於森林之中，能夠提升創造力」的觀點。李卿博士引用了猶他大學及堪薩斯大學的研究，他說：「在大自然中待上一段時間，能讓問題解決能力及創造力提升 50%。」

讓你的心靈獲得平靜、改善心情，並且提升創造力的最簡單方式，就是讓自己置身於森林裡一段時間。這個方式已經獲得相關研究支持，而我們早就從自己的經驗中，直覺地知道它很有效。然而，大多數專業人士還有學生，都花越來越多時間待在室內。我們應該停止這麼做，並且花更多時間在大自然中。所以，如果你被一個問題——簡報或是任何事情——困住了，到森林裡好好走上一回吧。如果你的附近沒有森林，那麼城市裡充滿綠意的公園也能帶給你同樣效果。

腳踏車，還是汽車？

軟體公司太過度地鼓吹與推銷，讓我們相信可以聽從樣板和精靈程式這些工具的指引，雖然有些時候它們還蠻管用的，但也總是把我們帶往一個其實一開始並非我們想去的地方。從這層意義上來看，視覺設計專家艾德華・塔夫（Edward Tufte）說的沒錯，他說，PowerPoint 本身具有一種認知形式，而這種形式會過度簡化內容，並且會模糊我們希望傳遞的訊息焦點（《*The Cognitive Style of PowerPoint*》，Graphic Press 出版）。其他類似的簡報工具也是一樣。使用投影片軟體作為播放媒體來輔助我們的演講，其實是很棒的一件事，但如果我們稍不注意，很容易會被他們牽著鼻子走，朝著原本根本不會走的方向而去，而其中各式各樣的新潮功能和工具，反而對我們是種擾亂而非協助。

超過 35 年之前，史蒂夫・賈伯斯（Steve Jobs）曾與其他的矽谷人談論到個人電腦的龐大潛力，以及他們該如何設計及使用這些工具，好讓這些工具強化我們每個人與生俱來的龐大潛力。以下就是賈伯斯當時在一部由麥可・勞倫斯（Michael Lawrence）製片，名為《*Memory and Imagination*》（暫譯：《記憶與想像》）的紀錄片中所說的話：

> 對我來說，電腦是人類所發明的最了不起的一樣東西；
> 而對我們的腦袋來說，電腦就像腳踏車一樣簡單好用。
>
> ——史蒂夫・賈伯斯

與其他動物相比，人類在移動方面，似乎不是很有效率。但是，一旦騎上腳踏車，人類卻是整個地球上最能發揮效率的動物。腳踏車放大了我們內在擁有的潛力，使之向外轉化為巨大的動能。這不正是電腦（這個時代中最偉大的工具）所該做的事嗎？

在簡報的準備階段中，你的電腦所發揮的功用是不是正如同你「頭腦的腳踏車」，幫助你發揮潛力和想法呢？還是，它更像是「頭腦的汽車」，裡面裝配了成套公式，使你的想法受到動搖？當你像使用腳踏車一般地使用電腦時，你的頭腦就能受益；但是當你依賴電腦的力量時，你的頭腦就會放棄自己，就像你倚賴汽車的動能一樣。

重要的是，你要能理解製作及設計簡報的原則，而不是只知道服從並遵循軟體的規則。最好的軟體並不會為我們指路，反而是讓到一旁，幫助我們發揮自己的想法和能力。要確定你的電腦和軟體是否還是發揮想法和製作簡報最好的工具，一種辦法是先把電腦關機，站起身離開。反正你很快就會回來了。

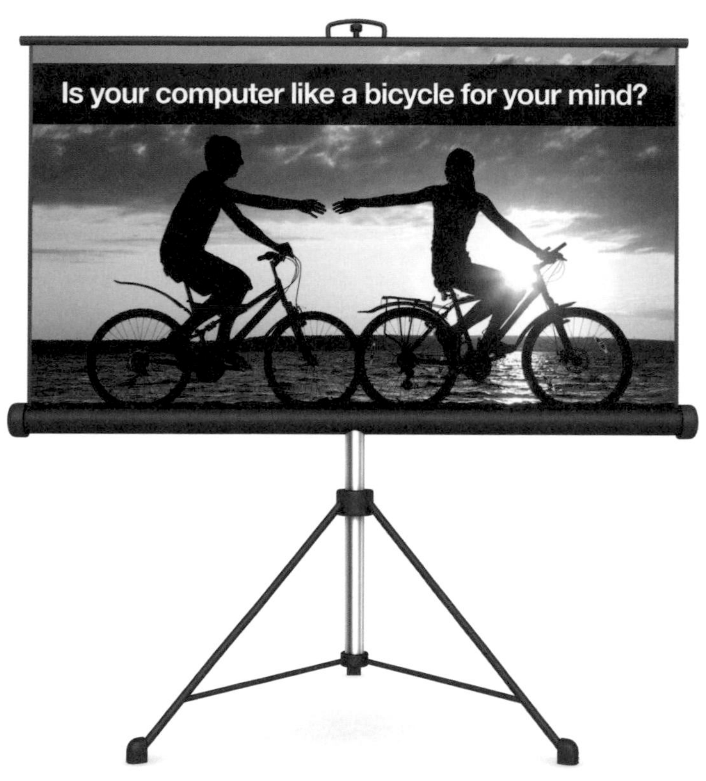

紙張、白板、便利貼，或是沙灘上的樹枝

在準備簡報（或其他類似的專案）時，我最喜歡用的工具就是一大本橫式筆記本或是一本分鏡圖簿，和幾枝有顏色的筆。或者，如果我是在辦公室的話，那就是一面白板。數位科技的確功能強大，但是我想還是沒有什麼東西會比簡單的紙和筆一樣快速、簡單、直接，而且沒有什麼可以像一面大白板一樣，給我足夠的空間快速地隨手記下我的思緒。

大多數人都會直接在投影片軟體裡進行所有的簡報準備工作。關於這一點，我們倒是可以從專業設計師身上學到很多東西。大部分的專業設計師——即使是那些初出茅廬，從小跟著電腦一起長大的年輕媒體設計師——通常都是使用紙筆或白板來做規劃及腦力激盪的。

在很多年前，當我還在為蘋果公司（Apple, Inc.）工作的某一天，這一切對我來說突然變得清楚萬分。那天，我去拜訪了一位資深創意總監，去拿他為一個專案設計的東西。他說，他畫了很多圖樣想讓我看看，這些圖樣是他在幾天前已經給賈伯斯看過的。我以為他是準備了一些投影片，或者一段短片，或至少是從 Adobe Illustrator 或 Photoshop 中列印出一些彩色圖片要給我看，但是等我到了他的辦公室，我才發現在他書桌上那台漂亮的蘋果 Cinema Display 顯示器竟然是關掉的（我後來才知道，這位才華洋溢的創意總監已經好幾天在工作時都沒有用到他的麥金塔電腦了）。相反地，他的創意想法全部都畫在一卷白紙上，而這紙卷橫向地在他的辦公室牆壁上攤開來，足足有五公尺長。這一長條的紙卷裡有手繪的圖片和文字，看起來很像一幅長條的漫畫。這位創意總監從紙卷的一端朝我走來，一路講解他的想法。最後把他的素描圖捲起來給我，說：「你把這個帶回去吧。」之後，我再利用電腦把他的創意點子融入我們的內部會議簡報中。

如果有了點子，不必依靠任何機器也可以完成許多事。

而一旦你有了那些點子，機器就能成為你的助力……

大部分你想出來的好點子，都可以用沙灘上的一根樹枝開始描繪成形。

——艾倫・凱（Alan Kay）

（摘自 1994 年 4 月 Electronic Learning 雜誌訪談）

紙和筆

我有許多時間是花在辦公室以外的地方的，像是咖啡店、公園，還有往返東京的子彈列車（新幹線）上。雖然我隨時都帶著 MacBook Air 或 iPad，但我都是用紙筆來做我個人的腦力激盪、點子發想、列出表單，而且通常我都會把初步構想或草圖記錄下來。我可以使用電腦，但是我發現（跟許多人一樣）手上握著一支筆把想法寫下來，似乎會和我的右腦產生較直接且自然的連結，並且能夠讓我以更隨性寫意的節奏來視覺化我的想法，並且將其記錄下來比起坐在鍵盤前構思，用紙筆來發掘靈感並將之視覺化，似乎有用得多。而且，絕對簡單得多。

白板

我經常使用辦公室或家中的大白板來發想點子。這塊白板對我來說很有用，因為我覺得，有個大範圍的空間可以腦力激盪並且建構出想法，是非常無拘無束、非常自由自在的。我還可以回頭看看自己所發想出來的東西（而且是實際上真的回頭去看），想像之後在製作投影片時，要如何才能把它很有邏輯地推演出來。白板的好處是，你可以使用它來紀錄一群人發想出來的概念和方向。我在寫下重點還有大綱架構時，可以把我的構想畫出來，比方說，哪些是之後會出現在投影片裡的表格或照片。我會把範例圖片畫出來，這樣一來，我就可以用它們來支持某一個論點。比方說，在這裡放一張圓餅圖，在那裡放一張照片，或許在這個區塊放一張曲線圖等等。

你也許會覺得這麼做根本是浪費時間：幹嘛不直接用電腦來畫那些圖，這樣你就不用做兩次了呀？嗯，事實是這樣的，如果我先在電腦軟體裡畫分鏡圖，反而會花比較多的時間，因為我得不停地從標準模式切換到瀏覽模式，才能看到投影片整體的模樣。使用類比方式（紙或白板的方式）把想法記下來，然後畫出一張草圖，真的有助於強化與簡化我腦袋裡的想法。先這樣做之後，我再把它們放進 PowerPoint 在內的各式簡報軟體裡，就變得簡單多了。通常我在使用電腦製作時，根本就不需要再回頭看白板或筆記本，因為整個類比製作過程已經提供了我一個非常清楚的圖像，我完全知道自己希望內容該如何安排才會流暢。只要翻一翻我的筆記，就可以提醒自己有哪些圖片是我想在某些橋段中使用的，這時只要去素材圖庫網站或是我自己的影像庫裡去找最合適的影像就可以了。

便利貼

大張的紙和簽字筆，看起來或許很過時，但是在需要簡單工具來進行初期的草擬工作或記錄別人想法的時候，這兩樣東西卻是特別好用的。當我還在矽谷工作的時候，有時候我會在牆上貼上大張的便利貼來做腦力激盪。我會寫下自己的想法，然後其他人也會走上前，一邊用這個「過時的方法」寫下他們所發想出來的點子，一邊與其他人爭論他們的看法或是其他人所提出來的點子。這樣的狀況是有點混亂，不過，這是很好的混亂。等到這個腦力激盪時間結束時，牆上會貼滿一張張的便利貼，然後我會把它們全部撕下來，帶回我的辦公室，貼在我自己的牆上。在我們開始製作未來簡報的架構和視覺效果時，大家常常都會參考牆上的那些紙片，而這些紙片通常會在牆上貼個幾天或幾個禮拜。把簡報內容貼在牆上，能使我們更容易看見整體全貌；同樣地，這也讓我們很容易就知道哪些部分是可以刪除的，而哪些對於表達核心訊息是絕對必要的。

即使你很可能會用數位科技來製作影像，並在簡報時用數位方式來呈現，但是，對觀眾說話並與之產生連結（說服、推銷、或告知），基本上卻全是類比的方式。正因為如此，當你在準備並試圖釐清簡報內容、目的與目標時，使用類比方式是再自然不過的了。

現在，我的所有簡報（甚至包括我學生和企業客戶的所有簡報），都會先以某種形式的便利貼進行想法建構，無論是貼在筆記本、白板，甚至是窗戶上。

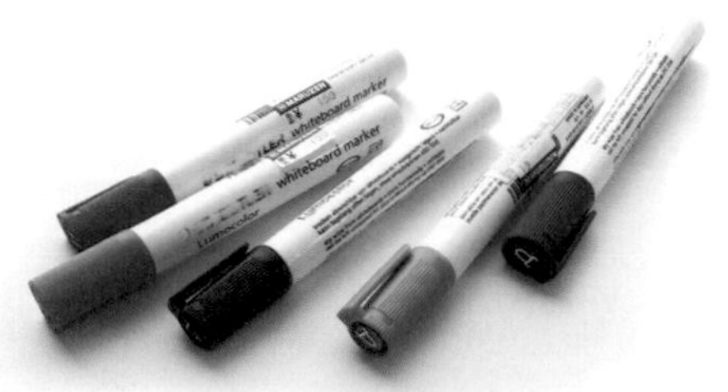

「要能開啟創意，必須要有好好利用獨處時光的能力。你一定要能克服一個人獨處的恐懼。」

——羅洛・梅（Rollo May）[2]

---

2 羅洛・梅為美國極負盛名的存在主義心理分析大師，亦被尊稱為「美國存在心理學之父」。

問正確的問題

據說，佛祖曾經形容，人存在的狀態就像是被箭射中了一樣。這樣的狀態既痛苦又緊急。但是，讓我們來想像一下，這個被箭射中的人，不但沒有要求緊急的醫療救護，反而一直詢問有關箭和弓的事情；他問誰是製作這支箭的師傅，他很想知道製作這支箭和這把弓的人有什麼樣的背景、他們是怎麼挑選顏色、用的是哪一種弦，諸如此類的問題。這個人問的都是一些無關緊要的事情，完全無視於眼前迫切的問題。

我們的生活也有點像是這樣。我們經常沒有看見近在眼前的現實。這是因為我們老是在追逐短暫的事物，像是更高的薪水、完美的工作、更大的房子、更高的地位，而且我們總是在擔心失去現在擁有的。佛祖說，人生充滿著「苦」（duhhka）[3]——只要我們睜開眼睛就能看見。同樣地，現在的商業與學術簡報，其完全沒有作用、浪費時間、普遍讓人感到不滿足的形式，也會講者和觀眾帶來很大的「苦」。

今天，在專業人士之間有著許多關於如何讓簡報和講者變得更好的討論。對他們來說，現在的狀況，就某種程度上來說也是「既痛苦又緊急」。這很重要，但是，許多討論的重心卻集中在應用軟體和使用技巧上。我應該安裝什麼軟體？我應該買 Mac 還是 PC 比較好？我可以使用智慧型手機嗎？哪些動畫和轉場效果是最好的？最棒的遙控裝置是哪一款？這些討論不完全是無關緊要的，但這通常都將簡報有效性的探討轉移到技術上了。對軟體與技術的重視，通常會讓我們忽略了真正應該檢視的東西。我們都花太多時間為那些簡報時會出現的條列式和圖片坐立難安、憂心不已；但其實，真正應該擔心的應該是如何想出一個有效、讓大家記得住，並且適合我們的觀眾欣賞的故事。

---

3 duhhka，指磨難、痛苦、失去、不滿足。

錯誤的問題

對技巧、秘訣和特殊效果的著迷，讓我們變得有點像那個中箭的人。我們的狀況很緊急也很痛苦，但是我們卻淨是問自己一些錯誤的問題，而且只注意到哪些相較之下其實無關緊要的東西。

我被問到兩個最無關緊要的問題是（經常有人問我這兩個問題）「一張投影片應該要條列幾個重點才好？」以及「一次簡報應該要有幾張投影片？」我的答案是「這樣看各種情況才能決定耶……這樣好了，一張都不要你覺得如何？」這樣回答會引起大家注意，但是，這不是大家最想聽的答案。我會在投影片設計的部分（請參見第 6 章）再來討論有關條列式重點的問題，至於應該要有幾張投影片呢？這實在是個錯誤的問題。這裡牽涉了太多的變數需要考量，不可能訂出一個絕對的規則。我曾見過講者只用了五張投影片，卻仍是一場冗長無趣的簡報；也見過內容豐富、引人入勝的簡報，而講者用了超過兩百張投影片（反之亦然）。重點不是投影片的張數。如果你的簡報很成功，觀眾根本不會知道你到底用了幾張投影片，而且，他們也不在乎。

我們應該要問的問題

好啦，所以你現在一個人了，你有筆記本和一支筆，感覺很放鬆，而且頭腦很平靜。現在，你可以想像這次有機會去做的簡報（注意！我並不是說你「必須」要做的簡報）會是什麼樣子，或許是下個月，或許是下個禮拜，又或者是（倒抽一口氣）明天。先把下列這些問題的答案寫下來：

- 我有多少時間？
- 簡報場地會是什麼樣子？
- 我會在上午、下午還是晚上進行簡報？
- 觀眾是哪些人？
- 他們的背景來歷是什麼？
- 他們會對我有什麼樣的期待？
- 為什麼找我上台簡報？
- 我希望觀眾能做什麼？
- 哪一種視覺媒體最適合這一次的簡報情境和觀眾？
- 我的簡報最基本的目的是什麼？
- 這一次要說的故事是什麼？
- 現在，這是最重要的一個基本問題了，一定要打破砂鍋問到底才行：

我的核心重點是什麼？

或者換一種說法好了：如果觀眾只能記住一件事（這樣你就已經非常走運了），你希望他們記住的是什麼？

兩個問題：
你的重點是什麼？為什麼它很重要？

許多我參加過的簡報都是由一個來自某專業領域的人（通常都有多媒體的輔助）向一群背景為商業人士的觀眾發表，而觀眾通常都不是講者所屬專業領域的專家。這是最普遍的簡報情形。舉例來說，一位生化燃料科技的專家，可能受到了當地商會的邀請，前來簡報其所屬公司的業務內容。最近，我去參加了一個類似的場合，而在將近一個小時的簡報結束之後，我才理解到，這場簡報真是一場奇蹟。直到那天之前，我真的無法想像會有這種事：有人用我的母語英語做投影片來簡報，我卻從頭到尾都聽不懂他到底在說什麼。真的完全不懂，一丁點兒也聽不懂。我真想討回那一小時的時間。

不過，那一小時的白白浪費並不是應用軟體或糟糕投影片的錯。那場簡報其實是可以獲得大幅改善的，如果講者能在準備的時候將這兩個問題牢記在心：

- 我的重點是什麼？
- 為什麼它很重要？

對講者來說，要找出核心訊息並將其以清楚明白的方式表達出來讓人了解，這已經夠困難了。但為什麼重點是如此重要呢？所有人都會在這一點上犯錯。通常講者對他手上的材料是滾瓜爛熟的，所以重點為什麼很重要對他個人來說非常顯而易見，明顯到根本不需要任何說明。然而，這卻是觀眾希望能聽到由你告訴他們的內容。「為什麼我們要在乎這件事？」這需要有說服力、情感、同理心，再加上邏輯論證才能做得到。在這裡，同理心代表講者能夠理解到，並不是每一個人都了解那些對他來說很顯而易見的事，也可能有些人的確能夠了解，卻不明白為什麼這對他們來說很重要。在準備一場簡報的材料時，好的講者會試著換位思考，把自己當成是觀眾。

再回到我那被浪費掉的一小時。那位講者是位聰明又有成就的專業人士，但他卻在還沒開始之前就已經失敗了。他的投影片看起來就像是是之前用來對另一些有技術背景的觀眾簡報時所使用的，這就表示他打從一開始就沒有認真地為當天的觀眾著想。他也沒有回答那個重要的問題：「為什麼這很重要？」而他在準備簡報時也沒有掌握到這一點——像這樣的簡報機會，應該要為觀眾留下一些重要的訊息。

所以，接下來呢？

我常對自己說的一句日文是：「だから なに？」，這句話翻譯起來大概是「那所以呢？」或是「你的重點是……？」的意思，我經常在幫自己或別人準備簡報材料時這麼說。

在建構簡報內容時，你應該每次都要設身處地為觀眾著想，並且問自己「所以呢？」在整個準備過程中，你都得持續認真地問自己這些艱難的問題。舉例來說，你的重點有切中主題嗎？也許這個看法是很酷，但是它對於你接下來要講的故事是不是很重要呢？還是純粹只是因為你自己很喜歡才把它放進投影片裡呢？你一定也當過觀眾，所以你一定也懷疑過，講者所提出的資料跟他的核心重點有什麼關係？如果你真的回答不出這個問題，那就把這一部分的內容從你的演講中刪除。

你能通過「電梯測驗」嗎？

如果「だから なに？」對你來說沒用的話，可以用電梯測驗來檢查簡報中的核心訊息是否足夠清楚。這個測驗強迫你在 30~45 秒的時間內把你的訊息「推銷」出去。想像下面這個情況：你己經安排好會議時間，要盡全力推銷一個新點子給公司的產品行銷部門主管，而你所屬的公司是全世界科技產品的領導品牌。時程和預算都很緊，所以對你來說，想要成功得到執行團隊的首肯，這次會面將是一個非常重要的機會。你來到副總裁辦公室外的行政櫃台前，突然間副總裁走了出來，手上拿著外套和公事包，他說：「抱歉，突然有點事情得去處理，我們一起走到停車場，你一邊走一邊告訴我你的構想吧！」你能不能夠在搭電梯下來然後走到停車場的時間內推銷出你的點子呢？的確，這樣的情節不太容易發生，但也並非完全不可能。而且，非常有可能的是，你會在毫無預警的情況下被要求縮短你的說話內容，可能從 20 分鐘縮短到 5 分鐘，或是從原本排定的一小時縮短到半小時。你辦得到嗎？也許你永遠都不會碰到這樣的狀況，但是這樣的練習可以強迫你找到你的核心訊息，並且讓你的整體內容變得既緊湊又清楚。

（此投影片之影像來自 Pearson Asset Library）

（此投影片之影像來自 Pearson Asset Library）

講義可以讓你自由

如果你在簡報的準備過程中就先做出適當的講義，那麼你就不會覺得自己得被迫在演講中把所有與主題相關的東西全部提及一遍。準備適當的講義文件——上面可以寫滿所有你覺得必須提出的細節——讓你可以專注在這特定的場合，以及對這群特定的觀眾來說最重要的事情上。如果你寫出一份適當的講義，你也就不需要擔心在投影片裡漏掉哪些表格、數字，或是與主題相關的觀點。

許多講者把天底下所有事都納進投影片裡，只是為了「以防萬一」，或是為了展現他們是「認真的人」。在投影片裡放進一大堆的文字、詳細的表格等等是很常見的，因為投影片同時也被當作是簡報後使用的文件。這真是大錯特錯（請見接下來的附屬專欄：〈製作一份文件，而非「投影件」〉）！其實應該要做的是，準備一份詳細的文件當作講義，讓投影片保持簡潔明瞭。還有，千萬不要把列印出來的投影片當作講義發給大家。為什麼？大衛・羅斯（David Rose）這位專業講者及紐約市最成功的科技企業家是這麼說的：

> 「千萬、絕對不要把你的投影片印出來發給大家，而且，絕對不要在你簡報之前這麼做。這等於是自掘墳墓。因為從定義上來看，投影片是『講者的輔助工具』，它們是為了幫助講者而存在的……而這個講者就是你。照這樣看來，光只有它們，是完全不可能存在任何意義的，所以，它們對你的觀眾來說也完全沒有用處，而且保證會成為干擾。換個角度來看，如果這些投影片自己就可以傳達意義的話，那你何必還要站到台上去說話呢？」

——大衛 S. 羅斯

投影片、筆記和講義

如果你能記住簡報的三個元素：投影片、你的個人筆記、講義，那你就不會覺得自己需要把那麼多的資訊全部放進投影片或其他多媒體裡。相反地，你可以將那些資訊放進你的筆記裡（用來預演練習或是當作備用資料）或是你的講義裡。這是由簡報專家克里夫・愛金森（Cliff Atkinson）所提出的主張，但是大部分人還是在他們的投影片裡塞進大量的文字以及很難閱讀的資料，而且就直接把投影片列印出來，並沒有額外準備一份獨立分開的講義文件（我在一場簡報設計的演講中使用了本頁所列出的四張投影片來說明這個觀點。）

給觀眾看的投影片

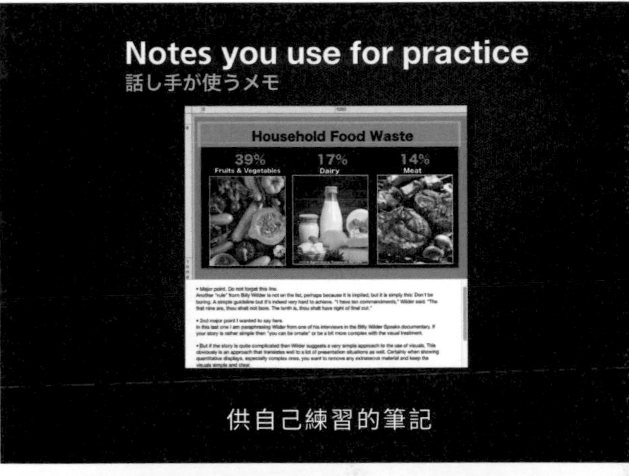

供自己練習的筆記

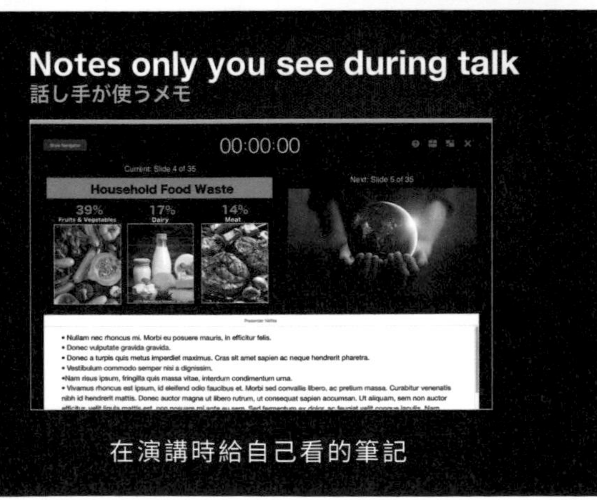

在演講時給自己看的筆記

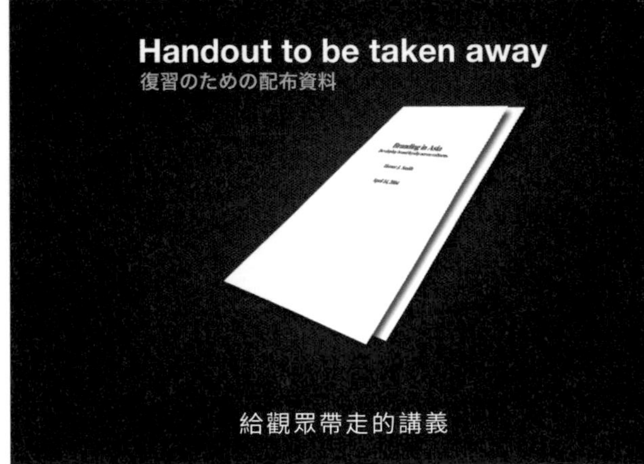

給觀眾帶走的講義

製作一份文件，而非「投影件」

投影片就是投影片，文件就是文件，它們是不一樣的東西。如果你試著要把兩者結合，就會變成我所說的：「投影件」[4]。會產生投影件，主要是來自於節省時間的渴望。大家覺得自己這樣子做很有效率——有點像是種一石二鳥的作法。但在這裡，很不幸的是（除非你是隻鳥），唯一被石頭砸死的，就是有效的溝通。這麼做的立意良好，但是結果卻很糟糕。這讓我想起一句非常貼切的日本諺語：「追二兔，一兔不得」，或是我們所說的：「竹籃打水兩頭空」。

投影片應該盡可能視覺化，並且能立即見效，強而有力地支持你的論點，而你說話的內容、證明、證據、訴求方式／情感，則大部分來自於你說出口的文字。但是講義卻是完全不同的東西。由於屆時你無法在場以口語做出解釋和回答問題，所以你的講義文件，至少一定要有與現場簡報一樣的深度與規模。而且，通常，更深入的內容和背景資訊是更為合適的，因為觀眾閱讀的速度會比你說話的速度要快。有時候，簡報或演講的內容是來自於講者所寫的書或長篇期刊文章。在這種情況下，講義的內容就可以再更簡潔一些，因為觀眾可以從書或研究文章中找到更多資料。

研討會鼓勵大家使用「投影件」？

經事實證明，我們活在一個由「糟糕的投影片」所主導的世界裡——今天，許多研討會都要求講者遵循制式的投影片製作規定，而且在研討會正式開始前就得提早許多繳交。研討會還會將這些「標準化的投影片」印在研討會的會議資料裡，或是放進研討會的 DVD 中，讓與會人士可以在會後帶走。

會議主辦人這麼做，無非是在暗示這些擁有條列式重點和標題的成套投影片，不但能在你簡報時做視覺輔助，而且還能在現場簡報結束很久之後，當作可信度很高的簡報文件來使用。這迫使講者陷入了無解的兩難迴圈。講者一定會問自己：「我是要設計可以輔助現場演講的視覺效果呢？還是要做一份比較像是事後可以拿來閱讀的文件呢？」大部分的講者都會走折衷的中間路線，結果就是這種在現場演講時很糟糕的投影片影像，以及一張張長得很像文件的投影片，裡面寫滿了文字和其他的資料，而且還很難讀（所以一般都不會有人看）。這一張張塞滿了文字和圖形的小方格印在紙上後，也不是真正的文件應該有的模樣。

「投影件」既沒有效果，也沒法讓你節省時間，況且它也不美。企圖要讓投影片同時可以用來做視覺效果，又可以當作一份講義來看，結果只會是很糟的影像和很糟的文件。但這卻是最常見的簡報製作方式。使用 PowerPoint 以及其他數位簡報工具是展現視覺影像、資訊的有效方式，能幫助你說故事、建立觀點，並且吸引觀眾的目光。然而，簡報軟體並不是製作書面文件的好工具——這是文書處理軟體該做的事。

所以為什麼研討會主辦人不能要求講者繳交一份書面文件（註明頁數限制），讓文件內容適切地涵蓋簡報中主要重點的細節與其深度討論呢？一份以簡潔易讀的方式書寫的 Word 或 PDF 文件，裡面加上參考書目及超連結來介紹更多細節，對那些有興趣的觀眾來說會更有效用。等我從研討會回到家裡，難道那些研討會主辦人真的以為我會想拿出一頁頁印滿投影片的紙張來閱讀嗎？沒有人會去讀其他人兩個月以前做的投影片紙本，但我們可能會去猜測、解讀，試著從這些低解析度的標題、條列式重點、圖表還有剪貼圖案中找出一些意義來。至少會試一下，直到……放棄為止。但是，如果是一份書面文件，內容就不可能會是如此空洞及模稜兩可了（假設這個人文筆還不錯的話）。

想要與眾不同、想要有效溝通，那就使用一份文筆流暢、詳列細節的文件來作為講義，並使用經過設計、既簡單又有意義的圖像來做視覺呈現。也許你得下很多工夫，但簡報視覺效果和講義文件的品質卻能得到大幅改善。我們不是為了自己才要讓事情變得更簡單，而是為了他們——也就是你的觀眾。

避免投影件的出現

下列左側的投影片以兩種長條圖顯示了 45 個國家的糖尿病罹患比例。其中的長條圖都是先用 Excel 做好，再貼到投影片裡面。這是大部分人的做法，把準備報告過程中用 Excel 和 Word 製作的詳細資料貼到簡報投影片裡面。但是，在時間不長的現場簡報中，通常不太需要在螢幕上顯示出這麼詳細的資訊。如果在簡報時真的有必要用到這麼多資料，那就把這些圖表放在講義中。畢竟螢幕的解析度和大小都有限，要看清楚那麼小的標記是很困難的。通常，比較好的方式是指使用部分的資訊，但卻可以忠實並精確地支持你的論點。

在這張範例投影片中，其所要闡述的重點是美國的糖尿病罹患率比日本要高出許多，所以其實並不需要列出這麼多其他國家的數據。這些數據可以放進講義裡。此外，如果你將圖表變得更簡化，在實際簡報時你永遠不必說出那句可怕的台詞：「抱歉，我知道你們看不清楚，但是……」

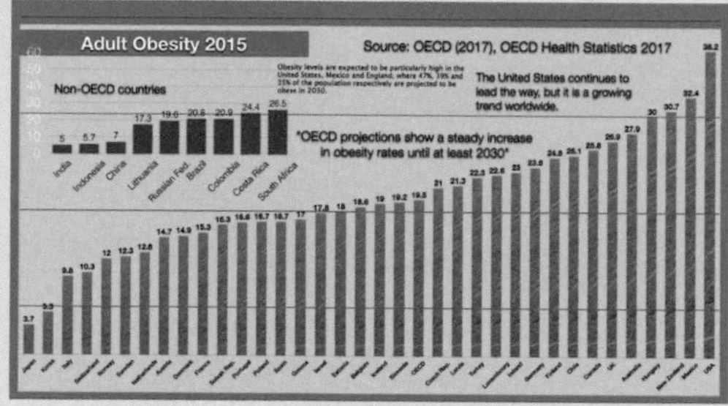

▲與其使用一張放滿細節的圖表，讓畫面看起來既擁擠又難以閱讀，還不如試著做一張簡潔的圖像投影片，然後把詳列細節的圖表和表格放在講義裡，這樣就可以擁有更大的空間，以適當的排版來呈現這些詳細的資料。

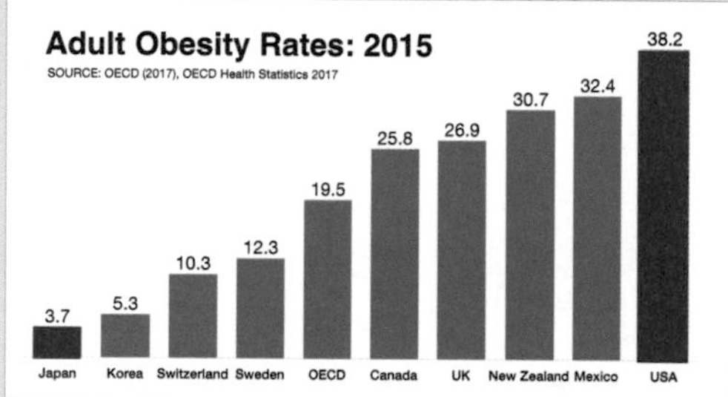

將細節放到講義裡

妥善規劃的好處

如果你準備得很好，而且真的讓你的故事變得精簡——精簡到可以通過電梯測驗——那麼，你就可以在任何狀況下傳達你的核心訊息了。我有一位在新加坡的朋友吉米，寄了一封電子郵件給我，他與我分享了一個很好的例子：如果你真的能夠在準備階段時將故事精簡，會出現什麼樣的效果。

> 親愛的賈爾，我有這個新構想而且試著要找這個傢伙談談已經好幾個月了。最後他總算答應下個禮拜要見我。我知道他是個注意力超級容易發散的人，所以我採用了簡潔的方式，萬分痛苦地過濾了內容、核心訊息，還有圖表。我們到了他的辦公室，然後聊聊一般開會前會有的閒話家常，突然，我發現自己已經在剛剛的對話之中把簡報的重點都講完了，而他也同意我們可以開始進行這個構想的下一步。接著他看看手錶說：「很高興見到你，謝謝你專程過來。」就在我們走出大樓時，與我同行的兩個下屬說：「嘿，你連簡報都還沒做，他就已經被你說服了！這真是太了不起了！」
>
> 與此同時，我也處於全然的恍然之中：「那些用來準備簡報的時間該怎麼算呢？他根本連看都沒看我的簡報啊，真是白白浪費我整理這些資料的時間！」接著，我的腦中突然靈光一閃：準備簡報其實是要整理自己的想法，並且讓自己專注於如何鋪陳故事，好讓觀眾能夠清楚理解。我之所以能夠將重點清楚表達，正是因為我在簡報的準備過程中有做到這件事；就連簡報裡的那些圖像都有助於我思考這整個過程，並且最終成為簡報的一部分，儘管觀眾從頭到尾都沒有看到這份簡報。

吉米在這裡下了一個很好的結論。如果你好好地準備，那麼，這個過程本身就可以幫助你真正了解自己想說的故事・有了適當的準備，就算投影機臨時故障，或是你的客戶說：「別管什麼投影片了，直接跟我說吧！」你也能夠順利將故事說完。

籌劃階段應該是你的腦袋最清楚、完全沒有思考障礙的時候。我熱愛科技，而且我認為投影片軟體在很多狀況下都非常有用。但是在籌備的時候，還是採用類比方式比較好——用紙和筆、白板、你在海邊遛狗散步時口袋裡裝的那本筆記本……不論你挑哪一種，只要你覺得好用就行。彼得・杜拉克（Peter Drucker）說得很好：「電腦是個智障」。你和你的構想（還有你的觀眾）都比電腦厲害太多了。所以，試著在初期階段中遠離電腦，因為這段時間是你最需要創意的時候。對我來說，清晰的思考以及所有的創意想法，都出現在我遠離電腦的時候。

在準備階段時先跳脫框架的限制、慢下來、使用紙筆或白板，這些動作的目的都是為了能更清楚無誤地找到你的核心訊息。老話重提，如果你的觀眾只會記住一件事，你希望那是什麼？為什麼？把你的想法記錄下來，並且讓腦袋清楚知道關鍵訊息為何，然後先在紙上把這一切記下來，這樣一來，就可以設計並組織你的投影片和其他多媒體工具，讓它們強化並支援你的內容。

歸納整理

- 讓你忙碌的頭腦慢下來，更清楚看見你的問題和目標所在。
- 找時間獨處，以便看見事情的全貌。來場森林浴吧。
- 如果想要更專注，試著把電腦關機，走類比路線。
- 先用紙筆或白板來紀錄並描繪你的想法。
- 關鍵問題：你最主要的（核心）重點是什麼？為什麼它很重要？
- 如果你的觀眾只能記住一件事，你希望那是什麼？
- 準備一份詳細的講義，可以讓你不必被迫把所有東西都塞進投影片。

4

建構故事

在你完全脫離電腦的這段時間裡，可能是一個人獨自構思，也可能是一群人進行腦力激盪。你向後退一步看見了事情的全貌，並且確認了你的核心訊息。現在，雖然你可能還沒把所有細節規劃完成，但對於簡報的內容和焦點都有比較清楚的概念了。下一個步驟是，讓你的核心訊息和輔助訊息擁有具邏輯性的架構。這樣的架構可以讓簡報的順序更明確、讓你在台上演講的時候更流暢，並且讓你的觀眾更容易了解你要傳遞的訊息為何。

在你從類比回到數位之前 —— 也就是，先用紙筆畫出你的想法後，再把它們放在 PowerPoint 或 Keynote 裡 —— 很重要的一點是，不要忘記哪些東西讓你與他人產生共鳴。是什麼讓某些簡報精彩絕倫，某些卻聽過即忘？如果你的目標是創造一場令人難忘的簡報，那麼，你得好好思考該如何才能建構出讓人難以忘懷的內容。

想要創造出讓人難以忘懷的內容，其中一個很重要的元素就是故事。我們隨時都在說故事。回想過去，你可能曾經和一群朋友一起去露營。讓自己回到那久違的片刻中，當夜色漸深，所有人一塊兒圍著營火，開始在漫漫長夜中說起了各種故事。無論是說故事還是聽故事，這裡面都有一些非常自然、引人入勝而且讓人難以忘懷的東西存在。

是什麼讓故事動人心弦

很多能夠幫助你做好簡報的好書，都不是專門教人做簡報的書，更不是那些教人如何操作投影片軟體的書。其中一本好書是《黏力》，作者是奇普・希思（Chip Heath）和丹・希思（Dan Heath）。是什麼讓某些構想非常具有渲染力，讓人印象深刻，而有些卻過目即忘；為什麼有些構想能夠長留人們心中，有些卻面目模糊？希思兄弟兩人對於這一點非常感興趣。究竟是為什麼呢？這兩位作者發現 —— 並以簡單而聰明的方式在他們的書中寫到 —— 能夠在他人心中「流連不去」的構想，通常都有六個關鍵的原則：簡潔、出人意料、具體、可信度高、富有情感、具故事性。而且，沒錯，這六個字的字首可以拼成「成功」：SUCCESs（Simplicity、Unexpectedness、Concreteness、Credibility、Emotions 和 Stories）。

其實這六個原則可以很簡單地融入我們想傳達的訊息之中（包括簡報和演講），但是大部分人卻沒有使用到。為什麼？這兩位作者說，大多數人沒辦法建構出「迴盪人心」的故事，最大的原因是他們所謂的「知識的詛咒」。當知識的詛咒出現時，最明顯的症狀是，演講或簡報的人完全沒有辦法想像，怎麼可能會有人不具備關於這個簡報主題的基本知識，他自己都知道啊。所以，對他來說，向觀眾講述抽象的概念，完全是件合情合理的事，只不過，覺得有道理的只有他自己而已。在他的腦子裡，這麼做看起來既簡單又顯而易見。這六條原則 —— SUCCESs—— 是你的武器，用來對抗你自己的知識詛咒（我們每個人都有）。

下面這個例子是作者在他們書中的前幾頁用來說明深植人心的訊息，和那些用詞堆砌但力量薄弱的訊息，究竟差在哪裡。下面的這兩句話傳達出同一個概念，而其中一句你應該會覺得很熟悉：

> 我們的任務是要憑藉無比強大的團隊開發能力，以及策略性地獲得航太科技的發展先機，最終成為國際航太產業的領導者。

另外一句是：

> 在十年之內，讓人類可以踏上月球，然後安全地返航。

第一段聽起來很像是現代執行長之類的人會說的話，幾乎是有聽沒有懂，更別說要讓人記住了。而第二段 —— 是摘自 1961 年約翰・F・甘迺迪的演講，這段話中包含了 SUCCESs 的所有要素，也鼓舞了整個國家朝向一個明確的目標邁進，而這個目標最終改變了世界。甘迺迪（或是他的演講撰稿人）很清楚地知道，抽象概念不會讓人銘心刻骨也不能鼓舞人心。但是，現今有多少執行長或領導人的演說中會出現「將持股人利益最大化吧啦吧啦吧啦……」這樣的句子呢？以下是擷取《黏力》這本書中的六個原則後做成的簡短摘要，你應該再釐清構思以及建構故事時將之牢記在心，無論你要準備的是演講、簡報或是其他種類的溝通。

- **簡潔** —— 如果每件事情都很重要，那就等於每件事情都不重要。如果每件事情都需要被優先考慮，那就等於沒有事情要被優先處理。在你努力將訊息簡化到絕對的核心時，絕對不能手下留情 —— 我們要的是簡化，而不是讓你說不出話。這裡所說的不是那些很蠢的聲音音效。每一個構想都可以被簡化到最赤裸裸、最原始的意義，只要你夠努力的話。什麼是你簡報中的關鍵重點？核心是什麼？為什麼它很重要（或者說為什麼它應該很重要）？

- **出人意料** —— 只要能出人意料就能引起大家的興趣。讓人們驚訝吧！驚訝會引起他們的興趣。但是，要讓他們繼續保持興趣，你一定得激起他們的好奇心才行。最好的方式是提出問題，或讓大家對既有的知識產生疑惑，然後由你為大家解答。讓觀眾意識到他們所知到尚有不足，並且由你來補足這個缺口（或是引導他們去找到答案）。帶領大家展開一場旅程吧！

- **具體** —— 使用一般的說話方式，並且用真實的事件來舉例，而不要光談抽象性概念。談論具體的形象，而不是模稜兩可的見解。希思兄弟說，要減少概念性語言，轉化成簡單而有力（且讓人記得住）的語言，諺語是非常好用的。舉例來說，「一石二鳥」這樣的一句話，是不是比有人說：「讓我們透過增進各部門效率來最大化我們的生產力」等等來得更容易理解呢？而至於約翰・甘迺迪說的那一句：「登陸月球然後回來」（當時洛夫・克蘭登〔Ralph Kramden〕[1] 還坐在他面前呢！），這句話就很具體，你可以看得見那個畫面。

1　洛夫・克蘭登是美國早期知名喜劇《Honeymooner》中的主角，他脾氣暴躁，總是想盡辦法要賺點小錢，常常會與人發生口角並引發肢體衝突。

- **可信度高** —— 也許你在自己的專業領域相當出名，也建立了一定的可性度（即便如此，在這裡也不見得像以前那樣好用了）。然而，我們大部分人都沒有這樣的信用背景，所以我們去找各種數據和硬邦邦的資訊，用來支持我們身為市場領導人或其他專業人士的身份，所做出的主張和看法。希思兄弟說，統計數字並不是生來就能幫得上忙。重要的是內容的前後脈絡及意義。應該要用大家能夠視覺化的方式來講述統計數字。是要說「五小時的電池壽命」，還是「電力足夠讓你在下一趟由舊金山飛往紐約的班機上，在手機上連續不間斷地看你最愛的電視節目」？其實有許多種方法可以建立可信度 —— 比如說，引用某位客戶或媒體說的話，可能就會很有用。但是，假如叨叨絮絮你們公司那又臭又長的歷史，一定會讓你的觀眾感到非常無聊。

- **富有情感** —— 人類是情感的動物。光是讓觀眾看你投影片裡列出來的重點或資訊是不夠的 —— 你一定得讓他們覺得這裡面有點什麼。有上百萬種方法可以讓大家覺得你的內容「有點什麼」。圖片就是一種，它不只可以讓觀眾更了解你的重點，還能夠有種發自內心的感覺，讓他們更能夠與你的想法產生連結。舉例來說，如果要說明卡崔娜颶風及所帶來的水患如何蹂躪美國境內，你可以用條列式重點和資料來表示並進行討論，但是，如果在此加入事件的後續發展與人民受苦的影像，卻可以說出文字、文章和資料所無法訴說的故事。單單只是「卡崔娜颶風」這個字眼，就可以在你心中勾勒出生動的畫面了。人類會對關於其他人的影像或故事產生情感上的連結，這是當然的，即便是沒有出現人類的影像，也會讓人們的情緒激起漣漪。舉例來說，2011 年 3 月日本發生大地震，引起巨大海嘯襲擊東北地區。像旁邊這張照片，這是我的岳父在海嘯過後幾週後所拍下的照片，它帶給人的衝擊是，當初一整個村莊，如今被夷為平地。這樣一張照片，展示出了單憑文字無法訴說的現實，並且牽動我們的情緒。

● **具故事性** —— 我們每天都在說故事。我們用語言，甚至用藝術和音樂來溝通。我們透過與人分享的故事來表達自己。我們教導、學習，並且透過故事而成長。在日本，由資深員工（前輩）傳授年輕員工（後進）各種有關公司歷史、文化，以及該如何工作等等事項，這是一種慣例。而前輩們常會透過說故事來進行這種非正式的指導，儘管沒有人將其稱呼為說故事。當年輕的後進聽到那個在工廠裡忘了戴工地安全帽的人後來發生了什麼事，他永遠都不會忘記這個教訓（而且也永遠都不會忘記戴上他的工地安全帽）。比起條列式的規則，故事更能引起我們的注意，而且也比較好記。人們都會被「故事」所吸引。那麼，為什麼有很多聰明、有說故事天份，而且有機會上台簡報的人，卻常常都採用模稜兩可的資訊來說明他們的簡報，而不用故事、實例和圖像呢？好的構想和好的簡報，都帶有故事的元素在其中。

▲我在現場演講裡使用這幾張投影片，回顧奇普・希思和丹・希思所著的《黏力》一書的關鍵重點。

「我深信全國都應該全力投入，
在這幾年之內，一起達成把人
類送上月球，然後再平安回到
地球的這個目標。」

—— 約翰・F・甘迺迪（John F. Kennedy）
1961 年 5 月 25 日

故事，與說故事的方法

在有文字之前，人類利用故事來將文化傳承給下一代。故事就是我們，而我們就是自己的故事。故事中可能使用了類比或譬喻，這是很強大的工具，帶領其他人進入故事之中，並讓他們清楚具體地了解我們的想法。最優秀的講者會利用故事來描繪他的觀點，而且通常是一些比較私人的故事。要說明複雜的構想，最簡單的方法是透過能夠強調出重點的實例，或是故事的分享。如果你希望觀眾能記住你的簡報內容，那你就得找出一種方式，利用既好且短，而且有趣的故事或實例，來讓他們更容易聯想與記憶。

好的故事都有有趣且清楚的開場，中間則有觸動人心、引人入勝的內容，而最後是清楚的結論。我在這裡指的並不是小說。我說的是現實狀況，無關乎主題。

舉個例子，還記得前面提過的紀錄片嗎？那就是在「說故事」，不論他們在報導的是什麼。紀錄片不單單紀錄了事實，而是抓住了我們的注意力，對我們訴說那些戰爭、科學發現、戲劇性的海上救援、氣候變遷等等的故事。我們已經接受了太多外界的設定，所以會忘記那些被大腦認定為對生存來說一點都不重要的事物。我們的意識告訴我們一遍又一遍地去唸物理化學課本，因為這樣才能通過考試，但是，我們的大腦會不斷地告訴我們，那是件很無聊、一點都不有趣，而且對生存無關緊要的事。大腦很重視故事。

故事的力量

故事，吸引觀眾投入，並以人們對邏輯與架構的需要為訴求，再輔以情感的一個重要敘事方式。人類天生就比較容易以故事的形式來記憶各種經歷；我們在聽故事的時候，學習能力最快也最好。人類以口語和圖像方式來交換訊息的歷史，遠比閱讀條列式文章要久遠得多。2003 年的《哈佛商業評論》有一篇文章討論故事的力量，裡面提到，會不會說故事，是在商業世界中能否擁有領導力和溝通力的關鍵：「忘掉 PowerPoint 和統計數字吧！要想深入人心並引起共鳴，你需要說故事給他們聽。」

在《哈佛商業評論》的一篇訪談中，大師級編劇指導羅伯特・麥基（Robert McKee）提到，身為領導者的重要任務之一就是激勵眾人去達成某些目標。「要做到這一點，他（她）一定要能夠對別人動之以情。而讓你能開啟他人心門的鑰匙，就是故事。」麥基說：說服他人最常見的方法，就是用平易近人的語言詞彙和聰明的鋪陳敘事，而這在商業世界中，就變成了一般常見的投影片簡報，裡面盡是老闆最愛用的統計數據和資料。但是一般人不會只因為看到統計數據就被感動，而且他們也不一定相信你給的數據。「統計數據通常都是謊言……而會計報表更常是一些狗屁不通的東西。」麥基說，修辭話術是個問題，因為當我們努力想要說明我們的觀點的時候，其他人會在心裡用他們自己的統計數據和資訊來跟我們爭辯。即便你真的辯贏了其他人也沒什麼好處，因為「這些人不會因為理性上被說服了就開始有所行動。」麥基說。所以，關鍵在於要精確地用情感來整合你的觀點，而要這麼做最好的方式就是故事。麥基說：「在故事中，你不只要把大量的資訊編織進去，更要激發起聽眾的情緒和能量。」

找尋衝突之所在

麥基是這麼說的，一個好的故事不是從頭到尾只顧著描述過程是如何光明、結局是如何皆大歡喜，這樣很無聊；相反地，最好是要描述那些「在理想與現實之間的各種醜陋的掙扎」。人生之所以有趣，就在於「黑暗面」的存在，以及在克服逆境的各種掙扎 —— 正因為有對抗險阻的掙扎，我們才能活得更深刻。如何克服逆境是件有趣、吸引人，而且令人難忘的事。而這一類的故事也更具有說服力。

所以，一個故事中最重要的元素就是「衝突」。衝突是戲劇性的。故事的核心，其實就是我們的理想與冷酷現實之間的衝突。所謂的故事就是難以平衡的狀態與困難阻力，或是一個有待解決的問題。一個懂得說故事的人，會仔細描述自己是如何面對這些困難險阻，像是在有限的資源下工作、做出艱難的抉擇，或是展開一趟漫長的科學探索之旅等等。一般人通常都喜歡只呈現出故事中美好（且無聊）的一面。「但是身為一個說故事的人，你會希望把問題放在最前面，然後告訴別人你是如何解決它們的。」麥基說。如果內容是一個你如何與反對者周旋對抗的故事，那麼，觀眾都會被你和你的故事深深吸引。

對比充滿張力

無論我們討論的是影像設計或是故事的組成成分，對比原則都是其中最基本也最重要的元素。對比，也就是相異之處，我們天生就自然會察覺到其不同。你隨時都可以在好的故事當中看見對比原則的應用，像是電影。舉例來說，在《星際大戰四部曲：曙光乍現》裡，反抗者同盟的善良高貴，與死星及邪惡帝國的黑暗之間，就有著顯而易見的對比。不只如此，就連同一陣線的主角之間也有對比存在。年輕天真的理想主義者路克・天行者，他的個性就和年長睿智的現實主義者歐比王・肯諾比有著很大的差異。而行事冷靜得體的年輕公主莉亞，和驕傲無禮、年紀較長的韓・蘇洛之間，也明顯有著個性上的差異。這些角色之所以受到成千上萬影迷們的喜愛，正是因為他們與生俱來的差異，以及他們因為彼此的不同而不斷進行溝通交涉的一連串過程。就連機器人 R2-D2 和 C-3PO 都是非常吸引人的角色，這有很大一部分是因為它們截然不同的性格。

在你的簡報中找出對比，像是之前／之後、過去／未來、現在／當時、問題／解答、紛爭／平和、成長／衰退、悲觀／樂觀等等。強調對比是一個讓觀眾能自然地進入你的故事的方法，而且也可以讓你的訊息更容易被記住。

在簡報中運用說故事的技巧

你未必每次都有很多時間來準備簡報，也未必能看出其中有什麼故事可講，所以，這裡有三個簡單的步驟，讓你能夠很快速地準備幾乎任何一種簡報。

你的故事中需要包含的基本要素：

1. 找出問題之所在。
   (舉例來說，這個問題是你的產品能夠解決的問題。)
2. 找出引起問題的原因何在。
   (提供圍繞這個問題所引發的衝突的實際案例。)
3. 告訴大家你為何以及如何解決問題。
   (在這裡你可以提供解決衝突的方法。)

簡單來說，就是這樣了：先說明你的問題（或曾經有的問題）何在，以及你如何解決（或是已經解決）。舉一些對觀眾有意義並且與他們切身相關的例子。記住，故事是有順序的：「先是發生了這件事，然後才發生了那件事，也因此接下來才會有另外一件事，依此類推。」帶領大家步上一段旅程，在過程中讓大家知道衝突何在，然後解決這些衝突。如果你能做這這樣，那麼，你已經領先大多數只會使用簡報大綱和條列式重點的講者了。觀眾通常會忘記列表和條列式重點，但是故事卻會很自然地留下來；因為我們通常都會利用故事的方式，來記憶各種經歷中的點點滴滴。羅伯特・麥基的觀點是 —— 你不應該違背我們喜歡將經驗套入故事中的天性；相反地，你應該擁抱這種天性，並且把你所要演講的主題經歷變成一個故事，說給你的觀眾聽。

故事與情感

我們的大腦會回溯那些擁有強烈情感因素在內的經歷或故事。這些故事中的情感因子正是記憶的幫手。今年初，我的日本勞工管理課的四位學生做了一場有關日本勞工保障的簡報。三天後，我要其他學生回想這場簡報令他們印象最深刻的重點是什麼，他們記得最清楚的不是勞工法、條文規定，也不是日本勞工市場的變化，而是過勞死，也就是因工作過度而死亡，以及日本的自殺問題，這些在那場一小時的簡報中，其實只能算是很次要的議題。也許整場簡報中只有五分鐘在談過勞死，但卻是觀眾印象最深刻的部分。

原因很簡單，因為工作過度而死亡以及自殺的人數居高不下，兩者都是非常容易觸動感情的話題，而且比較少被討論到。簡報者引用了實際的案例，並且訴說了因過勞而死者的故事。他們述說的故事以及他們與觀眾之間所產生的連結，讓這些次要的重點被記得很清楚，因為驚訝、同情與同理心這些情感在一時之間都被觸動了。

紙芝居：日本傳統的看圖說故事

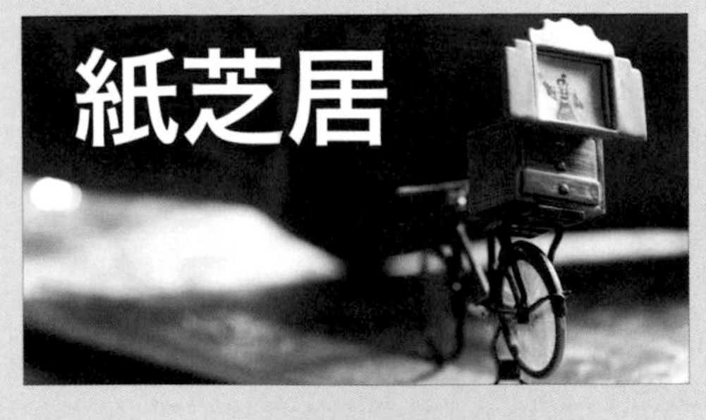

紙芝居（Kamishibai）是一種視覺影像與真人參與的說故事方式，其中融合了手繪的圖畫和現場說故事的人。「紙」的意思顧名思義就是紙，而「芝居」的意思則是話劇、戲劇。紙芝居的發源可以追溯到日本各種看圖說故事的傳統，包括了繪解（etoki）和繪卷（emaki），以及其他已存在數百年的各種看圖說故事形式。不過，現在大家一聽就會想到的紙芝居，大約發源於 1929 年，並於 1930 至 1940 年代盛行一時，但是卻在 1950 年代後期電視機問世之後，漸漸沒落終致消聲匿跡了。典型的紙芝居會有一個說書人站在一個木頭箱子或舞台的右側，手裡拿著 12 ～ 20 張圖片，上面畫著配合每個故事的插畫。這個迷你木製舞台被安裝在說書人的腳踏車上，這樣一來他就可以順便賣些糖果給聚集在他面前等著看表演的小朋友們（這也是原來說書人用來賺點小錢的方式）。說書人會用手動的方式替換圖卡，配合故事起承轉合的節奏來調整速度。最好的說書人不會照著唸故事，反而是會把視線放在他的觀眾身上，偶爾才看一眼現在正在木框裡的圖畫。

紙芝居不同於故事書，正如現代的簡報圖像也和文件不一樣。就故事書來說，它的內容可以有更多細節和文字。然而，故事書通常是單獨拿來閱讀用的，和紙芝居不同，紙芝居本身的設計就是要一群人包圍著說書人和他的圖畫。

雖然紙芝居是一種 80 多年前流行的以影像說故事的方式，但是這種傳統工藝卻有值得我們現代多媒體簡報效法之處。《*The Kamishibai Classroom*》（暫譯：《紙芝居教室》）一書作者泰拉・麥克高文（Tara McGowan）說，紙芝居的影像其實更近似於電影的畫面。「紙芝居的圖片被設計成只會出現短暫幾分鐘，因此故事中無關緊要的細節都被抽掉了，也因此留下了許多的想像空間。」泰拉認為，每張圖卡的設計都非常重要，「……為了讓觀眾能專注在角色和情境上，這些是整個說故事過程中最重要的部分。如果我們想要找一種清楚明白又簡潔的表達方式，那麼，可能很難找到比紙芝居更好的了。」我們很容易就能想像得到，該如何把紙芝居的精神運用到今天那些使用多媒體和螢幕的簡報之中。以下有五個可以應用在今日簡報中的紙芝居小訣竅：

1. 圖像一定要大、輪廓鮮明、清楚而且容易看見。
2. 讓圖像元素填滿畫面，滿版出血。
3. 活用影像的效果，不要讓影像淪為一種裝飾。
4. 仔細地刪減細節。
5. 讓你的簡報（影像和敘述）更有參與感。

ヤッセン一座の
紙芝居
SOUTHERNPORT

故事與真實性

我曾經看過不錯（雖然不是很棒）的簡報，講者說話的方式很一般，圖表也很一般，但是卻很有影響力，只因為講者使用了相關的故事，以一種很清楚明確的方式來支持他的論點，再加上他說話的聲音非常人性化，並非正式的腔調。單單只是喃喃唸出由意識所產出的文字，是不可能做好一場簡報的；觀眾需要聽見（並且看見）你以真實語言所描繪出的重點。

幾年前，我見過一場很棒的簡報，講者是日本一家非常有名的外商公司執行長。這位執行長的投影片做得還蠻普通的，而且他還犯了一個錯誤，讓兩位助理站在一旁跟著他的演講切換投影片。這兩位助理看起來不太會操作投影片軟體，而且經常在講者身後播放出不正確的投影片畫面，但是這位很有氣勢的男人只是聳聳肩說：「……呃，沒關係，我的重點是……」他還是可以繼續往下講，而且用他的故事令觀眾深深著迷，這個故事是關於這家公司過去的失敗以及現在的成功，其中包含了許多更加引人入勝且令人印象深刻的商業經驗，比大部分商學院學生一整個學期可以學到的東西還要豐富。

如果投影片能設計得更好，而且運用得更恰當的話，的確會讓整場簡報更好，但是在這個案例中，即便有這些缺點，這位執行長還是做了場非常有力量而且讓人記憶深刻的簡報。相信我，在執行長簡報的世界中這是很稀有的事。當晚他的成功要歸功於四個主要因素：

1. 他透徹了解自己所要說的內容，而且他知道自己想要好好地說出來。
2. 他站在舞台正前方的中央，用的是親切易懂的語言，像是普通的對話，卻又充滿了熱情。
3. 他完全沒有受到技術困難的干擾。當技術困難出現時，他繼續說下去，說話的節奏一點也沒被打亂，而且從頭到尾，他都沒有失去和觀眾之間的連結。
4. 他用真實發生的事情，有時是好笑的軼聞趣事，來說明他的觀點，而他所有的故事全都切中題意，並與他的核心訊息環環相扣。

這位執行長的簡報能夠如此吸引人且印象深刻，其實，最重要的就是其中的真實性。他的故事都是發自內心的，並非是從寫好的劇本中死背下來的。我們說故事靠的不只是記憶力；一個真正對我們有意義的故事，是不需要去死記硬背的。如果故事是真的，那它就在我們心中。根據我們的研究、知識和經驗，我們可以讓故事從自己的內在說出來。內化你的故事，但不要一行一行死背。你是沒有辦法假裝的。你要麼相信你的故事，要麼就是不相信。而如果你不相信，無論有多少假裝出來的熱誠和看似充滿活力的信念，都不會讓你與觀眾共度一段有意義的時光。如果你自己都不相信，也知道那根本不是真的，那你要如何用說故事的方式來與他人連結並說服他們呢？你所說出來的話都會是空泛不實的。

不只是資訊而已

大量擁有某個領域的資料訊息的人向來都很搶手，而且如果想要從他們那塞得滿滿都是理論證據的頭腦獲得一些資訊，他們還可以要求極高的報酬。會有這樣的狀況只是因為過去資訊取得不易，現在再也不是了。在這個幾乎所有資訊只要敲幾下鍵盤就能獲得的時代，單單只擁有資訊，就不像過去那般具有獨特價值。在今天，比過去任何時候都更加重要的是，要有能力將所有資訊整合，並賦予完整的前後脈絡和觀點。畢卡索曾經說過：「電腦沒什麼用處，因為他們只會給答案而已。」確實，電腦和 Google 可以提供我們所需的一般性資訊和證據。而我們需要的是，站在眼前這個對著我們演講的人，可以告訴我們這些數據與資訊單獨存在時所無法表達出的「意義」。

要記得，我們現在生活的這個時代，對人類的基本天賦才能有著極大的需求。不論是誰或哪種機器都可以閱讀一張列滿重點的表單，或是將一長串的事實證據直接丟給觀眾。但這不是我們需要或想要的。我們迫切希望的是，一個能教導我們、啟發我們，或是刺激我們的人，而這個聰明的、有感染力（有時甚至語帶挑釁）的人能夠使用深具意義、前後脈絡清楚，並帶有情感的知識，以一種讓人牢記在心的方式來教導或啟發我們。

這就是故事可以發揮價值的地方了。故事的組成正是資訊加上情感和影像，包裝在令人難忘的軼事趣聞中。如果簡報只要照著一步步的公式或一條條的資訊和事實來陳述就好，那麼今天就不會有人抱怨那些無聊至極的簡報了，畢竟，絕大多數的簡報都還是按照這個公式來製作的。而如果設計你的簡報投影片不過就是遵循一些表列出來的規則，那我們又為什麼要一直浪費時間來製作投影片和其他多媒體呢？倒不如乾脆把你所擁有的資訊、大綱和條列式重點外包給別人來做，這樣還比較便宜一些呢！

然而，簡報並非遵循某一個既定公式，用複誦的方式來傳遞你腦中的資訊給那些坐在你面前的人（如果真是這樣的話，何不乾脆寄封電子郵件，取消簡報會議就好呢？），大家要的是某些更具有基本人性的東西。他們想聽的是有關你手上資訊的故事。

找出你自己的聲音

說故事的人的聲音也是很重要的。我們會注意到講得很好聽的敘述，這樣的說話方式聽起來很有人味，並且使用一般談話時所用的「人聲」。為什麼我們會更專心聆聽用普通對話方式來敘述的演講和故事呢？這很有可能是因為我們的大腦（並非我們的意識）無法分辨出聆聽（或閱讀）對話方式的文體，和事實上真的是在與人對話，兩者之間有何不同。當你在與人對話的時候，你很自然地就會專注，因為你有責任投入這段對話之中。然而，不帶任何情感的正式演講和文稿，卻很難讓人一直專注其中，頂多只能讓人維持幾分鐘的注意力而已。你的意識必須不斷提醒你「醒過來！這裡很重要！」，但是，一個用自然、平常的對話方式來演講的人，很容易就能讓人專心投入。

▲用普通對話方式來演講，更容易吸引觀眾，並讓他們參與其中。

唐納・溫斯羅・艾契利三世｜Dana Winslow Atchley III（1941-2000）數位說故事的先鋒

唐納・艾契利是個傳奇人物，也是數位說故事（digital storytelling）領域的開創人。他的客戶包括了可口可樂、EDS 電資系統（目前為 DXC Technology 旗下公司）、Adobe、視算科技（Silicon Graphics）以及其他許多公司。他甚至還曾以 AppleMasters 計畫創始會員的身份與蘋果電腦合作。在 1990 年代，艾契利使用最新的科技，創造出數位故事，藉此協助許多資深執行長官做出深富情感且撼動人心的演講，這個方式可與觀眾之間產生更深刻、更視覺化、更有情感也更容易記住的連結。很遺憾地，若艾契利沒有在 2000 年以 59 歲之齡離世，今天的簡報（甚至是整個商業世界）將會更恰如其分、更迷人也更有影響力。

唐納・艾契利認為數位說故事結合了兩個世界中最棒的東西：「新世界」的數位影像、攝影和藝術，以及「舊世界」的說故事技巧。在他看來，舊世界裡那些放滿了條列式說明的 PowerPoint 投影片，將會被新世界裡搭配著引發聯想的圖像和聲音的故事所取代。
以下則是為《*Fast Company*》雜誌撰文的丹・平克（Dan Pink）對唐納・艾契利及其目標的看法，選自 1999 年一篇名為〈你的故事是什麼？〉的文章：

> ……為什麼商業上的溝通還是這麼混亂呢？大部分的商人說明他們的夢想和策略（他們的故事）就像他們過去幾十年來一直在做的那樣：僵硬地站在講台後方，或許還有幾張投影片。不如將這稱呼為「企業安眠藥」吧。數位說故事不只是種技術，事實上，這已經成為藝術家和商業人士的一種思潮運動了。

這一小篇在《*Fast Company*》的文章讓未來的商業簡報看起來充滿了希望。我在讀到的時候真的很興奮，而且還一邊想著各種可能性。但是，從 1999 年到現在，究竟真的發生了多少改變呢？的確，現在是有些人使用艾契利所預見的數位科技來製作簡報，但眼前還有好長好長的一段路要走，我們才能夠擺脫商業世界中的「企業安眠藥」現象。

設計過程

投影片應用軟體（特別是 PowerPoint，因為它問世的時間較長，而且影響了一整個世代的人）的問題在於，它們一開始的預設值，就在引導使用者朝向大綱形式來製作投影片，而這個格式包含了按照標題所組成的項目名稱和條列式重點。看起來很像中學作文課的主題句方式。看起來似乎合乎邏輯，但是它的結構卻讓聽眾很難記住內容究竟要傳達些什麼。而分鏡表在這裡就能幫上大忙。如果你可以在這個準備階段花些時間，以分鏡表的形式構思想法，就可以看見你的內容敘述有著怎麼樣的連貫性動作，以及整體的流暢度和感覺會是如何。

因為一開始你已經不是用電腦來找出你的核心訊息為何，現在就可以開始製作一個分鏡表，讓你的簡報故事漸漸擁有形貌。分鏡表最早源自於電影產業，但現在也常常被使用在商界，特別是行銷或廣告部門。

PowerPoint 和 Keynote 中最簡單也最好用的功能之一，就是投影片瀏覽模式（Slider Sorter view；在 Keynote 中稱為 Light Table view）。可以直接在 PowerPoint 和 Keynote 中將你的筆記和草圖做成分鏡表，或者你也可以再多做「類比」一陣子，草擬一份紙本的分鏡表，或是使用便利貼排列在白板上等方式都可以。

每種狀況和每個人都是不同的，而實際上也有千百種方式可以做出更好的簡報，其中包括了更好的準備工作。我個人從粗略的類比草圖轉移到數位投影片的方法其實也很常見。不過，我還是很驚訝地發現到，現在大部分的專業人士、企業家和學生，通常都是開啟投影片軟體，把一大堆標題打進去，然後再填滿中間所要說明的重點。這種作法一點功效都沒有，而且我也不推薦。

下一頁開始的內容，是我平常會採取的五個步驟。有時候我會跳過步驟 3 和步驟 4，但是我發現，如果是一個團體一起準備簡報時，這些步驟非常好用。尤其是一群學生一起準備團體簡報時，步驟 3 更是絕對不能少。

步驟 1

腦力激盪。先停下來，走類比路線，遠離電腦，啟動你的右腦，然後開始激盪各種點子。在這個步驟中，你可以盡情天馬行空，不受任何限制。編輯是之後才要做的事。此時，我會先把各種想拉寫在小卡片或是便利貼上，然後把它們放在桌上或是白板上。無論你是一個人還是跟一群人一起腦力激盪，都可以這麼做。如果是一群人一起，記住不要去批評別人的想法。這時你只要把想到的點子寫下來，跟其他人的放在一起就好。在這個階段，就算是很瘋狂的點子也沒關係，因為就算是不太適合的點子，也有可能引導你想出更實際、更有意思的點子。正如偉大的萊納斯．鮑林[2]所言：「要想得出好點子，最好的方法就是先有很多點子。」

▲遠離電腦來做腦力激盪，這是一個非線性的程序，能想出越多點子越好。這個階段歡迎各種想法點子，而且一想到就立刻把它寫在便利貼上，然後貼到牆上。

步驟 2

確認核心訊息並加之組合起來。在這個步驟中，我會去找出一個關鍵的中心觀點，而且是個從觀眾的角度看來，很主要且容易記住的重點。我要他們知道的「那個」是什麼？我會用「囫圇吞棗」的方式將類似的想法組織起來，形成一個一以貫之的主題。簡報可以被組織成三個部分，所以我會先找出中心主題，而它將會串連起整個簡報。並沒有什麼規定說你非得把簡報分成三個部分不可，就像沒有人規定你的戲一定只能有三幕而已。不過，「三」是個不錯的目標，因為它是個在處理能力範圍中的限制，而且通常也可以提供一個容易讓人記憶的結構。不管我分了多少部

▲參加在關西外國語大學舉辦的 Presentation Zen 研討會的學員，正在將腦力激盪後的各種想法集合在一起，開始確認核心訊息為何。

分，主題永遠都只有一個。所有部分都會被用來支持關鍵訊息。那些支撐架構（就是那三個部分）都要用來支援核心訊息和你的故事。

步驟 3

不要用電腦做分鏡表。我把在步驟 2 中先粗略整理過的便利貼拿出來，依序排好。這個方法的好處（比起 PowerPoint 和 Keynote 的投影片瀏覽模式）是，我可以直接把要增加的內容寫在新的便利貼上，然後把它貼在適當的地方，而且絕對不會遺漏掉整體的架構和流暢度。使用軟體時，我得切換到投影片標準模式才能在投影片上直接打字或加入圖片，然後再回到投影片瀏覽模式去看整體的架構。另一種辦法是（我那些日本商學院的學生很喜歡這麼做）印出黑白的投影片，一頁 9 張，這樣就可以看到如 Moleskine 分鏡表筆記本般的大畫面，而如果你想要看更大張的投影片，你可以選擇每頁印 6 張（請見 102 頁）。然後把它們貼在牆上或是散放在書桌上，當你完成之後，把它們夾進你的筆記本裡。如下方所示，你可以在印出來的投影片空格上，畫出你的視覺影像，並寫下關鍵重點。

◀ 篩選去掉許多腦力激盪時的想法之後，這些日本學生將他們的訊息按照順序排列，開始建立整個簡報的架構，和其他人展示點子的排序。在這個階段，一切其實還沒有那麼清楚明確，因為他們一邊聆聽團隊意見，持續增刪不同的想法，以求讓整個故事更好。

2　萊納斯・鮑林（Linus Pauling）為美國化學家，是量子化學和結構生物學的先鋒之一，曾獲諾貝爾化學獎及諾貝爾和平獎。

步驟 4

把圖像畫出來。現在你已經找出一個明確的主題了，也就是說，你已經有一個可以讓觀眾帶走的核心訊息，以及另外二至三個次要部分，其中包含了份量足夠的細節（包括數據、故事、引述、事實等等），那麼，你可以開始著手準備圖像了。你要如何將想法影像化，讓觀眾更容易理解你的簡報，也更容易記住呢？你可以用素描簿和便利貼，甚至空白紙，然後開始把寫在紙上或便利貼上的文字先轉換成塗鴉式的圖像 —— 這些草圖最終會被高畫質的影像、量化圖表、投影片專用的引述語句等等所取代。你也可以使用在步驟 3 裡所畫的草圖，而且你可以把一些舊的註記換成新的。

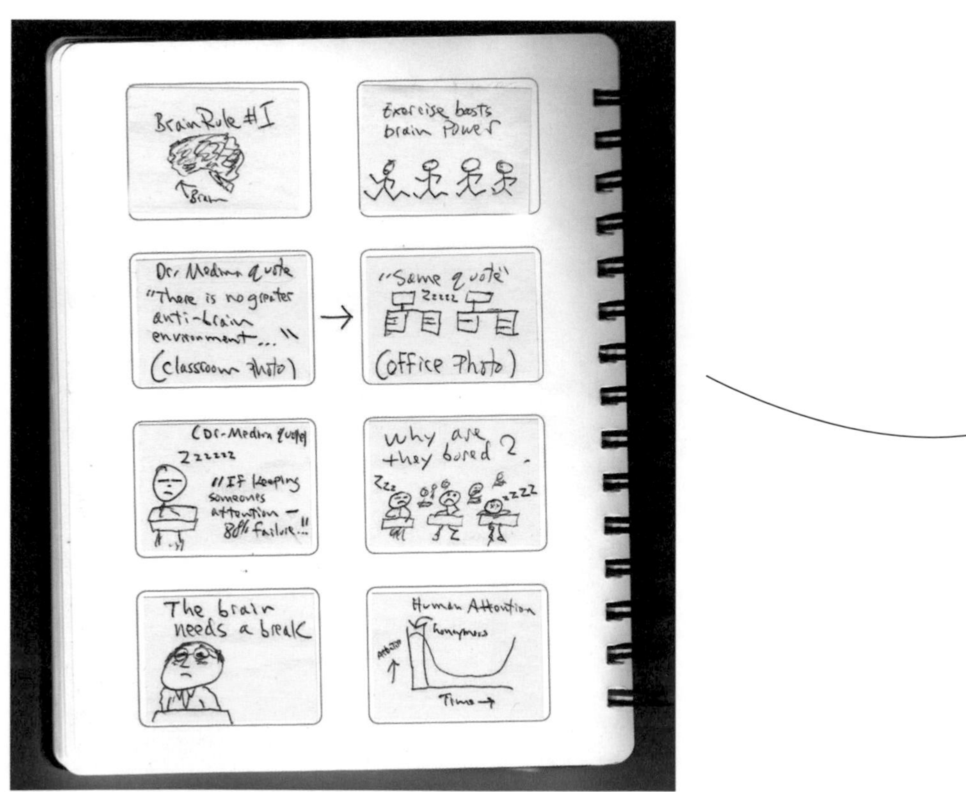

▲這是一份關於觀眾注意力的簡報中的其中八張投影片，內容引述了約翰・麥迪納（John Medina）在其著作《大腦當家》中的幾句話。（此處所見的照片取自 Presentation Zen Storyboarding Sketchbook 一書）。

Brain rule #1
1

Rule #1
Exercise boosts brain power
2

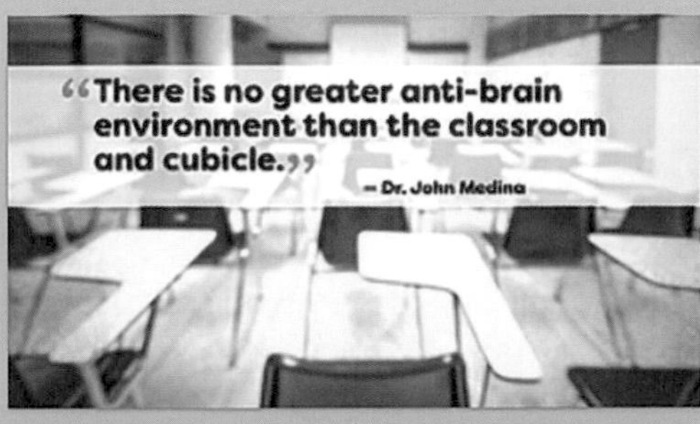
"There is no greater anti-brain environment than the classroom and cubicle."
– Dr. John Medina
3

"There is no greater anti-brain environment than the classroom and cubicle."
– Dr. John Medina
4

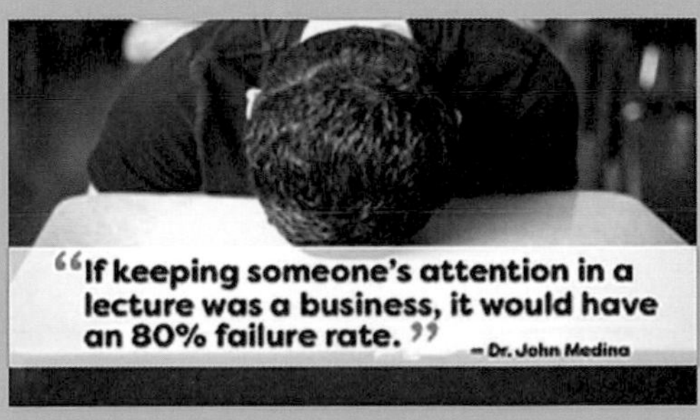
"If keeping someone's attention in a lecture was a business, it would have an 80% failure rate."
– Dr. John Medina
5

Why are they bored?
6

The brain needs a break
7

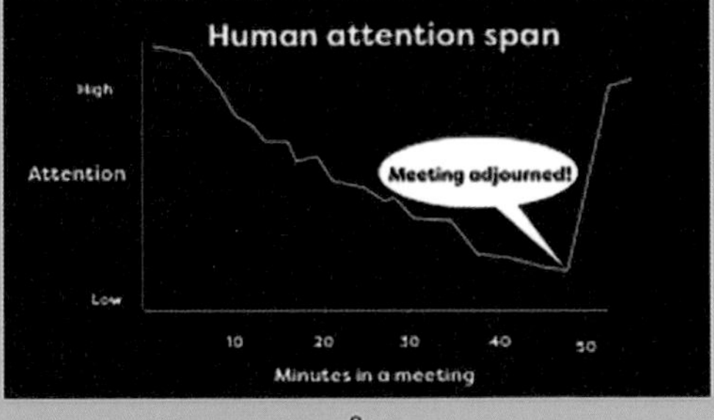
Human attention span
High
Attention
Low
Meeting adjourned!
10
20
30
40
50
Minutes in a meeting
8

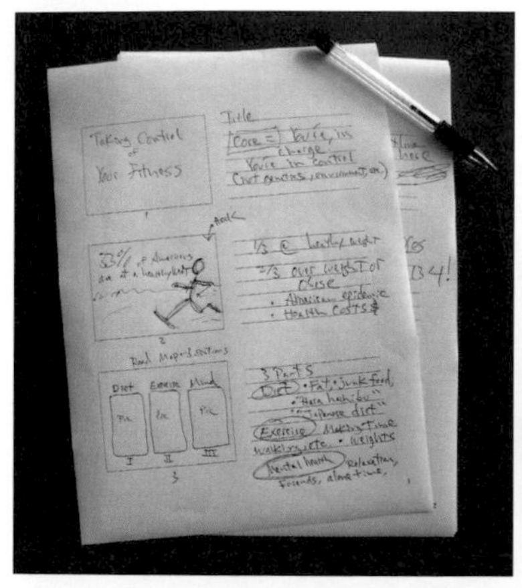

▲你也可以在印出來的空白投影片框格中，把在步驟 3 發想出來的點子畫成草圖。在這個例子中，每張圖片要訴說的關鍵重點，都被寫進了投影片框格裡。而這些草圖最後變成了右側的投影片。

◀在這裡你所看到的是一張標題投影片，而第二張是所謂的「引言」(hook)，而第三張投影片則介紹了整場簡報的三大組成成分。在正式介紹架構以及大綱之前，我就用了好幾張投影片來陳述真正的「引言」和糖尿病的背景資料。(此處投影片所使用的影像來自 Shutterstock.com)

步驟 5

在電腦上畫出分鏡圖。如果你對自己的簡報已經有很清楚的概念了，那就可以跳過步驟 3 和步驟 4，直接開始在投影片軟體中構建簡報的流程（不過如果你要做的是一場攸關勝敗的重要簡報，那麼我還是建議你不要省略步驟 3 和步驟 4）。先用你自己挑選的範本製作一張空白的投影片（如果你一定得用公司規定的制式範本，那就盡量挑一個風格最簡潔的）。我通常會選擇完全空白的投影片，然後插入文字框，在裡面使用我最常用的字型和字體大小（在 PowerPoint 和 Keynote 中你可以製作多種投影片母片）。然後，我會將這投影片複製好幾張，因為我會在裡面放入簡報中的視覺影像內容：簡短的文句或標語、圖像、引述、圖表等等。所謂的「段落投影片」（也就是簡報大師傑瑞・魏斯曼（Jerry Weisman）所說的「緩衝投影片」）應該要使用有足夠對比的顏色來呈現，這樣在投影片的瀏覽模式中你才能一眼就看出來。如果你喜歡，也可以把段落投影片隱藏起來，讓它們只出現在投影片的檢視模式裡。以我個人來說，這些段落投影片的功能只是在視覺上提醒你，這個段落即將結束，而下個段落就要開始了。

現在我已經在投影片的瀏覽模式中有一個簡單的架構了，可以開始加入一些能夠支持我的說詞的視覺影像。我會先有一段簡介，介紹整個事件主題或是「需要解決的痛點」，以及簡報的核心訊息。接下來，我會用三個段落來支持我的論點或是「解決痛點的方法」，用一種有趣而且能夠提供資訊的方式來呈現，同時絕不偏離或忽略原本那簡潔的核心訊息。

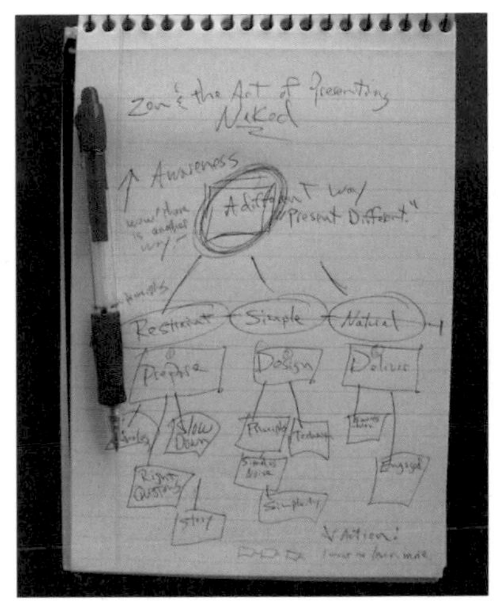

▲這是我利用步驟 2 為一場名為「裸簡報」（The Naked Presenter）的簡報所製作的粗略大綱。在這裡，我使用的是一般的筆記本而非便利貼。不過，我把在這筆記本上所發想出來的點子和關鍵字，都簡單地畫在另外的便利貼上，正如步驟 4 一樣地建立起簡報的架構。

▲這是為了同一場簡報所開始執行的步驟 5。在我把各段落的影像加入投影片之前，你仍可以看出一個簡單的架構。最終，這份簡報的投影片張數遠遠超過此處所列數量。

南西・杜爾特｜Nancy Duarte

杜爾特設計執行長，該公司為全球知名的簡報故事設計公司，客戶包括多個世界知名品牌及多位思潮領袖。南西同時是多本暢銷書籍的作者，其最新著作為：《矽谷簡報女王用數據說出好故事》

www.duarte.com

南西・杜爾特分享她如何看待分鏡表以及簡報設計的過程。

今天，我們許多的溝通之中都展現了無法掌握的特質。服務、軟體、動機、思考領導、轉變管理、公司願景 —— 這些東西都是概念性的，感覺很虛無飄渺，不是很實際。這並沒有什麼不對。但是當我們在溝通這一類的想法時，通常感到很痛苦，因為這些東西基本上是看不見的。如果看不見影像，我們其實很難與別人分享什麼願景。以視覺方式來表現這些不具象的概念，這樣一來它們感覺就像實在的、可行的，這其中已經有點藝術成份在裡面了，而開始這麼做的最好方法並不是電腦。只要一支筆和一張白紙就可以發揮得淋漓盡致了。

為什麼要採用這種看起來很盧德份子（Luddite[3]）的方法呢？因為簡報軟體從來就不是讓人用來做腦力激盪或畫圖的工具。這些應用軟體只是構想和資產的容器，而不是發想它們的方法。我們之中有太多人都掉入了使用簡報應用軟體來準備內容的陷阱。在現實世界中，最棒的創意發想過程都需要遠離科技，並且仰賴我們從小就用來表達自己的工具 —— 筆和鉛筆。你可以很快速地草擬出許多想法。它們可以是文字、圖表或景象；可以是實際存在的，也可以是充滿隱喻的。這裡唯一的要求是，它們要能表達出你潛藏心中的思緒。這個發想過程中最棒的是，你不需要想辦法學會使用繪圖工具，或是知道哪裡可以儲存檔案，而所有你需要的東西你都已經有了（而且，別說你不會畫畫，你只是缺乏練習而已）。這表示，你可以在相對短的時間內，發想出大量的創意點子。

對我來說，在每一張便利貼上寫下一個想法是最好的，而我都會用 Sharpie 麥克筆來寫。原因是什麼？因為如果你需要比便利貼更大的空間，而且需要超過麥克筆可以寫得下的更多細節，那麼這個想法就太複雜了。簡潔是清楚溝通的要素。此外，使用便利貼可以讓你更容易調整內容，直到整個架構和流暢性都感覺更好。另一方面，許多在我團隊中的人都會使用更傳統的分鏡表方式，他們喜歡以線性方式將細部構思串流起來，這也是很好的方式。重點不是要你寫下該如何進行這項工作的每一步驟，而是鼓勵你發想很多的點子。

---

3 盧德份子（Luddite）指 19 世紀初為反對機器工業而搗毀機器的英國手工業工人，引申為強烈反對機械化或自動化的人。

▲杜爾特設計公司的首席設計師海莉・立奇（Haley Rich），在白板上快速將點子畫成分鏡圖。

創意點子通常來得突然。這很好，不過要避免陷入可能的陷阱之中，這個陷阱就是，使用第一個出現在腦海中的點子。繼續草擬並強迫你自己再多考慮其他的點子。這需要訓練和毅力 —— 特別是當你覺得自己第一次就已經成功的時候。去探究字與字之間的關聯，以便找出更多的想法。使用心智圖法（mind-mapping）和文字激盪的技巧來創造更多的點子（習慣數位方式的人在這個階段中也許會喜歡使用心智圖法的軟體）。有力的解答常常會在第四或第五個構思慢慢浮上檯面時出現。持續發想點子，即使它們看起來似乎朝向沒什麼關聯的方向漫遊；畢竟，你永遠不會知道最後會發現什麼。然後，一旦你已經有大量的點子之後，找出其中哪些是與你想和大家溝通的願景及概念相符的。在這個階段，呈現的形式不是重點，重要的是，這些點子是否能完整帶出你的訊息。

還有，使用平庸浮濫的隱喻是很不負責任的作法。如果你很想用一張兩隻手在地球前交握的圖片，那你最好放下鉛筆，從書桌前站起來離開，考慮一下你該去渡個假或找個地方去做 SPA 了。督促自己去想出制式框架之外的點子。花點時間來發揮你的創意能量，因為最後的回報將是讓聆聽簡報的人不只記住，還能夠起而效尤。

現在開始動手畫出構思中的圖像。這些草圖會成為視覺的刺激，讓你的構思更加亮眼。畫草圖的過程應該是很輕鬆且快速的 —— 實際上真的是隨手亂畫。能畫多少就畫多少。這樣一來，畫草圖這件事就成為印證概念的方法了，因為在這個時候，看起來太複雜、太花時間或太貴的構思，就可以被淘汰了。不要擔心把東西剔除，這就是為什麼一開始要發想很多點子的原因。事實上，你最終會把它們都捨棄只留下唯一一個（設計師知道這是創意發想過程的破壞階段，但這是件好事)。有些你所發想出來的點子需要好幾張投影片來呈現，而有些可能只需要一張攝影照片出現在單張投影片就足夠了。換句話說，有時候，簡單到你只要找到一張完美的照片或圖表就行了。你得專心致志地找出能夠最好地呈現構思的方式，而不是執行起來最簡單的那一種。

準備好徵詢設計人員的幫助（你應該已經計畫地夠詳盡，所以身邊隨時找得到設計人員，對吧？）尋求專業人士的幫助一點都不丟臉；不論你有沒有足夠的技巧來執行計畫，重要的是要能達到有效的溝通。

數位分鏡表

在任何創意專案的點子發想階段，其目標都是構思越多點子越好。將大腦中的點子化成實體的最快速方法，就是借助你自己的雙手，無論你是在白板上畫畫或是在筆記本上速寫。

科技在過去十年間有了極大轉變，專業設計師手中的平板和數位筆，成了他們新的紙與筆。有了這些工具的幫助，專業設計師可以在數位分鏡表上捕捉他們的靈感。數位分鏡表讓設計師們為草圖添加色彩、動作以及景深，而這些草圖可以很容易地被複製和調整。這為設計師的工作省下了寶貴時間和成本高昂的迭代過程。

設計師有時候需要畫出複雜的、立體的概念。使用傳統的紙筆來繪圖相當花時間，而數位應用程式可以瞬間打造動作感與景深。在正式利用昂貴的 3D 製圖工具進行生產之前，這些草圖可以幫助你的客戶清楚理解並認可一個創意概念。

利用傳統的紙筆繪製的草圖通常從一片空白的畫面開始。透過數位分鏡表，你可以運用色彩為客戶的點子賦予生命。這些豐富的視覺影像可以幫助客戶去想像（並感到興奮！）最後的投影片成品 —— 早在正式投入製作之前。

如果你很想用一張兩隻手在地球前交握的圖片，那你最好放下鉛筆，從書桌前站起來離開，考慮一下你該去渡個假或找個地方去做 SPA 了。

—— 南西・杜爾特（Nancy Duarte）

編輯與限制

我是《星際大戰》的超級粉絲。這麼多年來，當我知道越多關於喬治・盧卡斯（George Lucas）電影背後了不起的創意以及其辛苦的地方何在，我越能理解到，我們這些凡人可以從這些偉大的說故事大師（像是喬治・盧卡斯）身上，學到很多關於簡報的事（其實簡報就是讓我們說出自己故事的重要場合）。

我在研究盧卡斯這麼多年來的眾多訪談中發現，盧卡斯在提到製作星際大戰電影系列時，常會討論到一個關鍵，那就是剪接的重要性，要像發瘋似地剪接，讓整個故事可以在兩個小時內說完。要達到這個目的，他們把每一個鏡頭都攤開來檢視，確認這個鏡頭（不管有多酷）是不是對說這個故事有所幫助。如果在剪接的過程中某個鏡頭被認定為對這個故事來說是不必要的，它就會被剪掉（或是修短，如果只是長度問題的話）。他們非常致力於讓片長恪守在兩小時之內，因為這對觀眾來說是最好的。

我們一定都看過一些讓人毫無頭緒的鏡頭，搞不懂這對整個故事有什麼影響。也許導演只是覺得這個鏡頭的拍攝技術很酷，或是拍攝過程非常艱辛，他無法不把這個鏡頭放進電影裡，但這實在是個很糟糕的理由。在各式各樣的簡報之中，我們一定也見過有人把所有資料、證據或圖表，或是看起來與簡報主旨完全無關的軼聞趣事全放進來（反正我們自己可能也不知道主旨是什麼了）。簡報者通常會將多餘的項目放進簡報中，因為他們也許對自己的努力感到很驕傲，希望可以在這裡好好炫耀一下，即使這些東西對於支持講者的論點來說，其實一點幫助都沒有。

這則故事的寓意：永遠要把觀眾放在第一位，盡量讓你的簡報過程簡短有力，從容地把你的故事說完。其次，當你完成簡報的準備後，回過頭去用力地編輯修改，刪掉那些對你簡報中的觀點或目的不是很重要的部分。你一定不能手下留情。只要稍有疑慮，就把它刪掉。

我們面對自己手上的素材做編輯時，絕不心軟是很重要的。我們得做出艱難的選擇，甚至得選擇完全不做這個動作（比方說，因為這個動作完全沒有達到你要求的標準）。最困難的是得決定刪去或甚至放棄所有素材，但是，該這麼做時還是得做。

許多人無法將自己的簡報編輯得很好，因為他們很害怕。他們發現從來沒有人因為加進太多資訊而被開除，還是保險一點，比到時候後悔好，他們是這樣說的。但是這樣做就會有很多的素材，而且會浪費很多的時間。為了顧全自己而把所有東西都攤在陽光下，事情不是這樣做的；這並不是一個很恰當的動機。不過就是場簡報罷了，而且不管你到底加了多少東西，總是會有人說：「嘿！你為什麼沒講那個什麼什麼的！」總是有些難搞的人會出現，但是不要隨他們起舞，也不要讓你的恐懼來引導你的決定。

要設計出一份緊湊的簡報，不但裡面的內容正確，還要以具體有趣的故事型態來簡單地敘述，並且觸動聽眾的情感，這不是件容易的事，但是，絕對值得。每一場成功的簡報都有故事的成分在其中。你的工作就是去找出內容的要素是什麼，以及該如何將它們組織成一個動聽、難忘的故事。

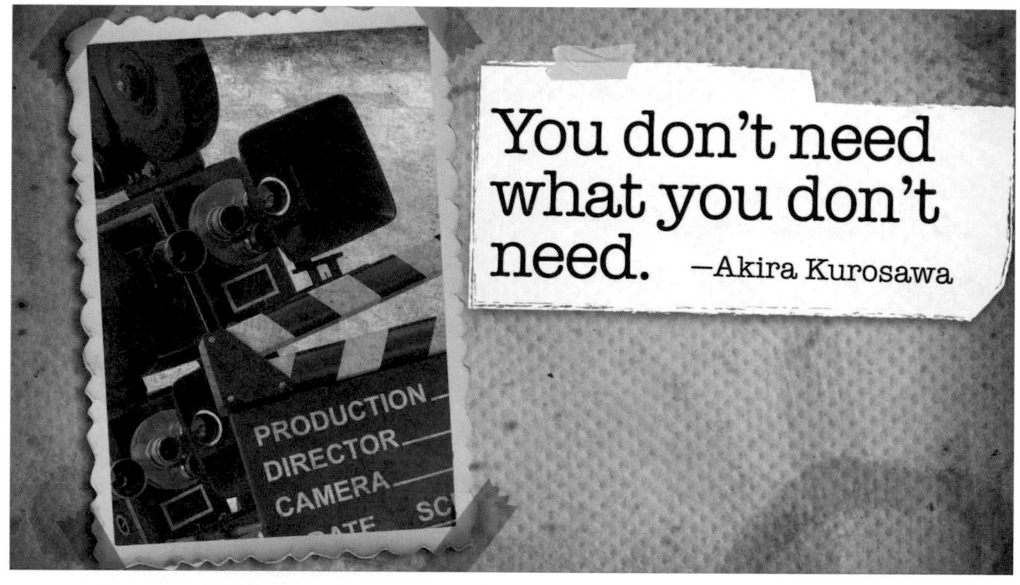

▲大師級導演黑澤明分享毫不留情對你的故事進行編輯的必要性（摘自《蝦蟆的油：黑澤明尋找黑澤明》一書）。

歸納整理

- 讓你的構想深入人心，保持簡單的方式，使用例子或故事，尋找那些出乎意料之外、可以觸動人心的東西。
- 一場簡報絕不只是一堆證據資料而已。
- 腦力激盪的時候記得要遠離電腦，咀嚼（並組織）那些最重要的點。找出背後真正的主題，並在製作整個簡報的過程中忠於這個主題（核心訊息）。
- 用紙張來將你的構想做成分鏡表 —— 然後再使用軟體將它們排列成你看得見的實際架構。
- 時時刻刻都要有所節制，好讓所有素材都能回到核心訊息身上。

design
設計

「我們的生活都被浪費在細節上；
簡化吧，簡化吧，簡化吧！」

—— 亨利・大衛・梭羅（Henry David Thoreau）

5

簡單，為什麼這麼重要？

隨著生活變得越來越複雜，有越來越多人試著要將簡單納入他們的生活之中不過，要在工作場所或學校中找到簡單，在今天只是越來越困難。在專業上，大家都很害怕簡單，因為這樣會被人認為沒有份量。所以，「當有所疑慮時，就再多加一點東西進去。」這已經成為常用的指導原則了。

今天，我們對簡單這個概念及其定義，有著基本上的誤解。比方說，許多人會把簡單、簡化與單純化主義混為一談，甚至到了迷惑或誤導人的地步。對某些人來說，「簡單」代表了將某個議題過分簡化，而因為簡化，所以忽略了其中的複雜度，於是造成了混淆和全然的謬誤。政客也通常都是將事物過分簡化的元兇。但我在這裡所說的並不是那種簡單。我所說的簡單，並非來自怠惰或無知，更不是出於詭計陰謀，而是來自於一種充滿智慧的需求，渴望擁有事物純粹的精華部分，這並不是件容易的事。

簡單（與其他的箴言，好比約束和自然性）都是禪與禪學中可以找到的概念。像茶道、俳句、花道、墨繪這些藝術，都要花上好幾年，甚至是一輩子的時間才能夠真正精通。它們一點都不簡單，雖然由大師表演起來，你可能會覺得它們似乎美得很簡單。我們很難為簡單下定義，但是當我說我們需要創作出簡單的訊息和視覺設計時，我並不是在說我們要找最簡單的方法來做，或是忽視其中的複雜度，或認可使用一些毫無意義的音效和膚淺的內容。當我使用「簡單」（或「單純」）這個詞的時候，我指的是與清楚、直接、巧妙、精華，以及極簡主義完全相同的意思。比方說設計師，他們不斷地在尋找複雜問題的最簡單答案。這些簡單的解決方式對他們來說不一定很容易就能做到，但結果可能是對使用者來說是最「容易」的方法。

最棒的視覺影像，通常是按照簡約的審美觀設計出來的。然而，這並沒有說明視覺簡報中的細節，一切都端看內容和背景資料而定。舉例來說，假設有一場關於量子力學的簡報，即使某位觀眾覺得這場簡報擁有絕佳的視覺影像，但在另一位觀眾眼中，這些影像卻可能顯得非常複雜而令人困惑。我們會使用「簡單」這個概念，通常是為了要能夠表達得更清楚，然而，簡單也可以被當作個在一連串精心策劃後所產生的結果。簡單，是在我們小心翼翼地努力構建起一個故事，並且製作出相輔相成的視覺影像後，再用一種清楚且有意義的方式來讓焦點集中在觀眾的需求上。

簡單是非常重要的設計原則，但是簡單本身並不是萬靈丹。雖然大家所犯的錯誤通常都是把簡報的投影片做得比實際所需的要複雜很多，但還是有可能會有人做得「太簡單」。簡單是個目標，但正如愛因斯坦曾經說過：「盡量把事情弄得簡單點，但也不要太超過。」

這是一張「賈伯斯簡報風格」的投影片，雖然你應該盡量避免一長串文字，但有時調大字體，放上一段較長的引述句也能恰如其分。

"Simple can be harder than complex: You have to work hard to get your thinking clean to make it simple. But it's worth it in the end because once you get there, you can move mountains."

—Steve Jobs
BusinessWeek, 25 May 1998

「簡單比複雜更困難：你必須費盡心思，努力理清思緒，使其變得簡單。最終這一切都是值得的，因為一旦你做到了，便可以創造奇蹟。」

——史帝夫・賈伯斯
（摘自 1998 年 5 月 25 日 BusinessWeek 訪談）

賈伯斯與禪的美學

到目前為止，賈伯斯是商業世界中難得一見的優秀講者之一，他總是能一針見血、直指核心。過去他還是蘋果公司的執行長時，經常會從簡報中發展出許多正面的小故事，並且總是可以散播出隱藏在簡報內容中的下一波溝通風潮給大家。會有這樣的狀況，有一部分是因為他的內容對於媒體和一般客戶來說，都非常易懂，也容易記憶。如果你壓根兒就不懂這些話的意思，你根本沒有辦法把這些想法「散播」出去。而賈伯斯所做的公開簡報，同時具備了清楚的口語表達和影像呈現。

賈伯斯是禪學的信徒，早年就受到日本美學的影響。「我一直以來都很喜歡佛教思想，特別是日本的禪宗，其中的美學意境實在是深遠悠長」，他是這麼對《賈伯斯傳》的作者華特・艾薩克森（Walter Issacson）說的。「而我見過最有意境的地方，就是京都的庭園。我深深受到這份文化結晶的感動，而這一切都源自於佛教的禪學。」賈伯斯的個人風格和簡報方式所具有的「簡單」和「清楚」，絕對是其他執行長或企業領袖身上相當少見的，而且非常出眾。

賈伯斯絕佳透徹的表達能力，有一部分可在搭配他演說的視覺影像中窺見一斑。他的簡報影像幾乎可以說是擁有一種「禪的美學」。在賈伯斯的投影片裡，你可以看見約束、簡單，並且巧妙地運用了留白的手法，多餘和不必要的東西，絕對不會出現。

早在 2007 年，我還在寫作 Presentaion Zen 部落格和本書第一版內容時，當時的比爾・蓋茲仍為微軟公司進行簡報演說，他卻剛好與賈伯斯簡明的影像風格成了明顯的對比。近年來比爾・蓋茲的表現已經越來越好，他在 TED 和蓋茲基金會的演講都相當不錯。

然而，蓋茲長年來聞名四方的簡報風格，還是和我們今天四處可見的投影片簡報非常類似，投影片的內容不但無助於吸引觀眾的注意力，甚至會有讓觀眾聽不下去的反效果。這些投影片的問題包括了：每張投影片上有太多重點、過度使用條列式重點（每一條裡都寫了一長串字）、看起來很俗爛的圖案、太多顏色、過度使用階層、視覺溝通的優先度放得太低，整體印象就是所有東西擠在螢幕上。

賈伯斯和蓋茲這麼多年來都是使用投影片來完成他們的演講的。然而，最大的差別是，賈伯斯所展示的視覺影像是演講中的很大的一部分。這些視覺影像是他演講的必要元素，而非單純只是裝飾，或是提醒他該說些什麼的備忘錄。賈伯斯利用投影片來幫他說故事，並且很自然地與之互動，他很少轉身背對觀眾。賈伯斯使用身後那個大型背光螢幕的方式，就和所有電影導演使用電影螢幕一樣：都是用來幫忙說故事。電影導演透過演員、影像以及特效來傳達他的訊息，賈伯斯則利用視覺影像，搭配自己的話語和自然的態度來說故事。賈伯斯的投影片總是能非常流暢地與他的演講互相配合。

照片來源：
Justin Sullivan/iStockphoto.com

照片來源：
Ron Wurzer/iStockphoto.com

而比爾・蓋茲的情況則是，通常他的投影片不但沒什麼美感可言，而且基本上完全沒有輔助到他的談話內容。蓋茲的投影片常常都是不必要的；它們比較像是擺在一旁的吊飾或裝飾品。你不見得要在每一場簡報中都使用投影片，但如果你真的需要，視覺影像應該是整場簡報的一部分，而不只是出現在一邊「擺個樣子」的某個物件。

我一直都很敬佩比爾・蓋茲對教育的努力，以及他的基金會所做的各種貢獻，但是談到他過去在微軟所做的簡報（還有那些搭配演講所做的視覺影像），我想他還有很多關於「如何做一場不一樣的演講」的功課可以向賈伯斯學習。蓋茲的演講並不糟糕，只是很普通，一點都不突出。他那種任由 PowerPoint 主導的風格相當「一般」，而且「典型」，導致他簡報的大部分內容都無法讓人記住。比爾・蓋茲是個非凡卓越的人物，他的簡報也應該要非凡卓越才是。令人高興的是，現在他的簡報影像確實開始不同了，而且他的簡報也越來越好了。

對我們來說，這則故事的寓意是：如果你得上台站在一大群人面前，跟他們說你所設計出來的策略非常重要，或是你所設計的整合軟體也很重要的話，那麼至少，你所使用的視覺影像（就在此時此地此刻，你眼前的這一群觀眾面前），一定要經過縝密的設計，而非急就章趕出來的裝飾品。

簡單、自然、優雅

禪本身並不會去評斷這個設計是「好」，或那個設計是「壞」。不過，我們還是可以看看禪之美學中的一些概念，以簡單的原則為目標，幫助改善我們的視覺影像。

簡單

禪之美學的主要原則就是簡單。在簡單的概念中，美以及視覺上的優雅感受，是透過消減和淘汰來達成的。是藝術家、設計師，也是建築師的川名幸一（Koichi Kawana）博士說：「簡單，就是使用最少的工具，達到最大的效果。」比方說，當你回頭檢視你的視覺影像時，能夠說你有做到以最少的圖像元素來達到最大的衝擊效果嗎？花點時間回顧你過去所使用的投影片 —— 它們是否體現了「簡單」的精神？

自然

根據川名博士的說法，美學觀點中的自然「絕不能使用複雜的設計或過度的雕琢」。約束，是一件美好的事。舉例來說，最優秀的音樂家知道，絕對不可以毫無節制地演奏，而是永遠都要注意其他樂手的存在，並且在音樂中找到屬於自己的位置，置身於與大家分享音樂的當下。平面設計師會限制他們自己，只能將需要傳達給某特定族群觀眾的特定訊息包含在設計之內。限制，是很難的，而複雜與詳盡是容易的，而且很常見。這裡所建議的表達方式是禪之美學中的關鍵。川名博士是這麼說日本的庭園造景的：「園藝師一定要堅守『見隱』[1] 這個概念，因為日本人相信，當你把所有東西都展示出來時，觀者就覺得興味索然了。」

1　見隱，指將事物藏在視線之外。

優雅

優雅，是一個可以應用在許多不同的人生面向中的原則。當談到視覺溝通和圖像設計時，優雅更是展現從容的簡單，並明確地表達出簡練，是一種低調的精緻。在《*Wabi-Sabi Style*》（暫譯：《侘寂風格》，Gibbs Smith Publishers 出版）一書中，作者詹姆斯與珊卓・克勞利（James and Sandra Crowley）對日本人如此深刻地鍾愛著「美」，他們是這麼認為的：

> 在他們（日本人）的觀念裡，太過瑣碎的裝飾手法以及鮮明搶眼的色彩運用，都屬於層次很低的品味……任何東西一旦過了頭，就完全失去真正的意涵，也沒有任何創意了。最高層次的品味不會出現鮮豔色彩或濃重的裝飾，而是一種簡單與簡約的精緻，是優雅的美，透過有意識的保留，而展現出極緻的好品味。這就是最原始的『少即是多』概念。少一點顏色，運用少量但優雅的色彩，少一點雜亂……

在投影片簡報的世界裡，你不一定得把所有東西都以影像呈現出來。你不需要將所有細節都植入每一位觀眾的腦袋裡，不論你用的是視覺方式，還是口語方式。相反地，你的文字組合，伴隨著你簡報中的視覺影像，應該要能觸動觀者，並激發他的想像力，幫助他更能認同你的想法，讓他超越他眼前那無足輕重的 PowerPoint 投影片，真正看見你的構想。禪之美學的價值觀包括（但不僅限於）以下所列：

- 簡單
- 含蓄
- 優雅
- 暗示（而非解釋或明白闡述）
- 自然（即，沒有任何牽強或造作之物）
- 留白的空間（或負面空間[2]）
- 沈靜、安定
- 捨棄不重要的東西

所有這些原則都可以應用在投影片設計、網頁設計等處。

2　專業攝影中之取景術語，意指一整片單調的景色，如天空。

侘寂的簡約

我第一次知道「侘寂」，是許多年前在日本北方青森縣的下北半島學習茶道的時候。下北半島著實是個體驗傳統日本價值觀及思想的好地方。當我在學習茶道時，我開始懂著欣賞儀式中那種簡約的美感，那是一種展現了禪的基本精神之藝術，其中包含了純淨、安定、對自然的崇敬，以及與之和諧共處的渴望。

「侘寂」的理念源自日本，而其開端始於對自然的深刻觀察。「侘」的意思是「貧乏」，或是缺少物質和財產上的富裕，但是在同時，卻也能感受到擺脫對世俗物質（包括社會地位）的依賴後所產生的自由。「寂」的意思則是「孤寂」或「孤獨」，這是一種當你一個人在空曠的海邊散步時會感受到的深層冥思。當這兩個概念結合在一起，就能讓我們更懂得欣賞某一幕場景，或某個藝術作品的美及優雅，同時還可以全然地感知到它存在的短暫。

有些西方人或許因為知道侘寂流設計，所以對「侘寂」並不陌生，這是一種非常簡樸的室內設計風格，講求平衡、有機，擺脫複雜與混亂的牽絆，也因此尤其簡單的呈現中透出一種美，而且看起來絕對沒有賣弄或雕飾的成分。

侘寂的理念非常適合應用在建築、室內設計，以及美術這類專業上。但我們也可以將這些原則應用到數位說故事（結合影像聲音來輔助的簡報）的藝術上。侘寂崇尚的是「少即是多」，這在今日社會中是個經常被提及（但卻總是被忽略）的概念。以侘寂意念來創作的視覺影像，一定不會是偶然發生、隨心所欲、雜亂無章，或是擁擠紛繁的影像。它們看起來可能很美，但是絕對沒有任何造作與矯飾。不管對稱與否，這些影像都會是和諧且平衡的。消去干擾和雜訊，絕對可以幫助我們製作出具有更清楚意念的影像。

禪的庭園也同樣是一門關於簡單的課題：開放空間中沒有任何裝飾，只有幾顆精心挑選放置的石頭，以及用耙子梳開的小碎石子。太美了，而且簡單。禪的庭園與許多西方的花園非常不同，西方的花園裡擺滿了美麗的東西，而因為放置的東西太多了，事實上，當我們在看的時候，大部分都會被遺漏掉，而簡報就和這個很像。有時候，我們在短時間內接收了非常多的影像和聲音上的刺激，結果最後理解的並不多，能夠記得的更是少之又少。我們親眼看到了大量的「東西」，但是這些東西的品質又是如何呢？證據與經驗的品質，比起單純的資料量和經驗的長度，難道不是更加重要嗎？

在日本住了這麼多年，我有許多機會可以體驗到禪的美學，不論是參觀庭園，或是在京都的寺廟中坐禪，甚至是外出和朋友共享一頓傳統的日本餐點。我相信，包含了簡約美學概念的影像呈現方法，以及排除非必要事物的作法，可以應用在我們的專業生活上，並且最終帶領我們發展出更具啟發性的設計。當然，我不是說你應該用評斷藝術作品的標準來判斷簡報中視覺效果的好壞。但是，了解禪學的簡約精神，可以讓你在創意工作中有所發揮，包括設計你簡報中的視覺影像。

◀日本京都金閣寺的一景。藉此提醒大家 —— 只要放最重要的東西就好。

魚的故事

在我結束了一場為矽谷一家大型科技公司的簡報之後，我收到了一張工程師觀眾寫的字條。這個小故事很清楚地說明了刪減非必要事物的概念（而這個故事也能在 19 世紀的西方文獻中見到）。

「親愛的賈爾，當你談到減少投影片的文字內容時，我想到了童年時我在印度聽到的一個故事。如果我的記憶沒有謬誤的話，這個故事是這樣的：

維傑打開店門要做生意時，放了一個廣告牌：『我們店裡有鮮魚販售』。他父親經過時說，『我們』這個字太過強調店家本身而非顧客，而且什麼必要。所以廣告牌就變成了：『店裡有鮮魚販售』。

接著他哥哥經過，他覺得『店裡』這兩個字大可不必——感覺很做作。維傑也同意他的說法，所以把廣告牌改成：『鮮魚販售』。

接下來他妹妹來了，她說這廣告牌應該只要寫『鮮魚』就好了。因為很顯然就是要拿來賣的啊，不然擺在這裡幹嘛？

又過了一會兒，他的鄰居經過並向他問候。接著他提到，每個經過的人都可以很清楚地看見這些魚很新鮮，特意強調新鮮，反而感覺有點自我防衛的意味，好像新不新鮮其實是可議的。所以現在這個廣告牌上只寫著『魚』這個字了。

就在維傑休息片刻走回自己的店鋪時，他發現，即使在很遠的距離之外，大家也都可以從味道辨別出這裡有魚，而且，在這樣的距離內，幾乎是看不見那塊廣告牌的。現在他知道，其實根本連『魚』這個字都不需要了。」

「將影像剝除到只剩下意涵之後，
藝術家就可以將此意涵發揮到
極致……」

—— 史考特・麥克勞（Scott McCloud）

透過簡化來強化

日本的禪學藝術教導我們，透過簡化，可以展現出極大的美，並傳達出強大的訊息。禪也許無法透過言語的簡化來強化訊息，但是你可以在所以受到禪學啟發的藝術中看見這樣的概念。舉例來說，有種日本繪畫風格被稱為「一角」風格，它大概已經有八百多年的歷史，而且是由侘與寂的概念轉化而來的。此種風格的繪畫非常簡單，而且畫面中包含了許多留白之處。比方說，畫中可能是一大片海洋或是空無一物的天空，而在畫中的一角，有艘古老的小漁舟，小到幾乎看不見。正是這魚舟的渺小及其所擺放的位置彰顯出了海的廣闊無邊，並且立刻讓人湧上平靜的感受，也對漁夫臉上的孤單神情產生了移情作用。這樣的影像中只有很少的元素，卻可以帶來極深的觸動。

從漫畫的藝術中學習

我們可以從意想不到的地方學習到簡報視覺影像的簡單美學，其中包括 —— 可能會讓你很驚訝的 —— 漫畫的藝術。要從漫畫的藝術中學習，最好的地方就是史考特・麥克勞的《漫畫原來要這樣看》。在這本暢銷書中，麥克勞不斷地觸碰到「透過簡化來強化」這個概念。麥克勞說，連環漫畫就是一種透過簡化來強化的形式，因為漫畫中那些濃縮的影像，並非細節的消滅，而是努力要將焦點集中在某些特定的細節上。

漫畫很關鍵的一個特性是，它們的影像都經過簡化。然而，正如麥克勞提醒我們的，當你放眼望向日本那蓬勃發展的漫畫世界，「簡單的風格並不必然代表了簡單的故事。」很多人（至少是日本以外的人）都對漫畫中必須要簡單且基本的線條帶有偏見，他們覺得，這也許很適合小孩子看，但不可能是有深度有智慧的東西。他們認為，漫畫這種簡單的型態不可能描繪出複雜的故事。不過，如果你有機會造訪東京大學附近的咖啡店（東大可是全日本最頂尖的大學）你就會看到成疊的漫畫放在書架上。日本的漫畫可不是什麼愚蠢的書種；事實上，你會看到各種身材體型的「聰明人」在店裡看漫畫，而且全世界到處都有。

來自「一角」風格的啟發

馬遠（1160-1225）是中國宋代畫家，其藝術風格影響了多位日本知名藝術家，如天章周文（1403-1450）與雪舟等楊（1420-1506）。下圖正是一幅彰顯馬遠「一角」風格的畫作〈山徑春行圖〉（原作藏於台北故宮博物院）。在一角風格中，畫中的元素經常被擺放在側邊或角落。在這幅畫中，馬遠筆下的人物被放置在左下角，將畫作的其餘部分留白，產生引人遐想的餘韻，刺激觀者的想像力。畫中的各元素慢慢地引導你的視線到右上角的詩句，這是由南宋寧宗的題詩。

此處的重點並不是要我們利用簡單的簡報視覺影像，試圖創造出如馬遠畫作般偉大的作品，而是去欣賞過去藝術家如何使用空間與對稱平衡的技巧來引領觀者，並創作出能夠意涵清楚且吸睛的圖像。下頁中有四張各自獨立的投影片，其中照片都是我自己拍攝的。雖然這些照片並沒有完全恪守「一角」風格，你仍然可以在這些投影片的角落看見一些小的元素。

▲馬遠〈山徑春行圖〉

這是一場關於創造力的簡報的其中一張投影片。我在奧勒岡州的卡農海灘拍攝了這張照片。獨自一人的跑者在山與海的環繞下顯得渺小。畫面中的人物很小，並且被放在一旁，為投影片留下許多空間，適合填入文字。

奧勒岡州的卡農海灘在八月份通常有著完美的「海灘天氣」，氣溫舒適宜人。這張照片呈現了如此氛圍，照片中有著許多留白之處，而右下角有一個小而具有顏色對比的元素。

這是另一張我在卡農海灘拍攝的照片。下方的大海佔了整張構圖的三分之一，礁岩則佔了右方的三分之一，為大字體的文字內容留下充足空間。觀眾可能不會立即注意到，投影片左側有一位在海浪與岩石的襯托之下顯得極為渺小的衝浪者。

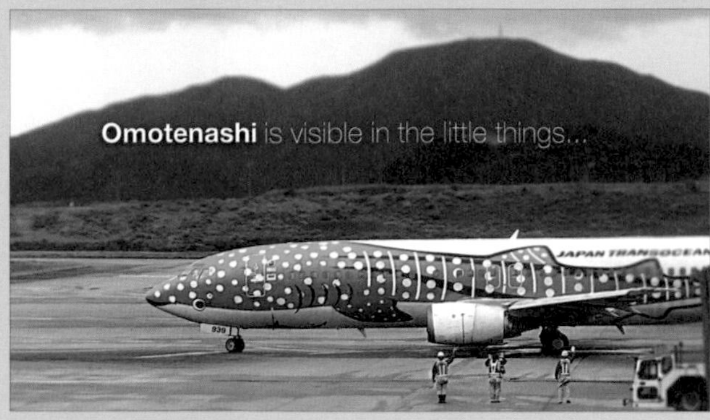

賓至如歸，從小處可見

我在沖繩石垣島等待飛機時拍下這張照片。我在關於日本的款待心態與「賓至如歸」概念（omotenashi）的簡報中使用這張投影片。所謂「小處」的例子就是，當班機準備起飛時，照片中最下方的機場人員排成一列，向旅客揮手致意。

我們的問題是，大部分的人都不知道，我們可以透過將影像剝離到只剩下意涵的方式，來讓它更有視覺張力。在大部分人眼裡，少永遠就只是少而已。如果我們把這種對於視覺影像的認知匱乏應用在簡報的世界中，你可以想像一位年輕、「有前途」的專業人士，當她的老闆在她上台前一天看到她的投影片影像時，會說：「這樣不行。太簡單了。妳這些投影片裡根本什麼都沒說！妳的條列式重點呢？！公司的標誌呢？！妳在浪費空間啊 —— 在這裡放點資料進去！」這時候，她會多麼焦慮不安。然後她試著解釋，投影片並不是簡報，她本身才是簡報的呈現，那些「重點」會從她的嘴巴裡說出來。她也會試著解釋，這些投影片中的文字和圖像有著優雅的平衡感，而那些資料則是被設定為居於輔助地位但重要的角色，幫助她強化她所要傳達的訊息。她試圖要提醒老闆，他們同時也準備了詳細的紙本資料要給客戶看，而投影片和資料是不一樣的東西。但是，她的老闆一定聽不懂。她的老闆一定會不高興，直到那一整套 PowerPoint 投影片看起來像是「正常的 PowerPoint」為止。你知道的，就是「認真的人」會使用的那種。

然而，我們一定要盡力堅持自己的立場，並且盡可能對「透過簡化來強化」這個概念保持開放的態度。我不是要你成為一位藝術家，或說要你自己動手畫圖，而是，我希望你能夠藉由探索所謂「下層藝術」的漫畫，學習到許多如何結合圖像與文字的方法。事實上，雖然麥克勞在寫書的時候其實壓根兒也沒想到簡報的視覺影像這回事，但我們還是可以在麥克勞的書中學到很多有關概念年代中有效溝通的種種，比很多有關投影片製作的書要來得有用許多。舉例來說，麥克勞在書的前幾頁就建構出了他對漫畫的定義，不過最後他也說，這並不是個一成不變的定義：

> 將插畫與其他影像並列呈現，以刻意安排的順序來傳達資訊，並且／或是創造出觀者對美感的迴響。

只要稍微花點力氣，很容易記可以想像如何讓這個道理也同樣地應用在其他的說故事媒介以及簡報內容上。對於「使用投影片的現場簡報」，我們沒有很好的定義，但是好的簡報，可能真的得有「將插圖與其他影像並列」的投影片才行。而好的簡報也一定要以經過設計的順序排列來「傳達訊息，並且／或是創造出美的迴響」。

在這本書的最後，麥克勞給了我們一些簡單、近似於禪的智慧。他所談論的是作家、藝術家，以及漫畫的藝術，但是無論我們的創作天分落在哪一個領域，這都是一個很好的建議。「我們所需要的只是……」他說：「……被人聽見的渴望、學習的意願，以及看見的能力。」

當你開始追究某件事的根底時，通常都會回歸到渴望以及學習的意願，還有能否真實看見的能力。我們之中的很多人都有渴望；學習和看見這兩種能力才是困難的地方。麥克勞說，為了能看懂漫畫，我們需要「屏除心中對漫畫先入為主的所有成見。只有從最基本的地方開始，我們才能發現漫畫中的所有可能性。」同樣的話也可以用在簡報的設計上。只有用完全開放的心態來看待簡報和簡報設計，我們才能看見眼前的選擇有哪些。這不過是你看不看得見的問題而已。

（我推薦你觀看史考特・麥克勞的 TED 演講：「漫畫的視覺魔法」（The Visual Magic of Comics.））

無與倫比的卡爾・薩根：科學家、講者

卡爾・薩根（Carl Sagan，1934-1996）是一位著名的傑出天文學家，同時也是優秀的講者。在 1980 年代，我是卡爾・薩根的大粉絲，他最有名的電視節目《*Cosmos*》（暫譯：《宇宙》）使我受益良多。薩根始終用非常淺顯易懂的方式說明複雜的主題，讓人對科學感到興奮好奇。儘管他是一位科學的傳播者（除了科學家身份之外），他沒有把主題變得模稜兩可，而是用一種引人入勝的獨特方式為談論主題提供前後脈絡，以聽者能夠理解的方式闡述及說明他的觀點。他是一位科學家講者，在乎他所說的內容被清楚表達並被聽眾理解。當卡爾・薩根使用統計資料時，他通常會透過描述或對比來讓這些數字更有來龍去脈。舉例來說，如果你點開《*Cosmos*》的第 13 集〈Who Speaks for Earth?〉，你會看見薩根透過描述性語言，在你的腦中建立起鮮明的影像 —— 這是一種有時比大多數圖像或動畫更有效的技巧。「20 噸 TNT 炸藥有多少？」薩根問。「足以毀掉一整個街區」他這麼回答。「所有二戰時使用的炸彈，」薩根說：「相當於兩百萬噸 TNT 炸藥或是十萬枚『重磅』炸彈。」於是我們可以想像出，在二次世界大戰的六年間，炸彈所造成的毀滅性破壞。兩百萬噸 TNT 炸藥不再只是一個抽象的概念；我們可以在腦中想像它的驚人殺傷力。接著薩根又投下他自己的炸彈：「今天，一個熱核子炸彈的威力等同於兩百萬噸 TNT 炸藥 —— 一個擁有二戰等級破壞力的超級炸彈。」這是一個令人畏懼而非常鮮明的形象。

見樹又見林是很難的。好的講者會要我們退後一步，從另一個觀點檢視問題，尋找哪些事情是真實的，哪些不是真實的。在《*Cosmos*》的最後一集中，薩根問：「我們該如何向一位冷靜理智的外星觀察者解釋這一切？我們要如何解釋我們對地球的管理？」透過要觀者從地球以外的角度（即，一位冷靜理智的外星觀察者）去看待問題，這時問題已超脫於國家、政黨、宗教等抽象概念了。薩根說：「從外星人的角度來看，我們的地球文明顯然處於失敗的邊緣，它面臨的最重要任務是保護地球公民的生命及福祉，以及地球未來的可居住性。」薩根解釋道，眼下出現了一種新的意識型態，它將地球視為單一的有機體，並且認為一個與自己交戰的有機體注定迎來滅亡。我們知道哪些人為哪些國家發聲，但是，薩根問道：「又有誰為地球發聲呢？」答案，當然是，我們要為地球發聲。在《*Cosmos*》的最後一集中，薩根下了一個總結：「我們要忠於地球及其物種。我們要為地球發聲。我們生存和繁榮的義務並不僅只為了我們自己，也是為了我們賴以生存的古老的浩瀚宇宙！」

重點溫習：簡單，其實一點都不容易

通常一想到時間，就會想到：「我該如何節省時間？」時間對我們來說是種限制，但是當我們在準備一場簡報時，如果我們從觀眾的角度來看待「節省時間」這個重點，而非因為自己希望能夠將事情快點做完並且省點時間的需求呢？如果這無關我們自己的時間，而是觀眾的時間呢？當我是觀眾的時候，如果我眼前的講者很吸引人，而且有做好功課，準備了令人信服的影像，不但不無聊而且還很有加分效果，這時我會覺得非常享受，也會很高興自己參加了這場簡報。而我最痛恨的（我知道你一定也跟我一樣），就是，我已經知道接下來的一個小時會被浪費掉的感覺。

通常，我所推崇的做法會讓你花比較多的時間來準備，時間是少不得的，但是你卻可以為觀眾省下大把的時間。再說一次，這裡要問的問題是：我們想節省時間是為了自己嗎？節省其他人的時間是不是也很重要呢？當我為自己省下時間時，我會很高興。但當我可以幫觀眾省下時間（不但不浪費他們的時間，還可以與他們分享一些重要的事情），這時我會感到深受啟發、充滿活力而且感到有所回報。

我可以在一開始的時候為自己省下一些時間，但我也可能會在最後浪費了更多其他人的時間。舉例來說，如果我在 200 位觀眾面前，做了一場為時一小時的「死在 PowerPoint」手上的簡報，加起來一共就是 200 小時的浪費。但是如果我反過來，花 20 ～ 25 個小時，甚至是更多的時間來規劃和設計我的訊息及所使用的媒體，這樣一來，我就可以為世界貢獻 200 個小時充實難忘的體驗。

軟體公司會拿節省時間這個特點來做廣告宣傳，也許這可以讓我們相信，自己在完成一件工作（比如準備簡報時）確實有省下時間來，而且它還讓我們的工作變得更簡單了。但是，如果省下來的時間不是為了觀眾（如果觀眾因為我們沒有準備好、視覺影像沒有設計好、表現得不夠好而浪費了他們的時間），那麼，我們在準備投影片時所省下來的一兩個小時，又有什麼意義呢？在較短的時間內做完一些事情，有時候確實會讓我們感覺簡單一點，但萬一結果是會浪費掉日後的時間和機會，這就絕對不簡單了。

歸納整理

- 簡單充滿了力量，並能引導出極致的清晰，然而，要達到這樣的境界，既不簡單也不容易。
- 重點不是要讓事情對我們自己變得簡單，而是讓事情對他們而言變得更簡單。
- 我們可以藉由小心地剔除不必要的事物，來達到簡單的境界。
- 當你在設計簡報時，除了遵守簡單原則之外，請將以下概念牢記在心：含蓄、平衡以及低調的優雅。
- 好的設計定有留白之處。想想「消減」，而非「增加」。
- 當目標是簡單時，你的確有可能會做得「太簡單」。你的任務是找出最適合你狀況的平衡點。

6

簡報設計：原則與技法

1990 年代中期，當時我還是日本住友電器工業（Sumitomo Electric Industries, Ltd.）的員工，我發現，在討論到未來工作或策略的細項時，日本的商務人士很常會說「看情況」這句話。這讓我感到非常挫敗，因為我習慣了具體的計劃、肯定的答案，以及迅速的決策。不過，最後，我學到了事情的脈絡、環境狀況，以及某種「特殊狀況」，這對這些和我一起工作的日本人來說是很重要的。

現在，當討論到某一場特定的簡報該用何種技法或設計時，我就可以套用日本人「視情況而定」或是「要看是什麼時間和什麼情況」的說法。過去我一直認為「要看情況」是個很糟糕的說法，也是一種很不負責任的做法。現在我卻覺得很有智慧。如果沒有充分地掌握一場簡報的地點與狀況、內容與脈絡等資訊，那麼，要判斷什麼一定「適合」或「不適合」是非常困難的，更別說要評論簡報設計的好壞了。設計，不是由同一個模子印出來的。影像設計既是藝術，也是科學。

不過，最恰當也最優秀的投影片設計，還是有一些基本的指導原則可以遵循。一些基本且基礎的概念與設計原則，如果了解得夠正確，絕對可以幫助一般人製作出更有力的簡報影像。你當然也可以去讀上幾本設計原則與技法的書：你可以讀我所寫的另一本書《簡報禪：透過設計，讓演講更深植人心》。在這一章裡，我會操作設計上的限制，並且詳細說明幾則實用範例與技法。首先，我們先來了解「設計」的意義是什麼。

關於投影片規格

在我們討論投影片設計的原則和技法之前，對於你的投影片規格有一些基本的了解是很重要的。當人們提到投影片規格，他們真正指的是你的投影片形狀為何，或者說是投影片尺寸。大多數簡報應用軟體會讓你製作兩種尺寸的投影片 ——4:3 或是 16:9。比較接近正方形的 4:3 尺寸經常被稱為「標準」格式。在平面電視普及之前，傳統的電視機螢幕就是 4:3 尺寸。現在，就像我們家中的電視一樣，更常見的投影片尺寸為 16:9，也經常被稱為「寬螢幕」格式。在你選擇要使用哪個格式時，重要的是要掌握上場簡報時所使用的螢幕比例。如果你知道你的投影片將被呈現在平面顯示器（在現今的學校和公司越來越常見），那麼，在你設計投影片時就要使用寬螢幕格式。假如你知道你將會使用到傳統的 4:3 螢幕，那麼使用標準格式是沒問題的，不過要記住的是，如果在未來你在其他地方用 16:9 螢幕呈現投影片時，在你精心設計的投影片兩側，將會出現不甚美觀的空白。這並不代表世界末日到來；你的投影片依舊可用，但是會看起來不夠專業，或是讓人感到過時。另一方面，如果你將 16:9 格式的投影片顯示到 4:3 尺寸的螢幕上，在螢幕的上下方也會出現空白，不過，通常你可以調整教室或會議室中的螢幕，至少移除螢幕底部的空白部分。

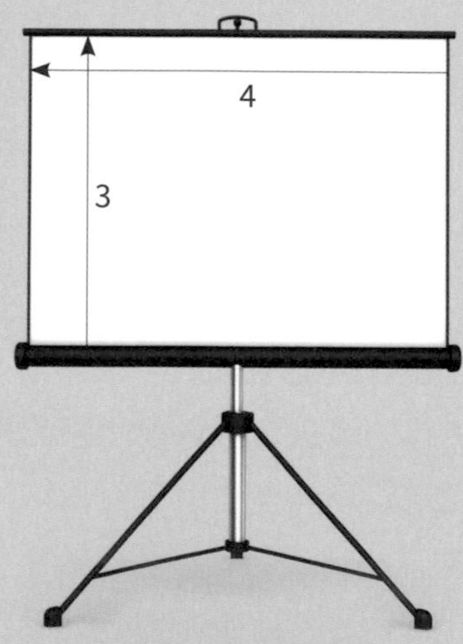

▲這個螢幕形狀即為人們所說的「4:3」規格。範例投影片的解析度為 1024×768 或 800×600。

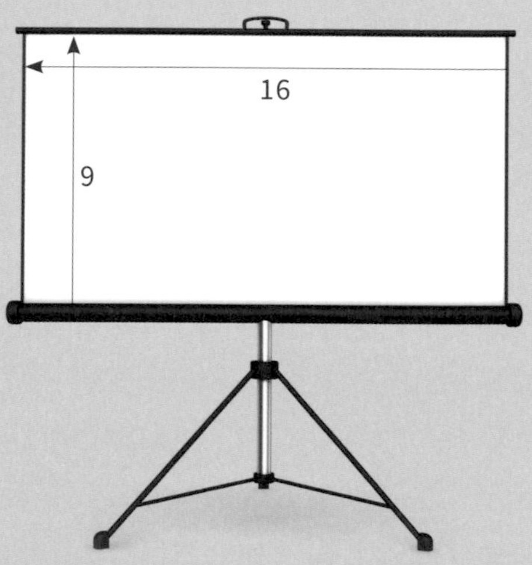

▲此螢幕即為「寬螢幕」或所謂的「16:9」格式。常見的解析度為 1920×1080。

▲這是一個 4:3 格式的投影片，畫面可以填滿相同尺寸的螢幕。

▲不過，如果你將這些投影片投影到 16:9 的寬螢幕上，這時圖像不會填滿整個螢幕，左右兩側會出現突兀的空白。

▲寬螢幕格式的投影片被放映到同為 16:9 比例的螢幕上，因此畫面可以填滿螢幕。這有許多好處，比如寬螢幕格式的所有影片都能填滿整個螢幕，包括你用智慧型手機拍攝的影片。

▲同樣的寬螢幕投影片也可以被放映到傳統的 4:3 螢幕，但為了符合螢幕大小，投影片中的圖像會變小。

一般設計原則

對設計最常見的誤解是，人們總以為它是屬於後期作業，好比蛋糕最後才會塗上糖霜和「生日快樂！」四個字。但這不是我所說的設計的意思。對我來說，設計不是最後才做的；設計是在前期進行的，而且是從頭就得開始。為了將資訊整理成更清楚的形式，設計是絕對必須的；設計能讓觀者或使用者感覺事情更簡單。它同時也是一種說服的媒體。設計並不是裝飾。

設計，是為了要找出解決方案來幫助或改善他人的生活，通常它會帶來非常重大的影響，但也經常會以一些微不足道並且難以察覺的手法途徑出現。在設計時，我們需要非常重視他人將會如何解讀我們的設計，以及所想要傳達的訊息。設計並非藝術，雖然其中確有藝術的成分存在。藝術家，或多或少都能夠遵循他們的創意靈感創作出想要表達的任何意念。但是設計師卻是在商業環境裡工作的人。不論什麼時候，設計師都要考量到使用者的感受，以及該如何從使用者的角度來解決（或防止）問題。藝術的好與壞全由它本身來承擔。好的藝術可以感動人心，並在某種程度上改變人們的生活。如果真能如此，那就太棒了。但是，好的設計卻「必須」要能影響人們的生活，無論它們看起來有多麼微不足道。好的設計能夠改變許多事情。

設計不止於美感而已，但是經過「好的設計」的東西，包括圖像在內，卻能擁有極高的美學品質。經過「好的設計」的東西，看起來會很美。在設計的世界中，解決問題的方法不只一種，你得自己去探索尋找。但是最終你得根據手上資料的前後脈絡，找出最適合這個問題的解決方法。設計，是在取捨之間做出清楚明白的抉擇。

就簡報所使用的視覺圖像來說，它們一定要完全正確無誤，而且要非常精準。但是我們所使用的影像（不管你喜不喜歡）一定都會觸動到觀眾的情感層面。人會在一瞬之間就判斷出某樣東西吸不吸引人、值不值得信賴、夠不夠專業，還是太過矯情等等。這是一種發自內心的自然反應，而且它的影響很大。

在接下來的章節中，我會向各位一一說明幾個互有關聯的設計原則，它們都是設計出好的投影片的基礎。一開始的兩個原則（訊號雜訊比以及照片優先效應）都是包含範圍非常廣的概念，對投影片設計的實際應用很有幫助。而第三個原則（留白），則可以幫助我們以不同的角度來看投影片，並且懂得去欣賞，不在畫面上出現的東西，反而能夠讓視覺影像更加有力。最後的四個原則，我將它們何稱為基礎設計原則的「四大要則」，對設計新手來說特別重要，它們分別是：對比、重複、對齊，以及相近。設計師兼作家羅蘋・威廉斯（Robin Williams）率先在她的暢銷書《寫給大家的平面設計書》中將這四個基本原則應用在投影片設計上。首先，我們先來看看訊號雜訊比，了解這個原則對於投影片設計有什麼意義。

▲一場優秀的簡報，並不見得一定要準備投影片，但是在大部分情況下，視覺影像能夠強化你的訊息。了解平面設計以及視覺溝通的基本概念，能夠在你打開電腦，準備為你的演講設計搭配的影像時，幫助你創造出強而有力的視覺影像。

訊號雜訊比

這個訊號雜訊比（SNR，Signal-to-noise）原則，是從無線電通訊和電子通訊這類技術更複雜的領域借用而來，但這個原則本身，基本上卻可以應用在任何牽涉到設計與溝通的領域。以我們的使用目的來說，SNR 是一份投影片或其他展現形式中，相關與非相關元素及資訊之間的比例。我們的目標是要盡可能在你的投影片中達到最高的訊號雜訊比。人類很難應付認知上出現過多的資訊。道理很簡單，一個人能夠有效並有用地處理新資訊的能力是有限的。設定越高的 SNR，就越有可能讓事情變得比較容易被大家所了解。即使沒有那些多餘且不必要的視覺效果來疲勞轟炸你，要了解某件事都已經是非常困難的了，更別提那些視覺效果本來應該只要扮演一個輔助角色。

確定你的設計中擁有最高的訊號雜訊比，這個意思是，在清楚溝通的同時，盡可能讓訊息的衰減現象降到最低。你有可能在許多狀況中衰減你的視覺訊息，像是選擇了不適當的圖表、使用模稜兩可的標示或圖示，或者多此一舉地去刻意強調那些在輔助傳達訊息上並不重要的線條、形狀、符號，以及標誌。換句話說，如果某個物件拿掉之後並無損於整體的視覺訊息，那你就得認真地考慮一下，是否應該將之縮小，甚至整個移除。舉例來說，表格或方框中的線條通常可以做得很細、很淡，或甚至拿掉。還有頁尾及標誌等等，通常拿掉之後效果反而更好（假設你的公司允許你這麼做的話）。

在《*Visual Explanations: Image and Quantities, Evidence and Narrative*》一書（暫譯：《影像說明》，Graphics Press 出版），愛德華・塔夫特（Edward Tufte）提到一個與 SNR 相輔相成的重要原則：「最小效度差」（the smallest effective difference）。塔夫特說：「讓所有影像的特色盡可能微妙隱約，但同時卻依然清楚有力。」如果使用少量的元素就能設計出這個訊息，那麼就沒有必要加入太多東西。

在接下來的三頁內容中，你可以看到幾個原始設計及經改善後的投影片範例。比較看看左側與右側的投影片，左側是原始設計的投影片，而右側則是經過改善後訊號雜訊比提高了的投影片。為了做到這一點，我將不必要的元素移除，也將其他視覺元素縮減，設計出更清楚、訊號雜訊比更高的投影片。注意看看下一頁的第三及第四個範例，我將圓餅圖替換成長條圖，讓觀眾更容易看出數字的差異。在其他的範例中，我將長條圖替換成折線圖，讓整體趨勢更清楚易懂。在所有的例子中，大方向原則就是要移除無關緊要的元素，讓觀眾更容易掌握真正的資訊。

BEFORE ⊜　　AFTER ⊜

NUMBER OF NEW MEMBERS ACQUIRED PER YEAR (2003–2019)

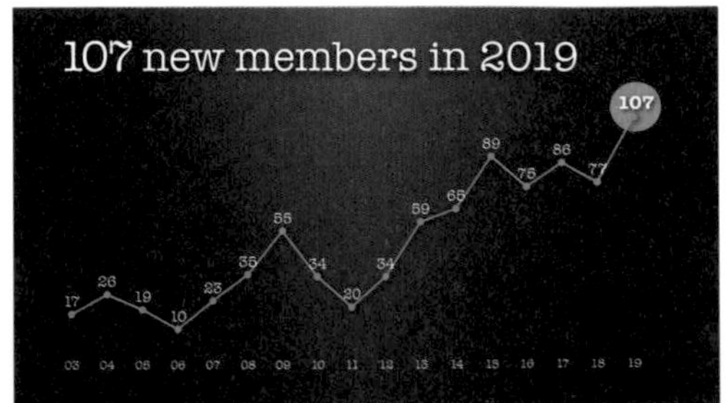

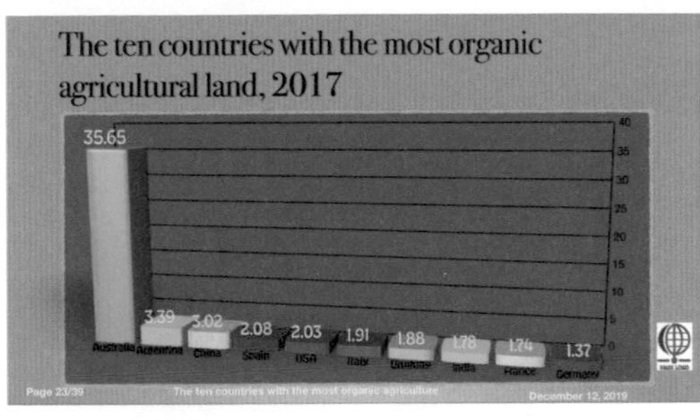

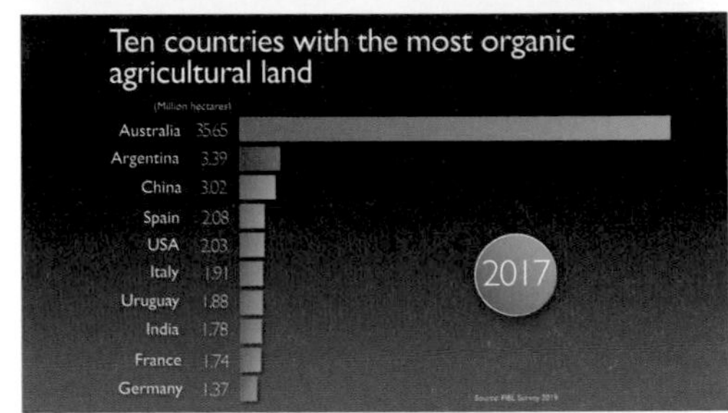

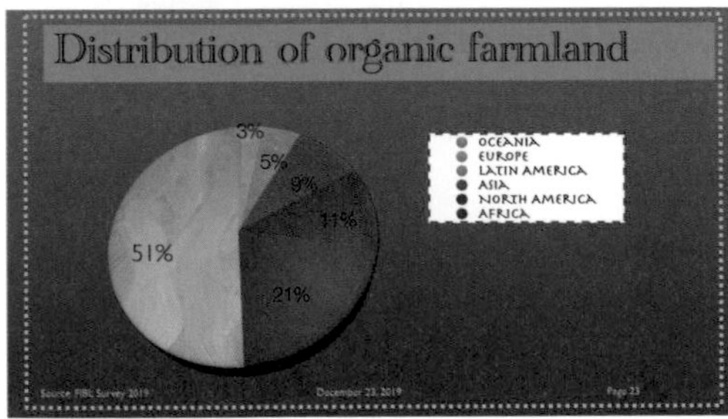

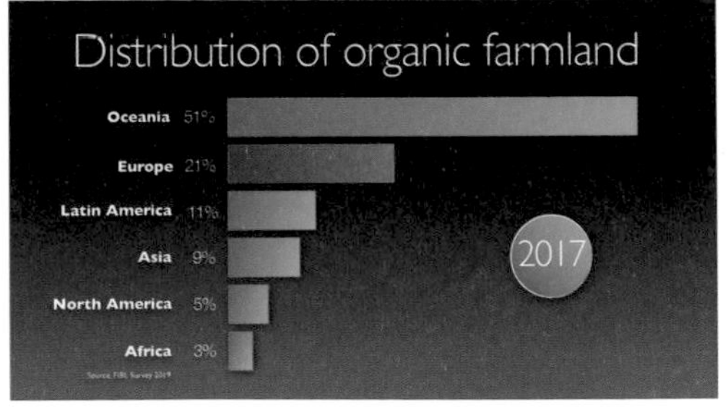

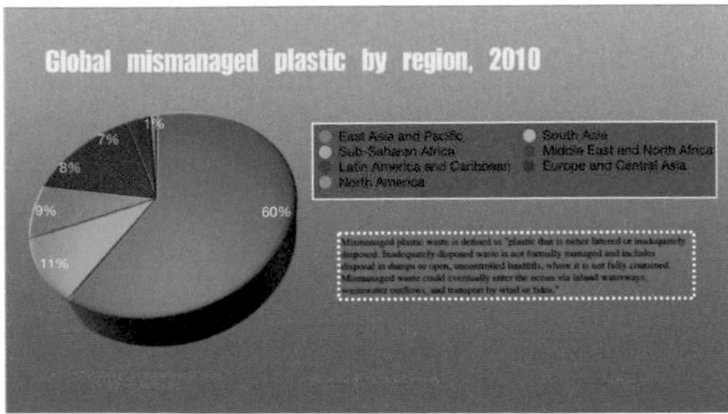

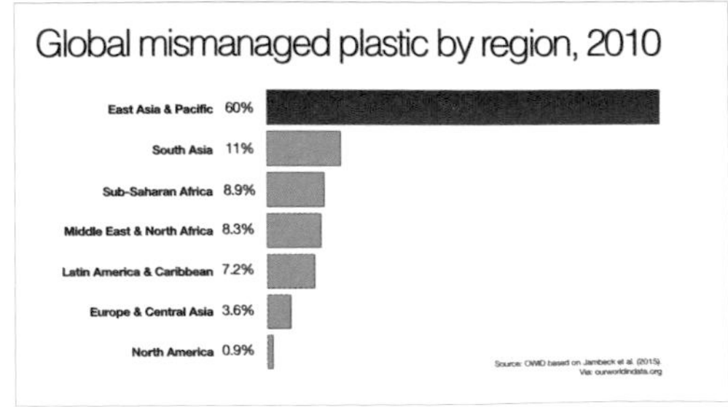

BEFORE

AFTER

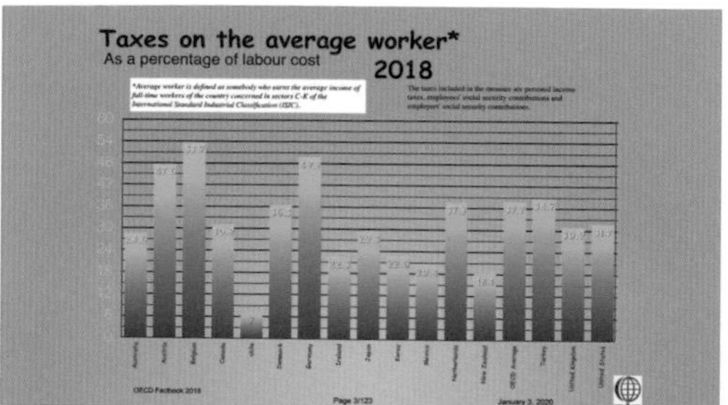

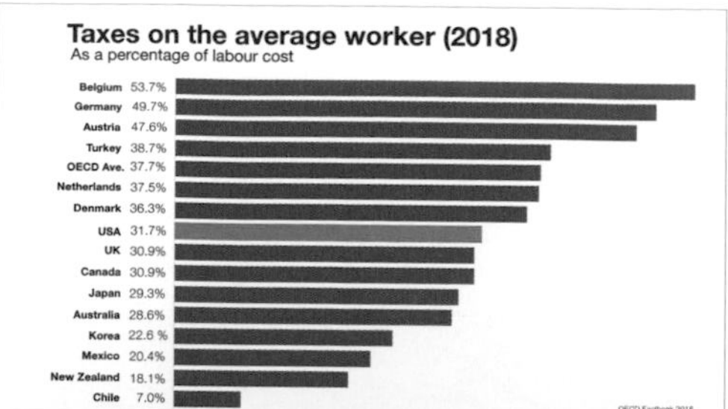

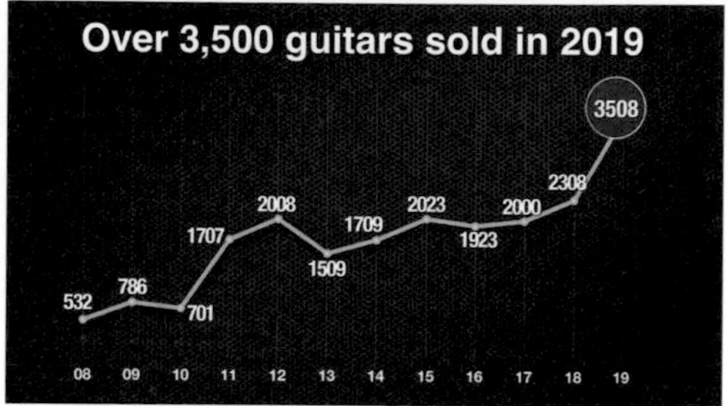

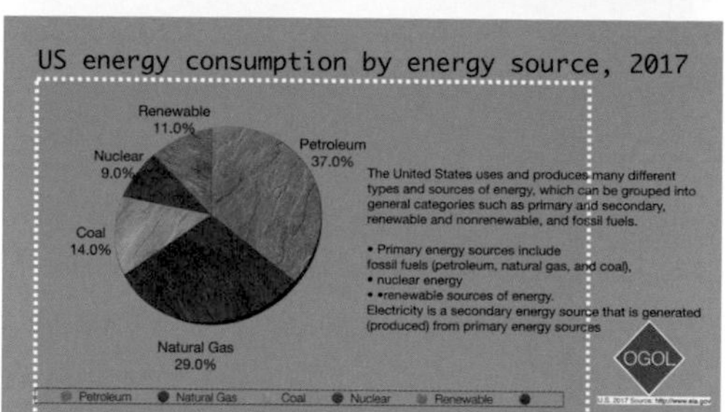

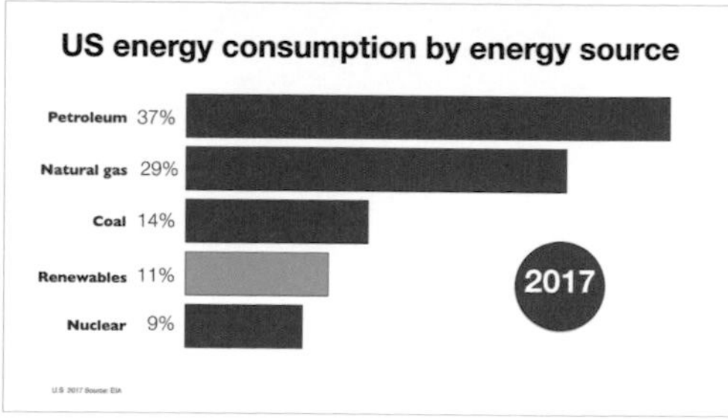

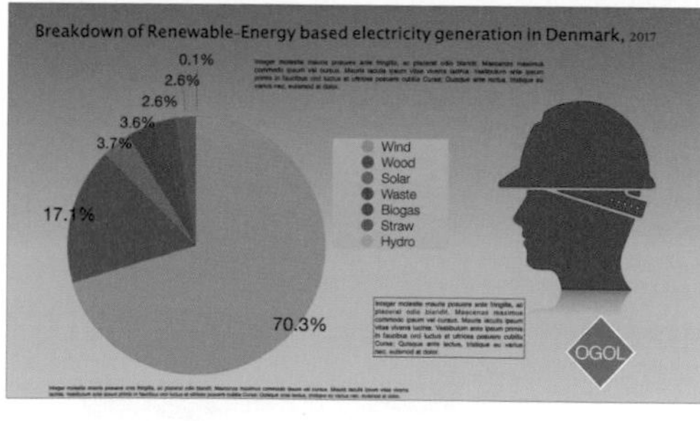

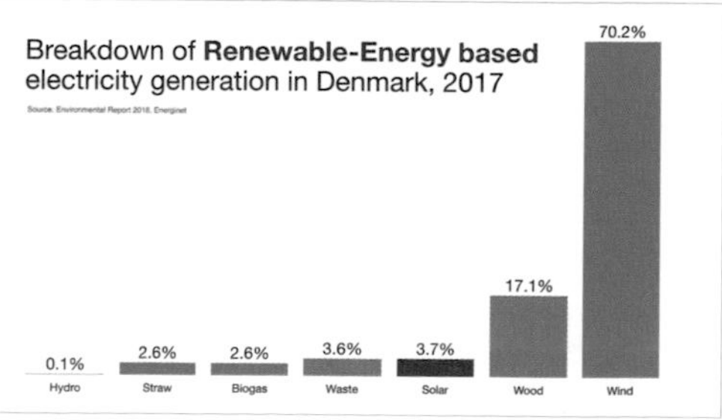

BEFORE ▼

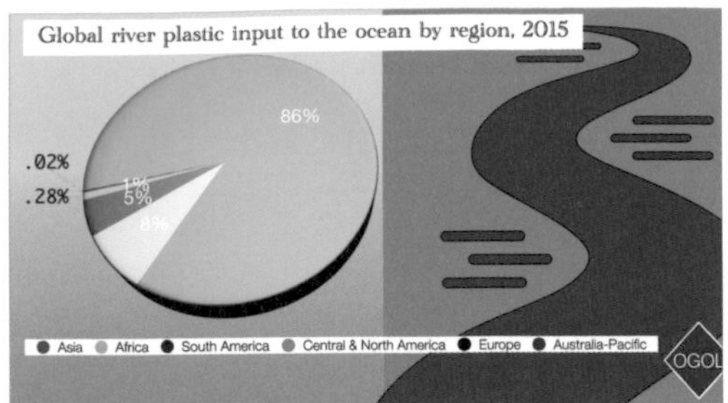

AFTER ▼

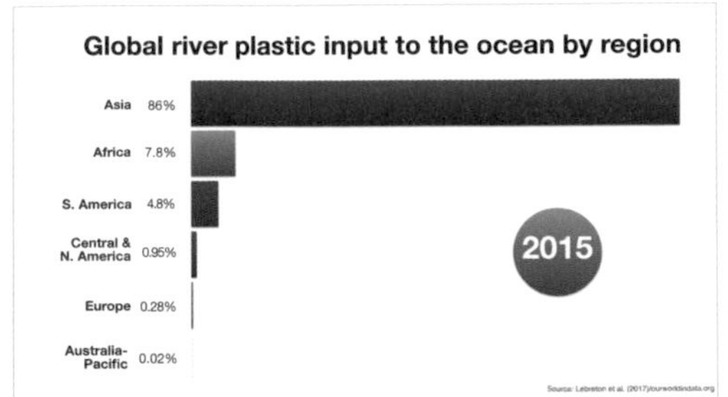

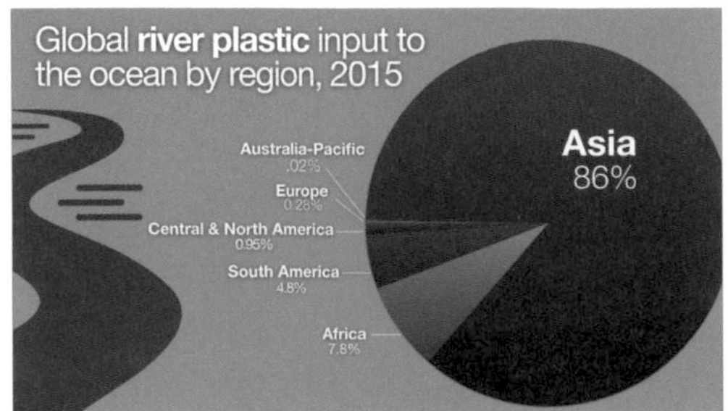

▲在上方的原始投影片中，觀眾很難透過下方的文字說明去找出 3D 圓餅圖的哪個顏色對應哪一國家。我更傾向使用長條圖（見右圖），觀眾更容易一眼看出重點。因為只有六個要素，你也可以使用平面的圓餅圖，不需要再加上文字說明，而是在圓餅圖上加上清楚可見的值，讓觀眾快速了解圖表資訊。

BEFORE ▼

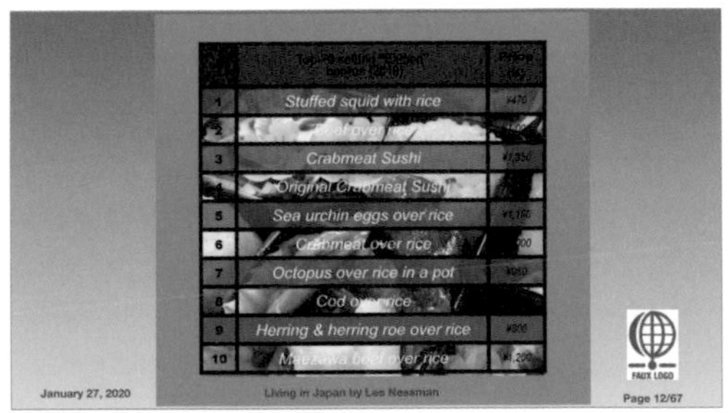

AFTER ▼

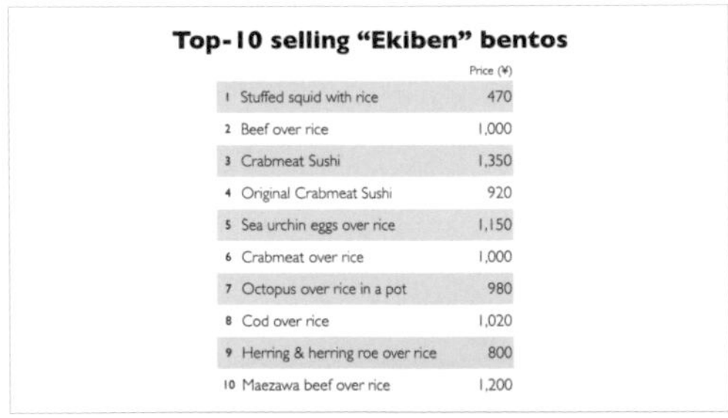

Top-10 selling "Ekiben" bentos

		Price (¥)
1	Stuffed squid with rice	470
2	Beef over rice	1,000
3	Crabmeat Sushi	1,350
4	Original Crabmeat Sushi	920
5	Sea urchin eggs over rice	1,150
6	Crabmeat over rice	1,000
7	Octopus over rice in a pot	980
8	Cod over rice	1,020
9	Herring & herring roe over rice	800
10	Maezawa beef over rice	1,200

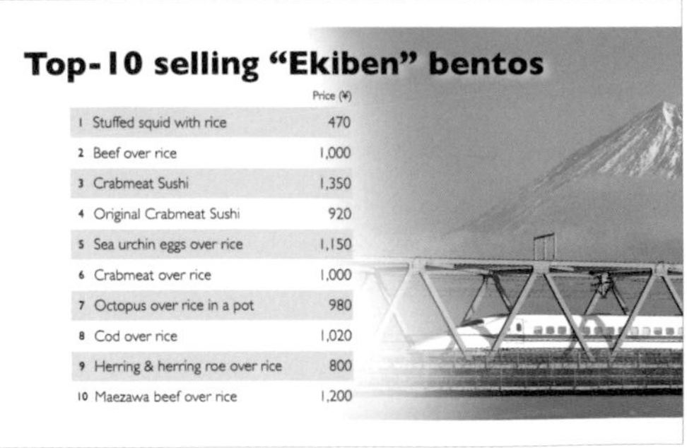

Top-10 selling "Ekiben" bentos

		Price (¥)
1	Stuffed squid with rice	470
2	Beef over rice	1,000
3	Crabmeat Sushi	1,350
4	Original Crabmeat Sushi	920
5	Sea urchin eggs over rice	1,150
6	Crabmeat over rice	1,000
7	Octopus over rice in a pot	980
8	Cod over rice	1,020
9	Herring & herring roe over rice	800
10	Maezawa beef over rice	1,200

▲通常我們將表格資料保留在紙本文件中，但如果表格足夠大，且沒有過多資料，它也能作為一種實用的視覺影像。在上方的原始設計中，投影片上出現了大多沒有必要、純裝飾性的視覺雜訊，讓表格變得難以閱讀，而且雜亂無章。右側的第一個重新設計版本，移除了線條、顏色和背景圖片，讓資料變得好讀許多。第二個版本則加入子彈列車的照片，藉此強化投影片主題（在火車站販售的便當）的背景脈絡，以視覺影像抓住觀眾視線，同時不干擾表格的易讀性。

難道所有的「不必要」都一定是雜訊嗎？

一般來說，不必要的元素都會降低設計的效度，並且增加非預期後果的可能性。不過，這是否就意味著，我們一定要堅決地移除設計中所有絕對不必要的東西呢？有人說極簡主義是最有效的做法。但是效用本身並不一定是個絕對至上的好方法，也不一定永遠都是個理想的方法。

要呈現數量資訊（圓餅圖、表格、曲線圖等等）時，我強烈建議採用具有最高訊號雜訊比的設計，不要有任何的裝飾。我在我的簡報中使用了大量的照片影像，所以，當需要呈現圖表或曲線圖時，我通常不會把其他元素放進投影片裡。舉例來說，在背景圖上放長條圖並沒有什麼不對（只要有適當的對比和特色），但是我認為資料本身（帶有高訊號雜訊比）的圖形，就可以非常有震撼力，也足夠讓人印象深刻了。

然而，若是其他的視覺影像，你可能會想要加入或保留一些元素，幫助訊息在情感層面上的傳達。這聽起來也許和「少即是多」的概念互相矛盾。不過，情感元素通常很重要，有時候甚至是非常重要。「保持清楚明確」是你的指導原則。就像世間所有事物一樣，平衡非常重要，而如何使用情感元素，端看你所面臨的特定情況、觀眾與目的才能決定。到頭來，訊號雜訊比只是製作影像訊息時眾多原則中一項需要參考的原則而已。

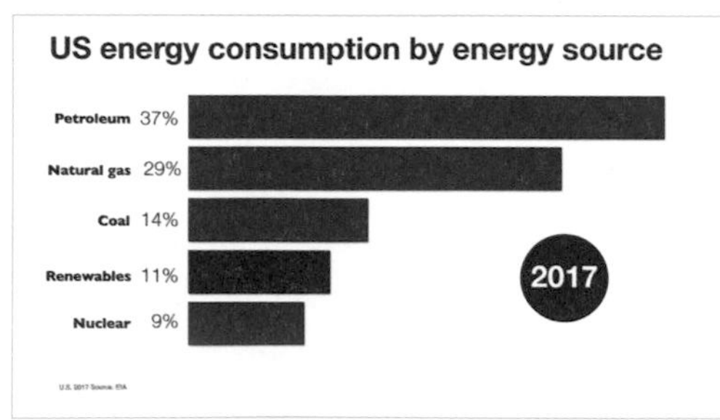

▲這個簡單、不使用任何影像的長條圖，可以讓觀眾看一眼就了解訊息。在投影片上，強調了年份（2017）與「再生能源」（Renewables）。

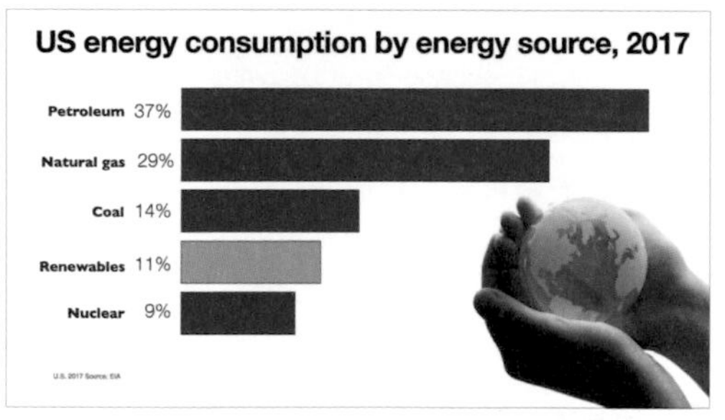

▲同樣的簡單長條圖加上一張影像。這影像讓背後的主題更完整了 —— 拯救地球，而且沒有干擾到長條圖的資訊呈現。我使用與圖像相同的淺綠色來強調「再生能源」（Renewables）部分。

BEFORE

AFTER

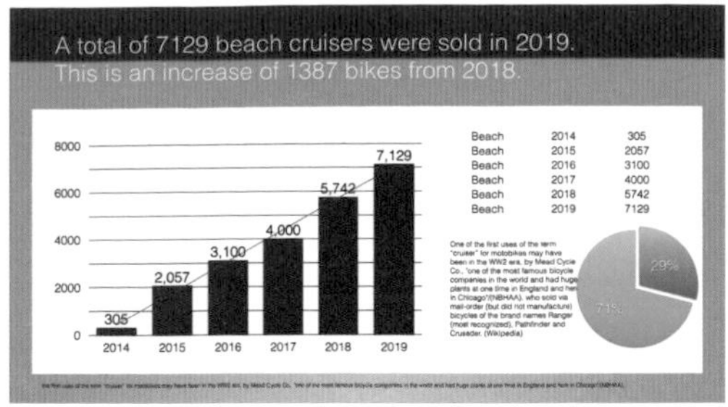

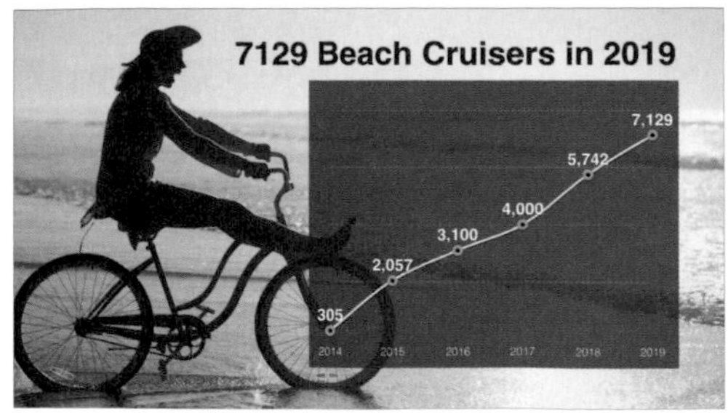

▲直到今日，上方投影片中的資料呈現方式依舊很常見，但卻充滿雜訊。右方經改善後的投影片，以兩張投影片呈現原始資訊，並搭配相關影像（實際產品及享受產品的顧客）為投影片加入情感元素。

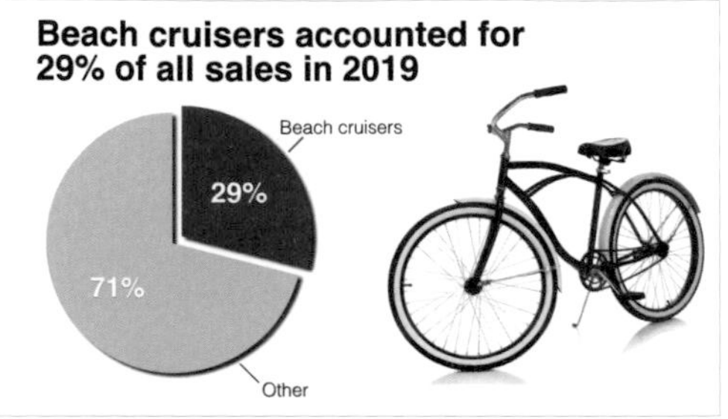

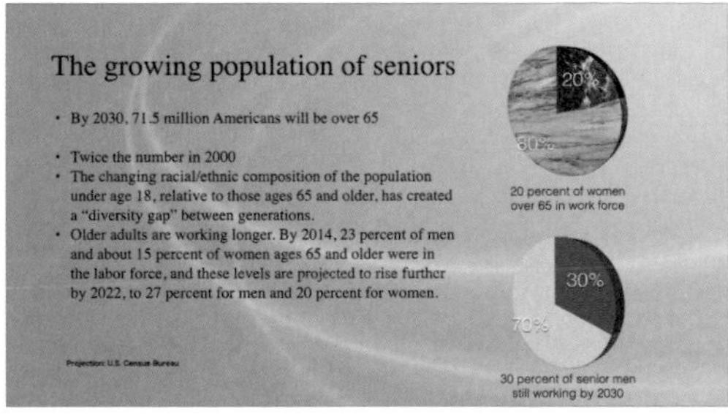

▲上面這種充斥文字的投影片同樣並不少見，但所有這些文字對觀眾來說並沒有幫助。顯示未來勞動市場中年長者佔比的圓餅圖也令人難以閱讀。因此，我移除了大部分文字，將關鍵訊息分散到兩張投影片中（見右方）。相關影像的加入增加了與主題連貫的情感元素，而統計資訊也更加清楚易懂。

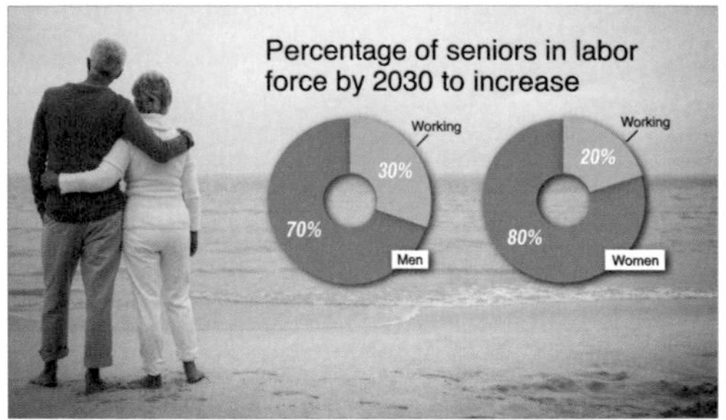

使用2D？還是不用2D？（這，是個問題）

Keynote 和 PowerPoint 中的許多設計工具都很有用，但是 3D 工具卻是我不用反而會做得更好的那一種。使用 2D 的資料來做成 3D 的圖表並不會讓事情更簡單。和許多人們期望的不同，使用 2D 的資料來做成 3D 的圖表並不能增加情感豐富度，也無法簡化資料複雜度。當你在製作圖表或曲線時，你的訴求應該是簡單、乾淨，以及 2D（使用 2D 資料時）。在《*The Zen of Creativity*》（暫譯：《創意之禪》，Ballantine Books 出版）一書中，作者約翰・戴鐸・路伊（John Daido Loori）認為禪的美學「反映出一種簡單，讓我們的注意力受到最重要事物的吸引，並且剝除其他多餘的東西。」

何者是最重要的事務，何者又為多餘？這都要由你來決定，但是擺脫掉 3D 圖形的妝點，看起來似乎是個好的開始。使用 3D 圖形來呈現 2D 資料，會增加艾德華・塔夫特所說的「雕琢資料比」。雖然有其他選項的感覺可能還不錯，但是 2D 圖形與圖表幾乎都是最好的解決方法。此外，立體的圖表在呈現上比較不精確，而且也比較難以讓人理解。觀看 3D 圖表的角度通常會讓人不容易找到資料在座標軸上的點。如果你用了 3D 圖表，千萬要避免使用全透視圖法。

BEFORE ⊛

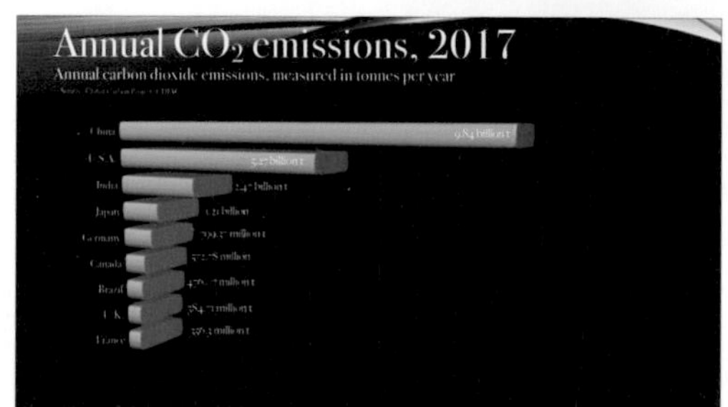

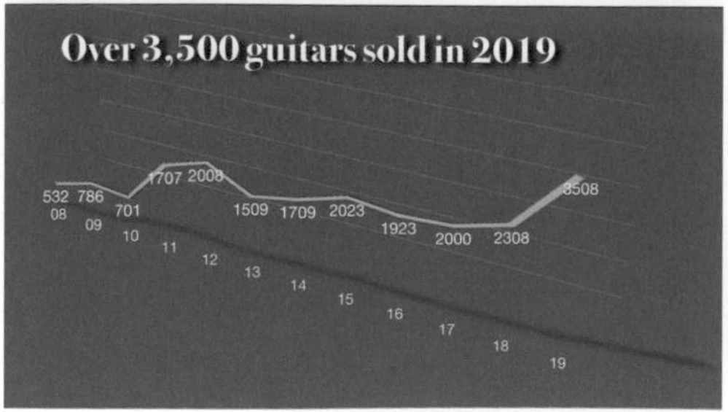

AFTER ⊛

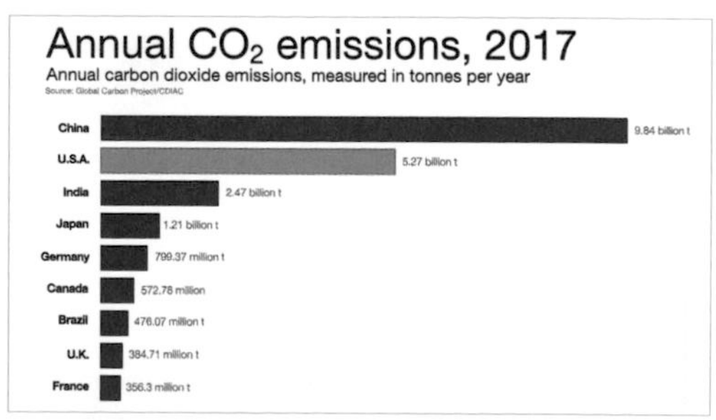

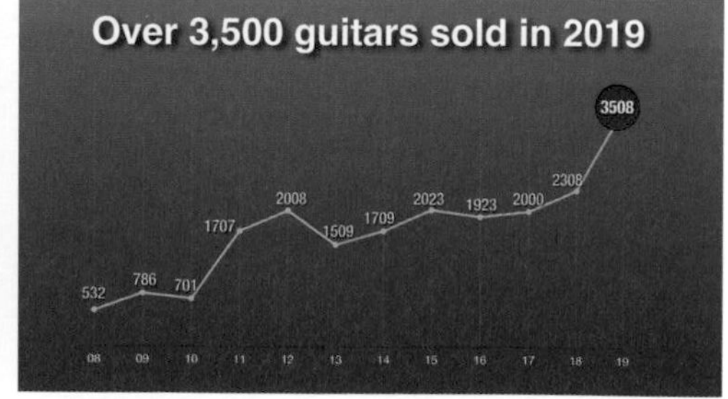

上一頁下方左側投影片就是使用 3D 效果來呈現非常簡單資訊的示範，卻讓資料變得難以閱讀。右側的投影片則是可供參考的改進方式。

誰說你的公司標誌一定要出現在每一頁？

「品牌化」是今日世界中最濫用，也最受到誤解的一個詞彙。許多人把品牌認同之中的眾多元素與品牌及品牌化給搞混了。品牌與品牌化的意義遠遠超越了盡可能讓商標被更多人看見的這個舉動。如果你是在對一個企業組織做簡報，除了第一張和最後一張投影片之外，試著把公司的商標從其他投影片中移除。如果你希望讓大家學到些東西和記得你的話，那麼，就做個好看並且誠實的簡報吧。商標不會幫你說服觀眾，也不能幫你陳述觀點，但是它所造成的擁擠感，確確實實會增加不必要的雜訊，而且讓簡報的整體視覺影像看起來像個廣告。我們在說話的時候，並不會每一句話都以重複介紹自己的名字來開頭，那你又為何非得在每一張投影片中以公司的商標來疲勞轟炸觀眾呢？當我開始為蘋果公司工作時，我們用來對客戶進行簡報的投影片樣板，只有第一張和最後一張會放上蘋果標誌，而不會出現在其他投影片中。

投影片上的可用空間就只有這麼大，所以，不要用公司標誌、商標、頁尾等等使它變得更加侷促擁擠。你可以建立一份類似下方範例的投影片樣板，只讓你的標誌顯示在第一張和最後一張投影片嗎？

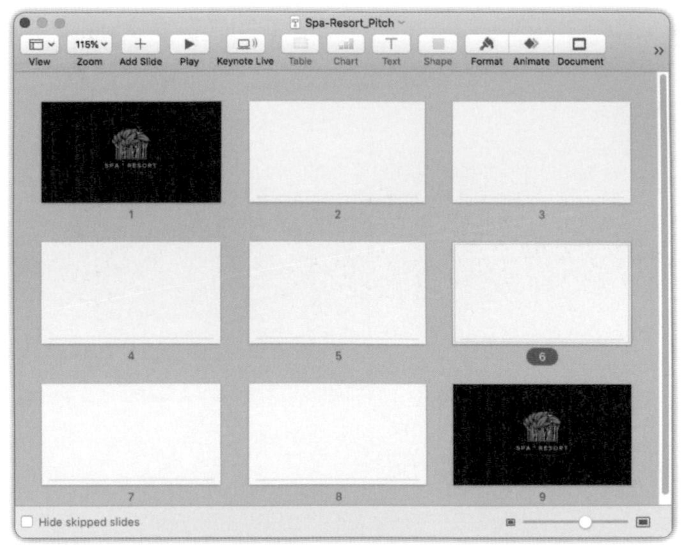

話說條列式重點

條列式重點充滿每張投影片的「傳統」簡報製作方式已經流傳太久，久到它已經成為公司企業的一種文化了。它已經成為「大家都是這樣做」的通則。舉例來說，在日本，前輩會教導年輕的新進員工，當他們要製作簡報投影片時，每張投影片的文字一定要盡量放到最少。這聽起來是個不錯的建議，不是嗎？但是，「最少」的意思是六到七行的簡述文字和數字，以及數行完整的句子。如果想要只放一個字或兩個字，或是（令人倒吸一口氣）一個字也不放，那就代表了這個人完全沒有做功課。一張張放滿文字還有許多圖形和表格的投影片，可以顯示出你是個「認真的員工」。你不用去管觀眾根本看不清投影片裡的細節（或是執委會成員其實看不太懂你的圖表是什麼）。只要它看起來很複雜，那就一定很「厲害」。

我有一整個書架放滿了英文和日文的簡報書籍。每一本都說「盡量使用最少的文字」。大部分對於「最少」的定義是使用五到八個條列式重點，最常提供給簡報者的建議就是「1-7-7規則」，這也證明了一般的慣例經常是過時的。者裡有個重點：沒有人可以用一張接著一張的條列式重點投影片做出一場精彩簡報。沒有任何人做得到。在文件中使用條列式重點可以讓讀者很快速地瀏覽內容，或者是做重點摘要，這是很好的方式。但是，在現場演講中，條列式重點往往沒有什麼功用。

每張投影片應該有幾個條列式重點？

比較好的一般性原則應該是，只有在非常少見的狀況下，並且你已經審慎思考過該如何呈現其他能夠支持你的觀點的資訊之後，才會使用條列式重點。不要讓軟體樣板中預設的條列式重點排列方式來支配你的選擇。有時候，條列式重點也許會是最好的選擇。舉例來說，如果你要為一個新產品做關鍵特色的重點摘要，或是要回顧某個過程的步驟，清楚且編號的條列式重點也許會很適合（這一切都取決於你的內容、目的與觀眾）。然而，如果連續好幾張投影片都是條列式重點的話，觀眾很快就會覺得厭煩，所以，在使用時要特別注意。我不是在建議你在做多媒體簡報時完全放棄使用條列式重點這個做法，但是在投影片中使用條列式應該是很稀少的例外才對。

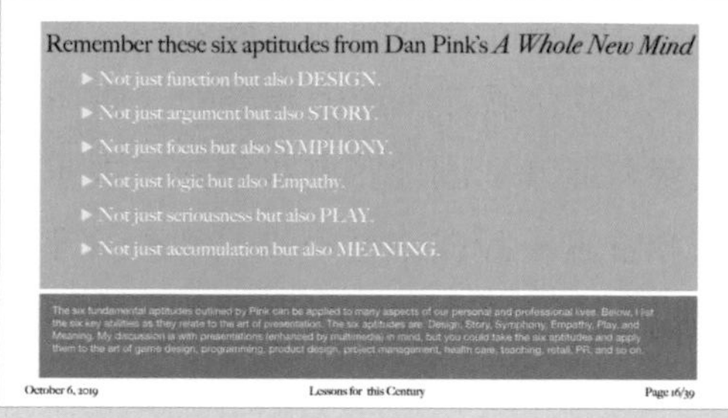

▲這張是我們的「改善前」投影片。想像一下，我們要回顧丹・品克的《A Whole New Mind》的關鍵重點。許多人大概都會製作出像上面這張充滿文字的投影片。

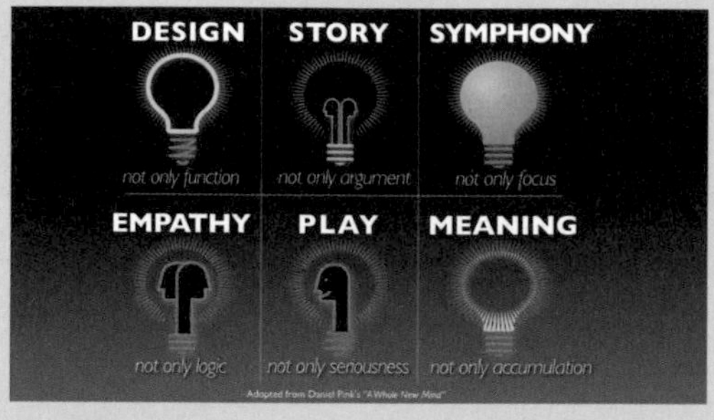

▲在這個「改善後」的範例中，我加入了符合點子與溝通主題的風格元素，並捨去了大部分文字內容。

▲我對相同內容進行再一次設計，加入更有影響力、更吸引人的圖片。

▲為同樣的內容加上剪貼簿或相冊的視覺效果，更加符合「創造力教育」的簡報主題。

照片優先效應

根據照片優先效應的原理，當人們隨意地接觸到資訊，而且接觸時間又很有限時，照片會比文字更容易讓人記住。當我們以接觸一系列的文字以及一系列的照片來測量人對資訊的記憶時，照片和文字的效果是差不多的。但是，根據《設計的法則》（*Universal Principles of Design*，Rockport Publishers 出版）一書中的研究證明，照片優先效應會在接觸時間超過 30 秒後開始發生作用。「運用照片優先效應來增進對關鍵訊息的認知與記憶。而使用照片搭配文字的話，則要確定兩者強調的是同樣的資訊，這樣才會有最佳的效果。」該書作者立威爾、荷登與巴特勒（Lidwell、Holden 和 Butler）這麼說。當照片展現的是非常常見而且具體的事物時，效果則是最強大的。

你可以在行銷溝通中看到照片優先效應的廣泛運用，像是海報、廣告牌、宣傳手冊、年度報告等等。在設計一份用來輔助口語敘述，以圖像和文字構成的投影片時，同樣也要把這個效應記在心裡。視覺影像就是一種非常有力的記憶工具，可以幫助人們學習，而且，比起看著一個人單純複誦螢幕上的文字，更能增進其記憶力。

走影像路線

圖像對於人類來說是種強大且自然的溝通方式，注意，這對人類來說是很「自然」的。我們天生的構造就是能夠了解圖像，並且使用圖像來進行溝通。我們內在的某個什麼（即使在非常年幼的時候也是），似乎渴望著能透過塗鴉、畫畫、攝影，或是其他方式，來把腦中的想法展現出來。

2005 年，愛力克斯・吉拉德（Alexis Gerard）與鮑伯・葛斯坦（Bob Goldstein）出版了《*Going Visual: Using Images to Enhance Productivity , Decision-Making and Profits*》（暫譯：《走影像路線》，Wiley 出版）一書。吉拉德與葛斯坦極力主張使用影像來說出我們的故事，或證明我們的某種觀點。這兩位作者指的並非是因為影像科技很「酷」或很「現代」，所以我們一定要使用。走影像路線是為了要改善我們的溝通與業務。舉例來說，你可以用寫的或用說的來敘述最近的

The senior fitness market targeting Baby Boomers

- Baby Boomer generation is biggest demographic in the US.
- Fastest growing market for fitness-related products.
- Number of fitness-club members over the age of 50 has seen huge growth.
- Baby Boomer market is around 75.4 million according to Pew Research.
- Baby Boomers represent a large market but also a market with incredible spending power.
- This market does not see aging as the end of life but rather the beginning of a new life. It is important not to use terms like "old" or "elderly," etc.
- They may not be "digital natives" but they do use technology, just differently than younger markets. (For example, email is still an effective way to engage with Boomers.

October 6, 2019 Marketing to seniors Page 26/37

▲條列式重點可以作為一種重點摘要，或是指出文件中的關鍵要點，但是在一場現場簡報中，使用視覺影像的方式更能夠牽動觀眾注意力。在這個例子中，講者以口語敘述在「改善前」投影片上的所有重點，而投影片被重新設計，以補足並強化口語敘述的內容。舉例來說，其他投影片則包含了一個圖表，明確顯示極大的市場規模及飛快的成長速度。當你手上有一張充滿文字的投影片，請問問你自己，能不能運用影像更加強化你的訊息。

KYOTOKU MARU NO.18 Fishing vessel

Swept over 1/2 mile inland in Kesennuma in Miyagi

·Gross Tonnage: 330 Deadweight: -
·Length Overall x Breadth Extreme: 59.54m × 8.82m
·Year Built: 1991
·Status: Decommissioned

Debate over what to do with the ship. Dismantle or make it a memorial.

Ship was dismantled two years after the tsunami.

Read more at http://www.marinetraffic.com/en/ais/details/ships/shipid:885357/mmsi:-9032367/imo:9032367/vessel:KYOTOKU_MARU_NO_18#KLkowjDQkGeSY6vK.99

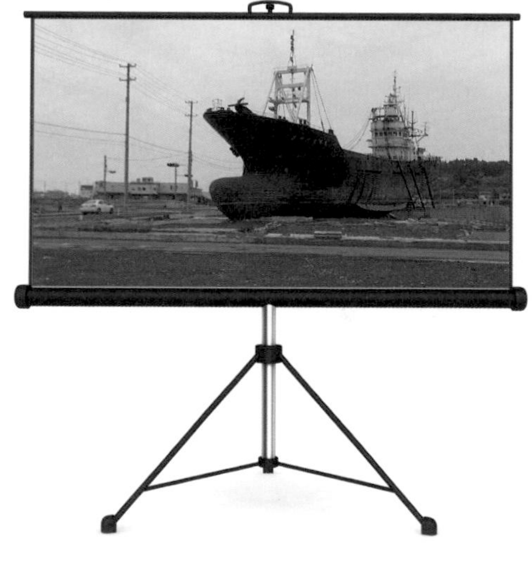

▲2011 年 3 月 11 日，日本北部遭到一場毀滅性的海嘯襲擊。在宮城縣氣仙沼市一艘名為「第 18 共德丸」的大型漁船遭海嘯巨浪沖進內陸近 2.5 公里遠。這艘漁船被留置在當地兩年，讓人們親眼目睹海嘯的駭人威力。經過幾番討論交涉後，這艘漁船終於在 2013 年正式移除。儘管一張如上圖充滿文字的投影片可以幫助講者記憶他想要敘述的內容，但對於觀眾來說不夠吸引人，也無益於描述這場自然災害的故事或是海嘯的巨大威力。投影幕中的「第 18 共德丸」圖像，其實是我在海嘯發生一年後拍攝的影片中擷取下來的。這個例子很明顯地證明了，放上一張實際事物的圖片，其所帶來的效果更勝於螢幕上一大片文字。

▲運用影像是一種比較和對比某種改變的有效方式，例如這個虛構範例的乾旱現象。關於環境或氣候變化等主題的簡報中經常善用影像，展現隨時間改變的巨大變化。艾爾・高爾（Al Gore）在他的簡報中使用了許多「過去與現在」的影像對比，也在他的電影《不願面對的真相》中用了此手法來展現多年來的地貌變化。

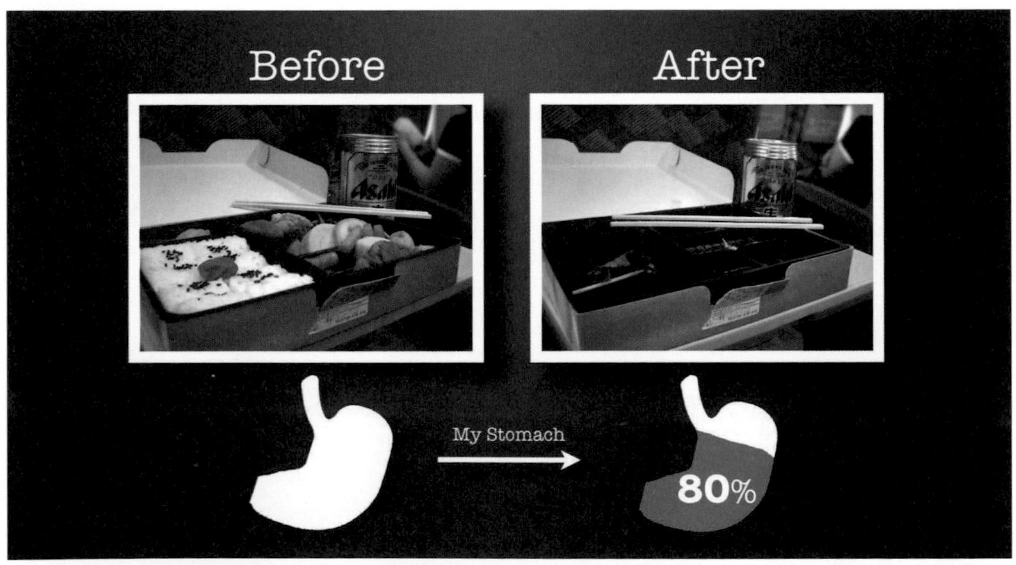

▲這是一個半開玩笑的範例，這就是我在第 1 章中所提到的那個便當。「之前與之後」或「過去與現在」的影像對比非常容易創造，也很容易讓人記住。

那場火災是什麼模樣，但是，如果你用幾張照片搭配很少的文字（或是口述的話語）來描述這個情況，是不是會更有效果呢？哪一種讓人印象更深刻？哪一種會更有衝擊性？

問你自己這個問題：哪些你以文字在投影片中呈現的資訊，可以用一張照片（或其他適當的圖片或影像）來取代呢？你還是需要文字來做標語，但是如果你使用文字在投影片上描述事情，那還不如運用影像，創造更好的效果。

影像有力量、有效果，而且很直接。影像同時也可以被當作是一種有效記憶的方法，讓訊息更容易被人記住。如果人類不能同時聽和讀，那為什麼投影片裡要放那麼多的文字而不放影像呢？從歷史角度來看，有一個原因可以解釋，因為商務人士受限於技術科技。視覺溝通與科技其實是攜手並進的。然而，時至今日，大部分人都已經有了最基本的工具（比方說，數位相機和編輯軟體），可以輕易地將高畫質的照片放入簡報投影片中。

不要再找藉口了。你只需要換個角度來看待簡報就行了。你只需要理解，現代這種使用投影片或其他多媒體的簡報，與戲劇（影像與對白）和漫畫（影像與文字）其實是非常雷同的，反而與純書寫的文件沒什麼共通點。今天的簡報與記錄片電影越來越像，反而是與懸掛式投影機所使用的投影膠片漸行漸遠了。

在接下來的幾頁中，你會看到展示不同視覺效果的幾張投影片，但每一張所要輔助表達的都是同一個訊息。簡報的內容是關於日本的性別與勞工議題。這些投影片的目的是以視覺方式來支持「在日本，70% 的兼職勞工都是女性」這個論點。這些統計數字來自於日本厚生省，而「70%」則是講者希望觀眾能記住的重點，因為這數字在整場簡報中已經出現第二次了。所以，我們把這張投影片設計得非常精妙、簡單且好記，同時也與這個非常有趣且吸引人的主題相互搭配。

◀ 這張原始投影片一看問題就很多：這裡的剪貼圖案並沒有強調出這個簡單的統計數字，而且也沒有與日本勞工市場的女性主題互相搭配。背景則是一張被過度使用到令人生厭的 PowerPoint 樣板，還有，上面的文字也很不容易閱讀。

◀ 這張投影片的文字很容易讀，而雖然這裡使用的剪貼圖案比較切合主題了，但依然沒有為這張投影片帶來強烈的視覺效果，也沒有帶來整體上的專業外觀與感受。

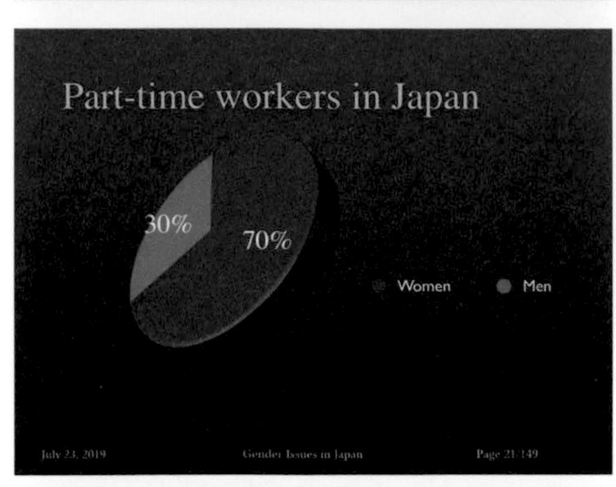

◀ 這張投影片呈現了使用傳統圓餅圖也可以呈現的相同資訊。不過，3D 效果並沒有讓整體感覺更強烈，也沒有讓資訊更容易閱讀。

◀ 這一張投影片中的兩條條列式重點很容易閱讀，而使用真實的日本女性兼職僱員的照片也是往正確方向更近了一步，不過，還可以改得更好。

▲以上這四張投影片是用不同的展現方式來呈現上一頁那幾張投影片中所要傳達的訊息。其中任一張投影片都可以用來補充講者的口述。這裡的投影片沒有寫出「日本」兩字，因為這很明顯正是這場現場簡報的主題。比起一開始那些笨重粗糙的投影片，上面這幾張投影片更具有視覺效果，而且更賞心悅目。

▼正式的簡報最後採用的投影片是下圖這一張。這整份投影片中的其他部分也全都經過重新設計，並且使用日本的照片素材，使整個簡報有了一貫的視覺主題，用以輔助講者的論點。

放大影像，填滿螢幕

講者們經常使用太小的影像，觀眾很難看清楚內容，因此弱化了圖片的影響力。我們用於現場演講的投影片更像是路邊的廣告牌或告示，因為第一，它們必須吸引觀者的注意力；其次，內容具備高度的視覺效果，且人們可以快速理解其中含意；第三，投影片上的視覺資訊應該幫助人們對我們想要傳達的訊息留下印象。因此，我建議你考慮設計具有戲劇性效果的投影片，包含大而清晰的元素，例如大的字體。製作戲劇性投影片的一種方式是讓影像填滿螢幕。如同電影螢幕，你的簡報螢幕也是望向另一個空間的窗戶。如果將元素放得太小，一直放在既定框架之內，那麼你的窗戶會看起來更小、更沒有說服力。

另一個有效的技法是使用滿版出血的視覺元素。我們的大腦會自然地補足影像，想像出那些部分超出框架的形狀。舉例來說，如果你有一張地球的影像，只有一部分出現在螢幕上，而影像的大部分都超出了投影片螢幕，你的觀眾能夠下意識地補足影像中缺少的部分。這能讓影像變得更引人入勝，吸引觀眾的注意力。

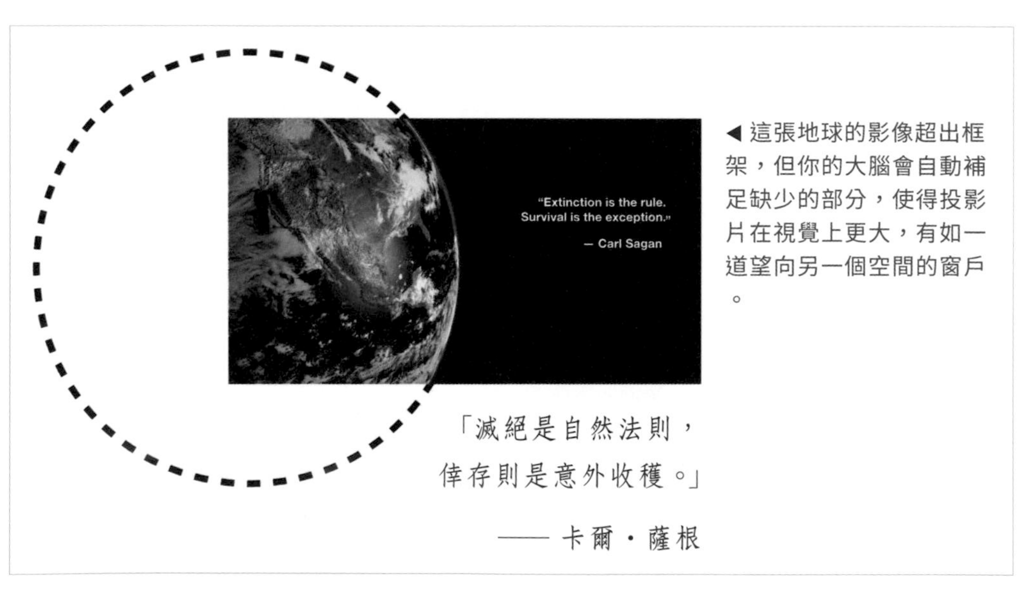

◀ 這張地球的影像超出框架，但你的大腦會自動補足缺少的部分，使得投影片在視覺上更大，有如一道望向另一個空間的窗戶。

「滅絕是自然法則，
倖存則是意外收穫。」
—— 卡爾・薩根

(本頁的投影片影像取自 iStockphoto.com)

BEFORE

▲雖然這張投影片中圖片可以引導你的視線，但你的雙眼會停滯在影像和投影片背景的交界。

AFTER

▲在這個以同個影像填滿螢幕的例子中，讓人像是透過窗戶看向另一個空間。當影像填滿螢幕時，這條石頭小徑像是持續延伸到投影片框架之外，而不是一張被放在投影片背景之上的影像。

▲在這個例子中，我們感受不到建築物的宏偉與大氣，因為講者使用了過小的照片來展示這個令人屏息的偉大建築，浪費了投影片上的大量空間。

▲現在，我們不只可以欣賞影像中的細節，還能感受到這個建築的宏偉規模（與其相比，影像中的人們顯得極小）。像這樣滿版出血的影像，可以讓螢幕顯得比實際更大。

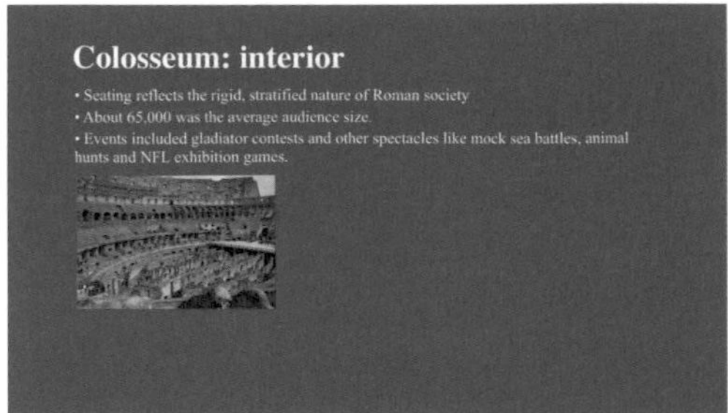

▲這類加入小圖片和幾行文字的投影片，在學術簡報中絕不鮮見。即便如此，這種投影片對於你的聽眾來說一點也不有趣，而且這麼迷你的影像也無法彰顯出古羅馬競技場的宏偉壯麗。

▲既然原始影像大得足以填滿螢幕，那麼為何不讓它滿版出血，讓觀眾更容易看見建築規模與細節呢？而之前出現在投影片上的文字則改由講者說明，而不是讓觀眾自行閱讀。

字體：Serif、Sans Serif 和 Slab Serif

區分不同字體的基本方法之一是字母和其他文字中是否存在襯線（serif）。襯線是字形筆畫的起始段與末端的裝飾細節部分。Sans 的意思是「沒有」，所以無襯字體（sans serif）就是沒有襯線的字體。無襯字體通常是廣告牌和我們經常看到的告示看板的首選字體。同樣地，在大多情況下，無襯字體最適合用於投影片。不過，粗襯線體（slab serif），例如字體更粗、塊狀的 Rockwell，也是適合出現在投影片上的優秀字體；如果把 Garamond 和類似的襯線字體放大，也能在投影片上變得清晰可見。這裡的重點是，你應該使用足夠大的字體，以便人們立即理解、掌握與解讀。

當你將投影片中的字體放大時，字母之間的間距會顯得太大，這時可以使用投影片軟體的功能來縮小文字間距，使字體更緊湊一些。在放大的字型中，行與行之間的間距容易看起來太大，你同樣可以使用投影片軟體的格式設定進行調整。以下是一些襯線字體、無襯字體和粗襯線體的例子。

SERIF

This is an example of a serif typeface.

This is an example of a serif typeface.

▲最上方的投影片使用了 Garamond Regular 字體。中間的投影片是粗體版本，文字與行距變得更加緊密。下方投影片將該字體套用於簡報內容中。

SANS SERIF

This is an example of a sans serif typeface.

This is an example of a sans serif typeface.

▲此處使用了 Helvetica Neue 字體。最上方投影片使用了一般格式，中間投影片使用了相同大小但套用粗體的字體，且文字與行距變得更加緊密。

SLAB SERIF

This is an example of a slab serif typeface.

This is an example of a slab serif typeface.

▲在最上方投影片中使用了 Rockwell 這個粗襯線體的一般格式；中間投影片的版本則套用粗體，且文字與行距變得更加緊密。

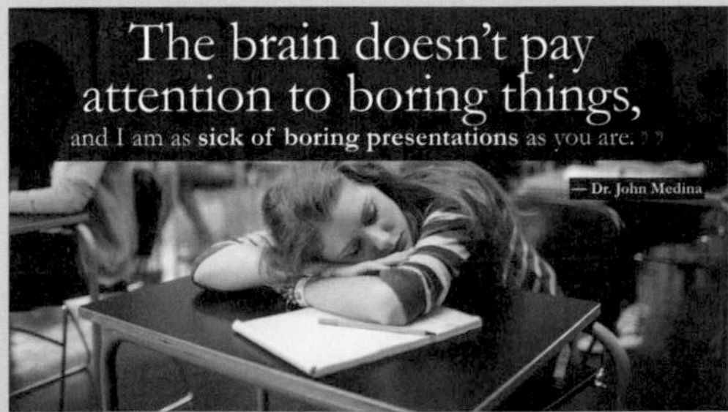

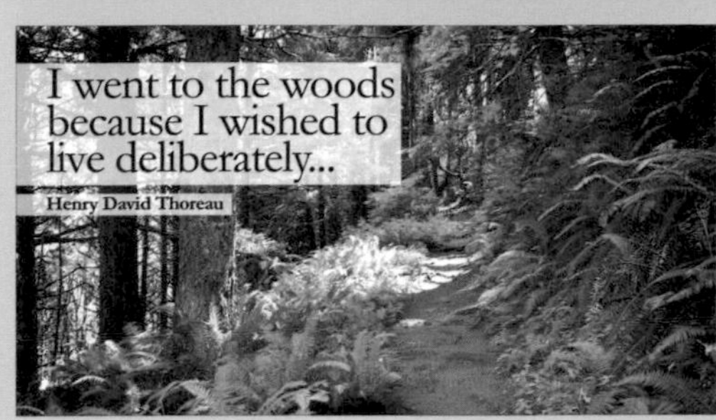

▲上面這四張投影片使用了襯線字體。如你所見，只要字體足夠大，調整到適宜的文字間距與行距，使用襯線字體沒有什麼不對。就我個人來說（這只是我的個人審美品味）我更偏好右邊的投影片，因為這些字體更顯眼，更能從影像中跳脫出來，而且讓人感覺與每一張投影片的訊息更協調。

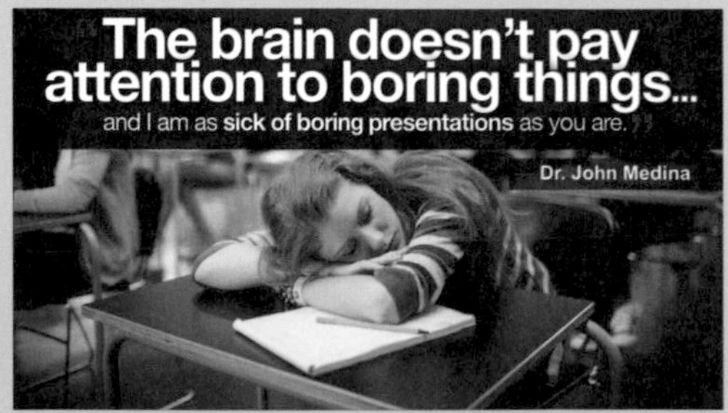

▲最上方兩張投影片使用了名為 Helvetica 的無襯字體。隨處可見、乾淨清晰、用途多樣，這個字體不具備強烈風格，使其能與背景圖像和諧共存。下面兩張投影片則使用了名為 American Typewriter 的粗襯線體。我認為具有復古氣息，如同打字機打出的字體更符合下方這兩張投影片的主題。

▲本頁中沒有一張投影片（以及整本書中）可以如同一份文件般單獨存在。在上面這個投影片中，一碗米飯首先吸引了你的注意力，因為這是畫面中最大且最直觀的東西，但你很快就能理解以文字傳達的關鍵訊息。

▲因為這些飯碗超出了邊界，使得畫面顯得更大，且這些圖像帶領觀眾體會投影片的設計。這些飯碗強化了關鍵訊息，且圖片的構圖為大而可見的字體留下了充足空間。

▲在這個例子中，影像被放在投影片右方三分之一處，並以相框照片的風格呈現。畫面中的文字自然地填入左方三分之二的畫面，並且適當地留白。整份投影片的文字和背景顏色則直接取自這張鮭魚定食照片的色彩。這為整份簡報添加了富有巧思的和諧風格。

▲這張投影片及整份簡報延續同樣的色彩主題，這只是作為範例的其中兩張投影片。這裡，鮭魚以壽司的形式出現。各位有發現筷子超出了畫面嗎？這個設計不見得會讓觀眾馬上發現，但可以讓影像延伸到畫面之外，讓整個投影片設計變得更具動態感，也更加引人入勝。

▲這是一個簡單乾淨的排版，在白色背景中使用黑色的 Helvetica 字體。投影片中的影像強化了訊息，也是一個類比工具的範例。為了拍出我的筆記本，我將它放在一張大白紙上，並靠近窗戶來獲得良好的光源。

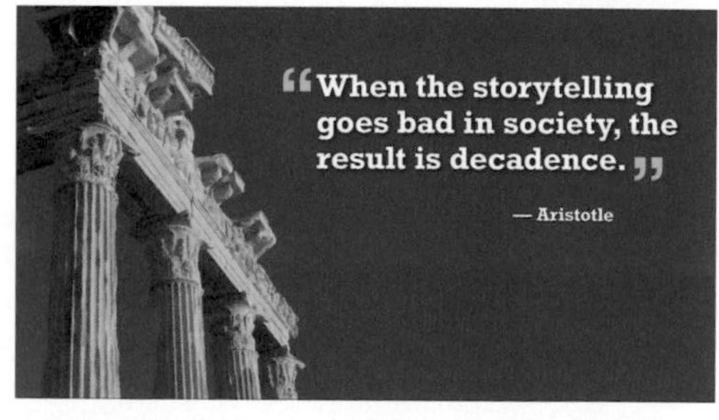

▲你的眼睛可能會先注意到這些古羅馬柱子，接著快速轉移到文字上。這個字體風格簡潔且足夠大，畫面中有許多留白之處。引號採用影像中柱子的顏色，將文字與影像連結起來。

引用這句話

雖然長長的條列式重點在作為視覺輔助上沒有太大的功用，不過，在你的簡報投影片中加入引用句，卻是個非常好用的手法。根據不同的簡報性質，我通常會從各個不同的領域中引用幾句話來支持我的觀點。這其中的技巧是，不要太常使用它們，而且要確定這些引用句既簡潔又有力。

幾年前當我在矽谷工作時，曾經聽過湯姆‧畢德斯（Tom Peters[1]）的現場簡報，我很高興看到他引用了好些不同領域的專家、作家、業界領袖所說的話。在簡報的視覺影像中引用他人的話，對湯姆來說是很重要的事。事實上，我說的正是在他網站上的「絕佳的簡報 56」系列文章中，編號 18 的那一篇（tompeters.com/2005/05/presentation-excellence-2/）。

為了解釋為什麼他會使用這麼多的引用句，湯姆是這麼說的：

> 當我用「偉大的人物」所説的話來支持我的結論時，可信度會增加很多。我説了一些還蠻極端的話。我説：「就極端一點吧！」這是一回事。不過當我把傑克‧威爾許（Jack Welch[2]）的話加進去，他可是經營一家市值一千五百億美元的公司呢（而我沒有），他説：「你不能總是表現得很冷靜合理；你得把自己推到接近瘋子的邊緣去才行。」剎那之間，我的激進理論就得到一位「實際經營者」的「背書」了。此外我也發現大家要的不只是聽你説話，他們還想看見一個「簡單」的提示，知道我在説什麼。

引用別人的話確實可以增加你故事中的可信度。安插一句簡單的引用句到你的簡報旁白來支持你的觀點，或是將它當成一個跳板，藉此進入你的下一個主題。記住，在大部分情況下，引用句一定要短，因為如果講者得從螢幕上複誦一整段冗長的文句，那會讓人感到厭煩。

---

1 湯姆・畢德斯（Tom Peters）為世界知名管理學大師，亦有人尊稱其為「商界教皇」。著有《重新想像！》、《成功黏住好人才！》等多本著作。

2 傑克・威爾許（Jack Welch）是奇異公司第八任執行長，一手打造了「奇異傳奇」，讓奇異的身價暴漲四千億美元，躋身全球最有價值的企業之列，成為全球企業追求卓越的楷模，而威爾許本人也贏得「世紀經理人」、「過去七十五年來最偉大的創新者，美國企業的標竿人物」等美譽。

將文字放在圖片中

我幾乎總是直接從我所讀到的文章或個人訪談中找出引用句。這麼說好了，我的書裡貼滿了便利貼，而且頁面上也會密密麻麻寫滿我的心得以及用螢光筆注意的痕跡。我會在自己覺得很棒的段落上打一顆星星，然後寫在便條上給自己作為日後參考之用。看起來會有點亂，不過當我要做簡報的時候，這對我來說非常好用。

當我要引用別人的話時，都會挑一張能激起他人情感的圖片來搭配，這樣可以製造出更多的視覺樂趣，也可加強投影片的效果。不過，與其使用一張小小的照片或是其他元素，你還不如考慮把文字放置在一張大照片上。要這麼做的話，你至少得使用一張與投影片一樣大小的照片來當作背景。找一張與你所使用的引用句相呼應的圖片。這個影像應該要有許多留白的地方，這樣你的文字才能夠很從容地放置進去，並且呈現漂亮的對比。

在這一頁，你可以看到兩張投影片上各引用了一句話，這是一般常見的編排方式。而在下一頁，你可以看到同一句話被放置在投影片的影像之中，而不是只單純地排列在小圖旁。請感受這兩種編排方式在引用句與影像的視覺效果上的差異。

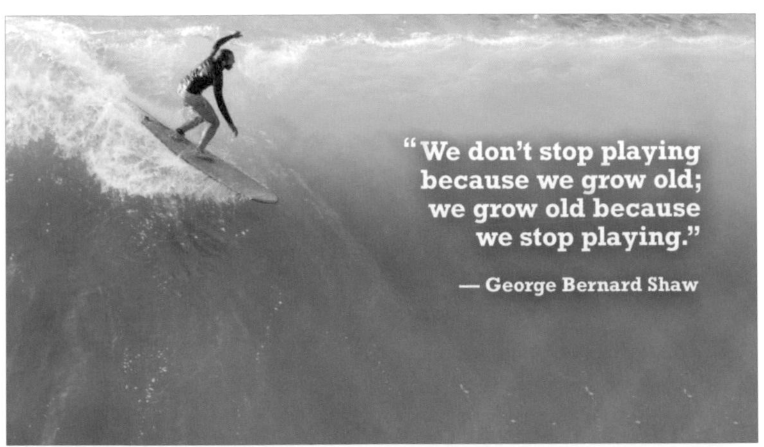
"We don't stop playing
because we grow old;
we grow old because
we stop playing."
— George Bernard Shaw

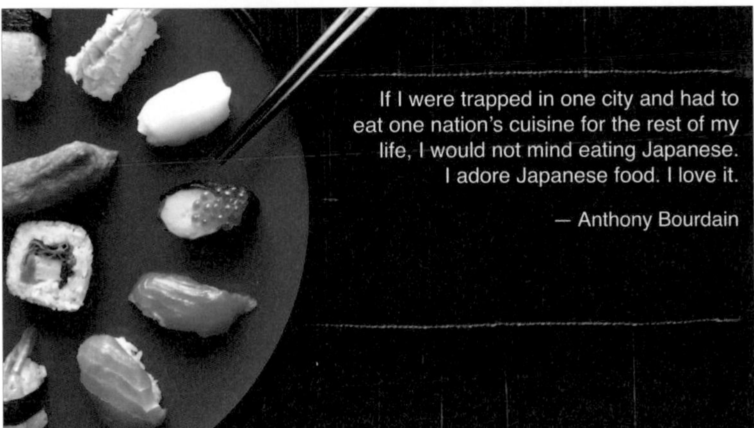
If I were trapped in one city and had to
eat one nation's cuisine for the rest of my
life, I would not mind eating Japanese.
I adore Japanese food. I love it.
— Anthony Bourdain

▶ 白色的背景放置在文字後方，就像一張白紙一樣。這有助於讓文字更明顯、更突出，也讓它更容易閱讀，而且也更有類比的感覺。

▶ 在這裡，貼上說出這句引用句的人的照片，可以讓文字更有生氣。請注意這張照片中，覺三（Kakuzo）先生的視線還朝著投影片裡所引用的話看呢。

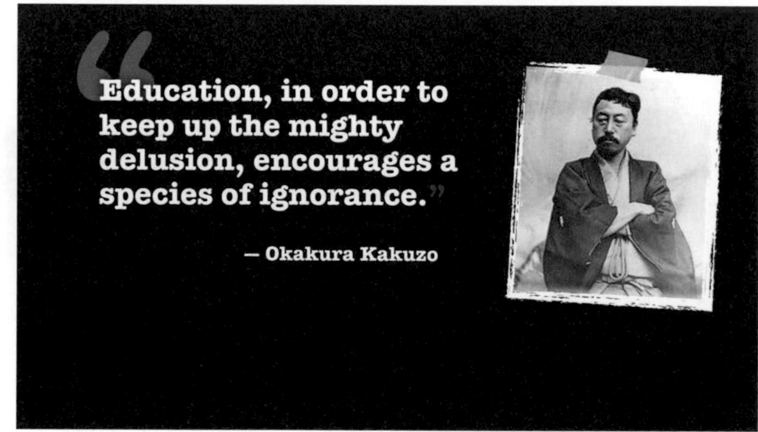

◀ 白色的背景放置在文字後方，就像一張白紙一樣。這有助於讓文字更明顯、更突出，也讓它更容易閱讀，而且也更有類比的感覺。

"...you can only connect them looking backwards. So you have to trust that the dots will somehow connect in your future. You have to trust in something — your gut, destiny, life, karma, whatever...it has made all the difference in my life."

—Steve Jobs

◀ 這裡的引用句橫跨了兩張投影片來呈現。第二頁的句子有點長，但關鍵句用了紅色來標示。在引用這麼長的句子時，不要使用太多陪襯的影像會比較好。但是，如果你只在偶爾的狀況中用到這些句子，而且並不會用太快的速度帶過的話，那麼引用長句子對於鋪陳內容的前後脈絡是很有幫助的。注意，這裡所使用的字體要夠大，足以讓會場最後一排的人都能清楚看到。絕大多數人不會去閱讀螢幕上的字，他們可能只會聽你用說的，不過，字體太小的話還是會讓觀眾抓狂的。

製作雙語的影像

在投影片上將兩種語言混合會是很有效果的。唯一要注意的是，這兩種語言要以不同的字型來呈現；其中一種語言為主，另一種語言為輔。當我以日語做簡報時，投影片上的日文字體就會比英文字體大（但呈現的方式還是會很協調。）而當我以英語簡報時，英文字體就會比較大。如果兩種語言的文字都使用一樣大小的字體，在視覺上會製造出一種不協調感，就好像兩種文字在互別苗頭，看誰會得到更多的注意一樣。在大眾運輸工具的方向指示牌和廣告裡，很常會運用這種將一種文字明確放在主導位置的技巧。一般的原則是要盡量讓文字減到最少；當我們在製作雙語投影片時，更要格外注意字數的限制。下一頁中的投影片是我從自己的簡報中挑出來的範例。

▲在大眾運輸工具的方向指示牌和廣告裡，很常會運用這種將一種文字明確放在主導位置的技巧。

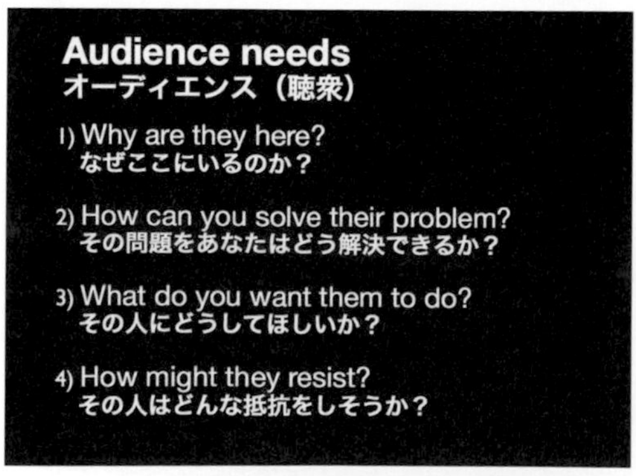

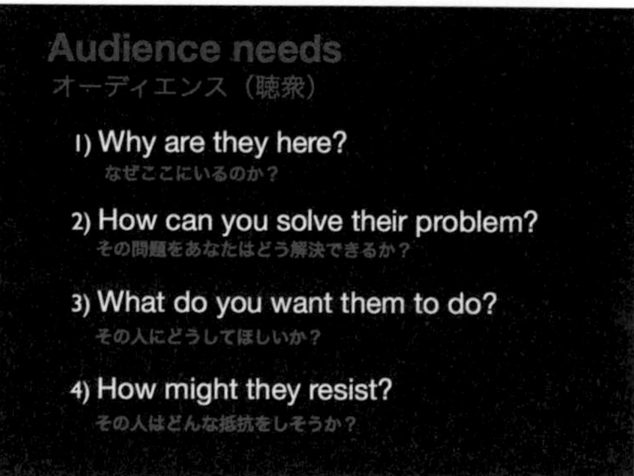

▲在左邊投影片的第一個例子裡，所有的文字都是一樣的大小和顏色。而在第二個例子裡，日文字比較小。哪個比較容易讓人一目瞭然？

蛾が炎に引き寄せられるように
ストーリーは聞くものを引きつける
Attracted to story like moths to a fire

"Most ideas you can do pretty darn well with a stick in the sand."
ほとんどのアイデアは砂浜と棒さえあれば
表現することができる.
—Alan Kay

Over 1740 homeless people in Tokyo
東京には1740人以上のホームレスがいる

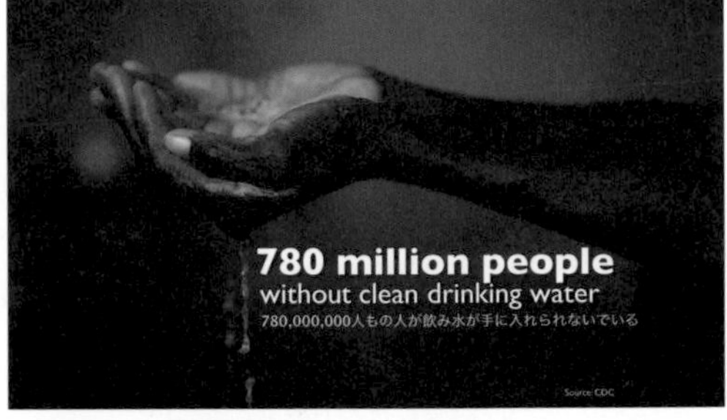
780 million people
without clean drinking water
780,000,000人もの人が飲み水が手に入れられないでいる

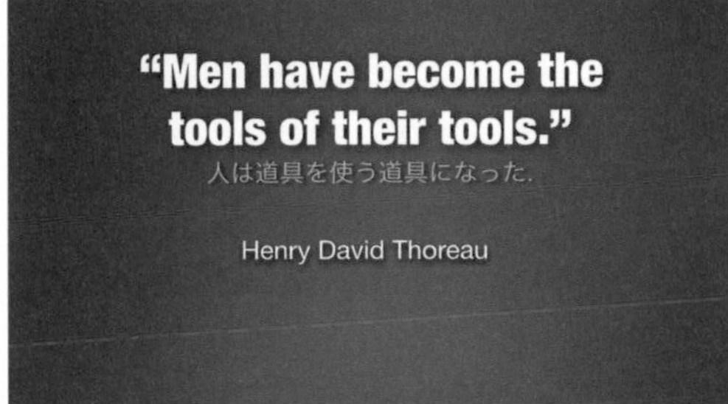
"Men have become the tools of their tools."
人は道具を使う道具になった.
Henry David Thoreau

Make it Big!
とにかく大きく!

「留白，在觀念上很容易被錯誤地認知為單純的空無，但實際上它卻蓄積了無限的可能性。」

—— 鈴木大拙（Daisetz T. Suzuk）

留白

留白（也被稱作負面空間或白空間）是個極致簡單的概念，卻也是一般人最難應用的一種。當大家在設計文件或投影片時，就是會有種衝動，想要用越多越好的元素將頁面填滿。一般商務人士在簡報投影片（還有文件）中所犯的最大錯誤是，太過份地使用頁面上的每一寸空間，填滿了文字、方框、剪貼圖片、圖表、頁尾，還有無處不在的公司標誌。

留白意味著優雅與清晰。這對圖像設計來說絕對是真理，不過，你也可以在其他方面，好比說，室內設計的規劃中，看見空間的重要性（視覺上與物理上皆是）。高級的名牌店總是會盡可能地設計出最開闊的公共空間。空間可以傳達出一種高品質、細緻的感覺，並讓人覺得這個空間裡的東西都很重要。

留白是有目的性的。但是設計新手可能只會看到那些正面素材，像是文字或圖像，而對空白的空間全然「視而不見」，更不會利用它來增加設計的吸引力。正是留白的這些空間給了設計氧氣，讓那些正面元素得以呼吸。如果在投影片設計中的留白真的是種空間上的「浪費」，那麼你當然會想將這種浪費終結。然而，設計中的留白並非無用之物，反而是相當有用的東西，留白能夠讓你投影片中的那些元素發揮它們本身的力量。

在禪的藝術中，你也可以看到對留白的認同。舉例來說，一張畫中除了二至三種物品元素之外，可能大部分地方全是空白的。但是將這些元素置放在空白之中，卻形成了一種強而有力的訊息。同樣的方法也可以應用在房間的設計上。許多日本人家裡都有和室，也就是傳統的榻榻米房間，這種和室非常簡約，而且其中大部分的空間都是空的。留白的空間讓我們更能夠去欣賞單一的物件，像是一朵花，或牆上的一張掛飾。空白本身就是一種非常有力量的設計元素。在這樣的狀況下，我們東西加得越多，所設計出來的圖像、投影片、文件或生活空間，就會感覺越單薄、越無法發揮效果。

善用留白空間

本頁最上方的那張藍色投影片是很典型的一張，裡面排列了許多條列式重點，以及一張與主題相關的照片。與其好好地利用留白的空間，這張藍色投影片反而將照片四周的空間包圍得密不透風。為了不將所有東西塞進一張投影片裡，我按照順序用了六張投影片來介紹「腹八分」（Hara hachi bu）這個概念。既然不需要把講者要說的每一句話都放上投影片，所以藍色投影片中大部分的文字都被移除了。這六張投影片的背景底色都是白色，其中使用了大量的留白空間，幫助引導觀眾的目光。當一張新的投影片呈現在眼前時，你的視線很自然地就會先看到圖像（因為它比較大，顏色較鮮豔），接著很快就會轉移到文字上。

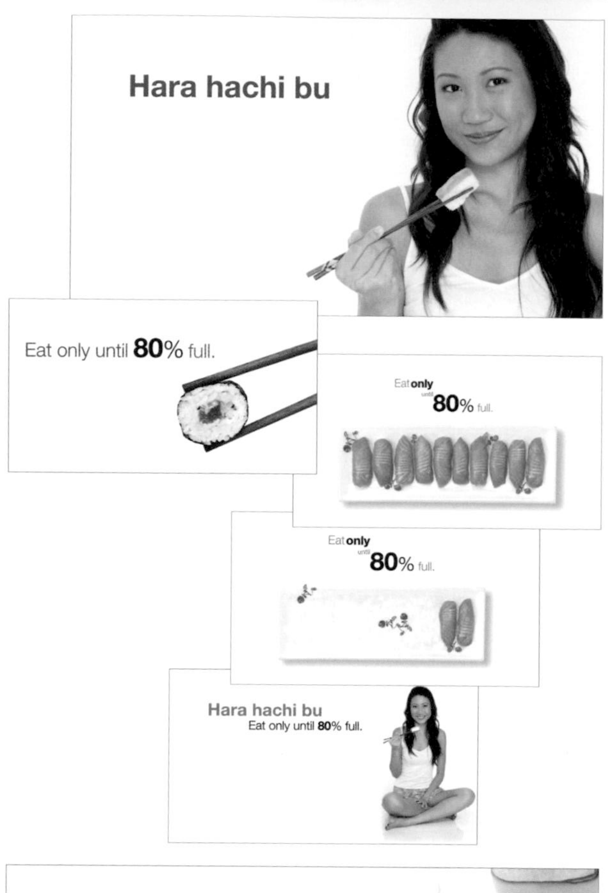

人臉能吸引觀眾的注意與視線

我們非常會辨識人的臉孔。辨識人臉的能力甚至好到可以在其實根本看不到臉孔的畫面中自行拼湊出來。事實上，卡爾・薩根（Carl Sagan）說：「由於我們大腦中的圖形辨識機制在辨識人臉這方面的能力是如此地強大，導致了一個大家不太會注意到的副作用，那就是在其實不存在臉孔的地方，我們也會認為自己看到了臉孔的形貌。」這就解釋了為什麼有的人會在起司三明治上看到泰瑞莎修女的臉，或是在火星表面看到人臉。臉孔（以及很接近臉孔的圖形）會吸引我們的注意。影像設計師和行銷人員非常清楚這一點，這也就是為什麼你會那麼常在各種行銷手法上看到各類的人臉。

照片取自美國太空總署（NASA）

我們很自然就會把視線轉移到其他人正在看的東西或方向上。我注意到，就連我那當時還是嬰兒的女兒，也會看我正在看的方向；這種本性從人類很小的時候就開始顯現了。
使用人臉的圖像（甚至非人類的臉孔）能夠有效地引起觀者的注意。這在像是海報、雜誌和廣告告示牌這一類的平台上更是特別有效，但這個概念也同樣可以應用在多媒體及大型螢幕的視覺呈現上。正因為臉孔吸引注意力的效果是這麼的好，所以在使用的時候更要加倍謹慎。其中一個很重要的考量是眼神注視的方向，以及如何引導觀者的視線。舉例來說，下面兩張圖片來自詹姆斯・布利斯（James Breeze）在 *usableworld.com.au* 上所做的研究，他利用視線追蹤軟體來判斷，螢幕上嬰兒的視線方向是否對觀看者造成任何影響。結果完全不出意料，右邊這張圖片中的文字吸引到更多人的注意，因為嬰兒注視的是文字的方向。

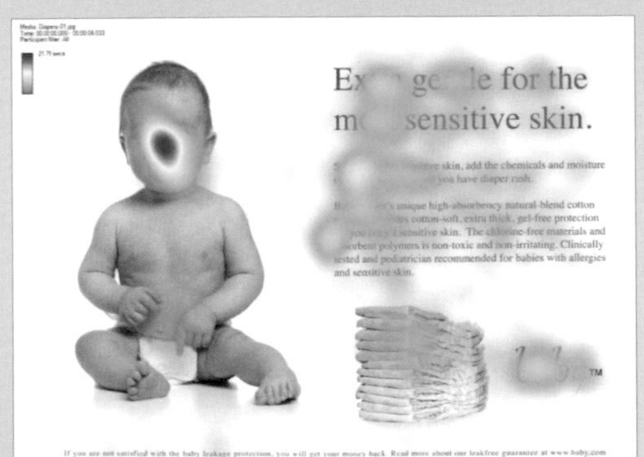

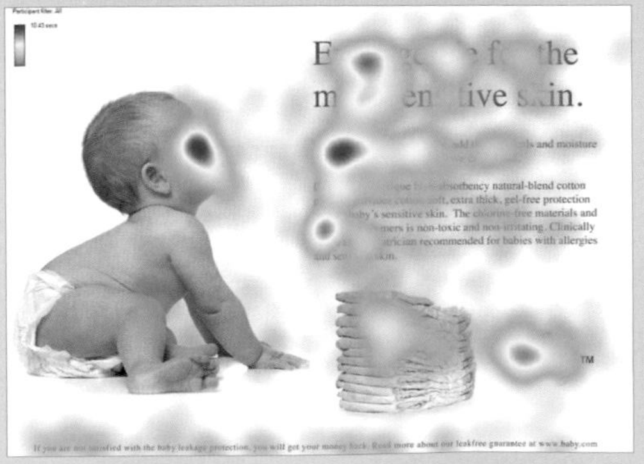

▲在詹姆斯・布利斯所進行的視線追蹤研究中顯示，眼神的注視方向能夠引導到觀者在頁面上的視線。在簡報影像中的眼神注視方向也對觀眾的注意力有類似的影響。

無論你要在簡報中使用人類或動物的臉孔都沒問題，端看你的選擇；畢竟每個人的內容脈絡和主題都不盡相同。然而，一旦你要使用臉孔的影像，一定要很小心地運用臉孔影像能夠吸引觀眾注意的這份強大力量，然後試著利用眼神注視的方向來幫助引導觀眾的眼睛。

如果你使用的是人臉的影像，要注意他們不會不小心地誤導了觀眾的視線方向。舉例來說，如果你的內容文字或圖表在這裡是非常重要的，那就不要讓影像中的人看向相反的方向。下方的投影片是如何引導或誤導你的眼睛去看裡面的文字呢？儘管這裡每一張投影片都是可接受的，但注意下方兩張投影片如何引導你的眼睛看向文字。

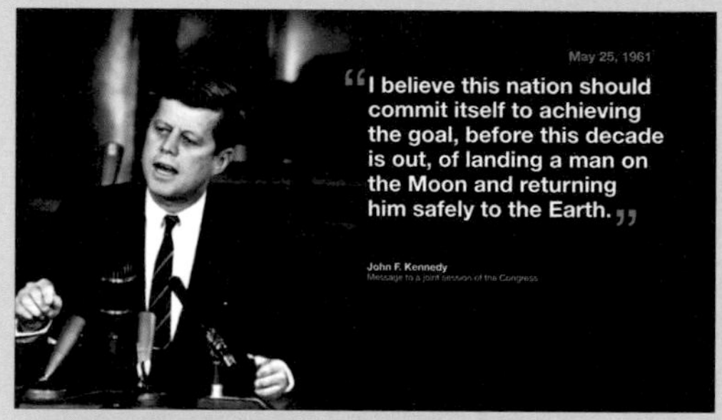

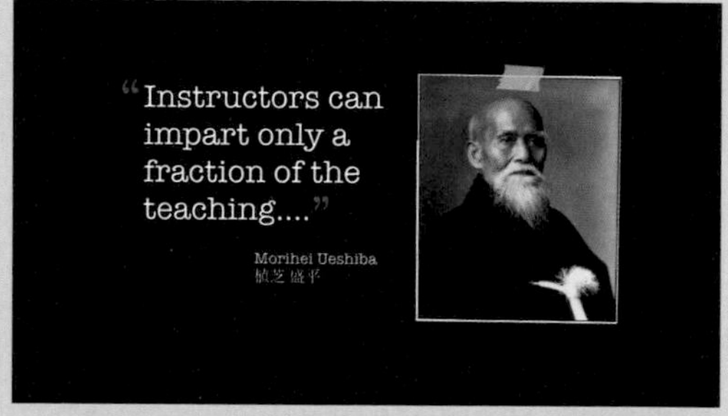

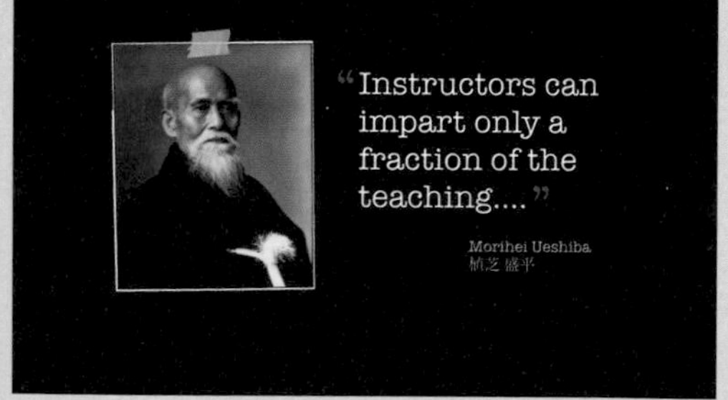

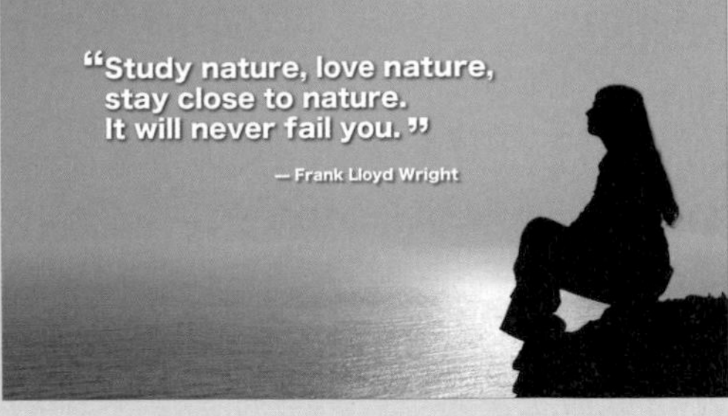

▲我們的眼睛經常自然而然地看向投影片的左上方，但人或動物的影像可能會搶先吸引我們的注意。在上方的範例中，如果觀者先注意到了全螢幕影像中的人物，他們的視線會自然地轉移到文字，因為這些人物也注視著或朝向畫面中文字的方向前進。

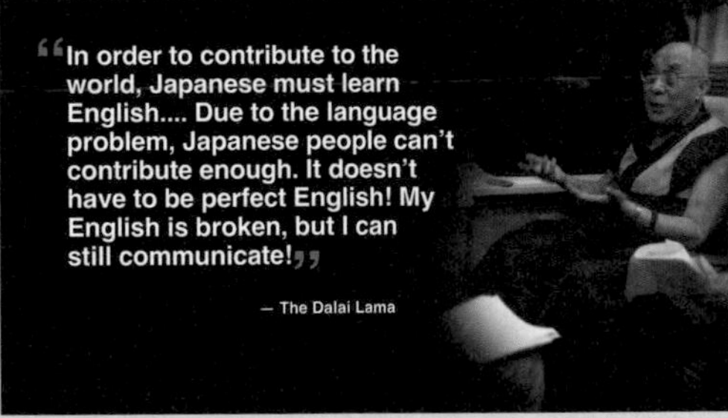

▲左邊這張投影片的重點是川口茱蒂（Judit Kawaguchi）這位日本作家兼記者在日本的子彈列車上採訪達賴喇嘛。而右邊這張投影片上所引用的話語，則來自當天那場採訪中達賴所說的話。第一張投影片呈現了情節經過，然後第二張投影片慢慢淡入漸顯（轉場效果），也就是讓茱蒂淡出畫面，由這段引用句取而代之。這個轉場效果的好處是，右側 2/3 的畫面（達賴喇嘛）從頭到尾看起來都沒有任何改變。

平衡

平衡，在一份設計中是很重要的，而要在設計中達到平衡以及清晰的目的，就必須懂得如何巧妙運用「留白空間」了。一份平衡的設計之中一定含有清楚、單一並且一致的訊息。一張設計優良的投影片也一定會有清楚的起始點，並且透過設計來引導觀眾。觀眾應該完全不必去「想」到底要看哪裡才對。好的視覺設計絕對不會讓人感到困惑。設計中什麼是最重要的、次重要的，以及最不重要的，都會藉由清楚的階層排列而明確地呈現出來，並且以好的平衡方式來展現各個元素。

平衡，並不等同於近乎苛刻的完美對稱。藉由謹慎地配置正面元素，留白也可以顯得非常生氣蓬勃，以出乎意料的方式為投影片排版帶來和諧與平衡。有意識地運用留白的空間，甚至還可以為設計添加情感。在這種情況下，留白非但不消極被動，還很活躍呢。如果你希望將更具動感、更有趣味的感覺帶入你的投影片中，那麼你可以考慮採用不對稱的設計。不對稱的設計可以讓留白變得生動，並且讓你的設計更富有趣味，它們比竟非正式，而且充滿可能性，可以有各式各樣的大小與形狀。

而對稱設計則是特別強調垂直中心軸線的位置。對稱的平衡感是對準垂直中心，並且兩邊對等。對稱設計比不對稱設計更靜態，也因此提供一種正式或穩定的感覺。對其中心的對稱設計並沒有什麼不好，不過留白空間在這一類設計中通常是消極的，而且會被推擠到畫面的兩側。

設計的重點就是要讓人看見，並且你得懂得如何操弄形狀，但如果我們不把留白空間看成一種形狀，那它就很容易被忽略，而投影片上所出現的留白都純粹只是意外而已。這樣一來，呈現出來的效果就沒有那麼好了。好的簡報影像中，一定綜合了對稱設計以及不對稱設計的投影片。

墨繪（sumi-e）是一種日本傳統繪畫藝術，為在設計中創造平衡提供很好的一堂課。而「濃淡」（notan）這個繪畫概念，指的是在作品中運用明暗效果來打造平衡而協調的視覺效果。無論你在設計作品中使用了多種色彩，或是僅使用不同深淺的灰色，明暗元素與留白空間的運用都是打造出平衡的不對稱設計的基礎。

凱薩琳・史考特（Kathleen Scott）
所創作的墨繪（關西外國語大學，日本大阪）

格線與三分法

數百年來。藝術家與設計家都會將自然界中的「黃金法則」或「黃金比例」加入他們的作品之中。一個黃金分割的矩形雄有 1：1.618 的比例分配。據信，我們很自然就會受到在比例上接近黃金分割矩形的圖像所吸引，正如我們常常會被自然環境中擁有黃金比例的東西吸引一樣。然而，想要按照黃金法則的比例分配來設計視覺影像，在大部分的狀況下，卻是非常不切實際的。不過，由黃金法則衍生出來的「三分法」，倒是一種基本的設計法門，可以幫助你增加視覺影像中的平衡感（無論對稱或不對稱）、美感，以及美學質感。

三分法是攝影師用來取景的基本技法。將物體放置在畫面正中央，最後拍攝出來的照片通常都很呆板。取景窗可以被分割成好幾條線（實際或想像的線都行）你可以畫出四條交叉的線或四個交叉的點，一共有九個格子，看起來就像九宮格一樣。這四個交叉點（也被稱作「力點」〔power point〕，信不信由你），是你可以放置主體物件的地方，而不是畫面的中央。

記住，當我們談到設計的時候，其所謂的「絕對自由」並不代表任意妄為的權力。你需要限制自己的選項，這樣一來你才不會浪費時間將一個個設計物件調整到新的位置上。我建議你先畫出簡單乾淨的格線，在格線上建構你的影像。雖然你可能沒有注意到，但事實上所有的網頁、書頁和雜誌頁面，都是在格線上進行設計的。格線可以節省你的時間，並且確保你的設計元素在呈現時能更協調。我們可以這麼說，用隔線將你的投影片「畫布」切割成三份，至少這是個最接近黃金比例的簡單方法。此外，你可以利用隔線來對齊你的設計元素，讓整體的設計更平衡、動線更清楚，並且擁有明確的焦點，三分法可以讓設計整體自然地融合，更具有美的質感，而這一切都是經過設計的，並非偶然的發生。

接下來的三頁會展示來自不同簡報的幾張投影片，它們都擁有平衡的不對稱設計。首先，我們來看看一些改善前／後的投影片，說明對稱設計與不對稱設計在平衡感、動態感與戲劇效果的差別。

BEFORE ⊙　　　　AFTER ⊙

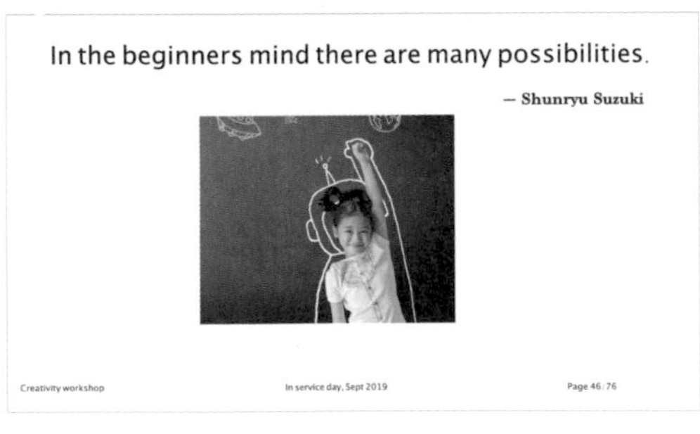

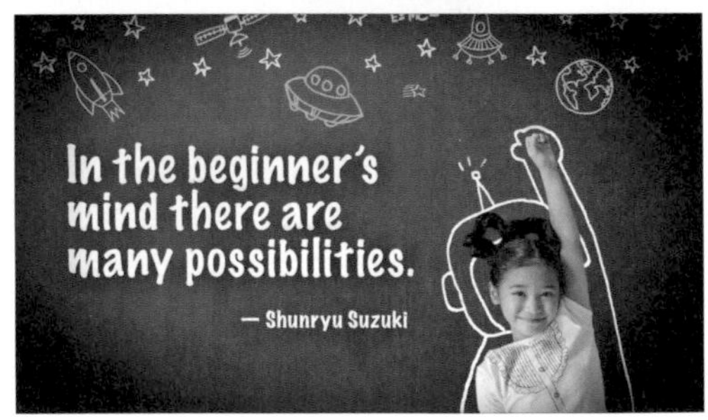

BEFORE ⊜

AFTER ⊜

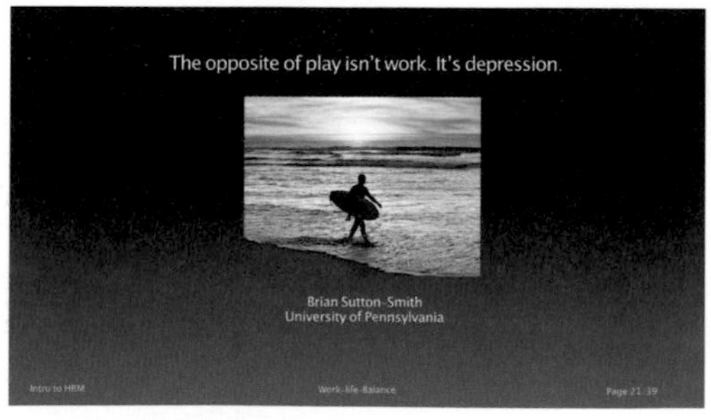

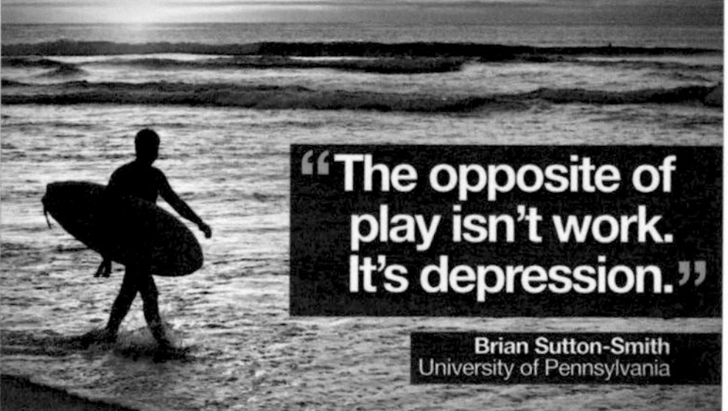

◀ 左邊這張圖片並不是張投影片 —— 它是一張由葛飾北齋（Hokusai Katsushika，1760~1849）所繪的畫作，名為「紅色富士」。它屬於被稱為「富士山三十六景」系列中的一張。我在這張畫上疊了一張九格的格線，方便大家了解這張畫構圖中的三分法。不過，請各位記住，三分法並不是一種規定，而是一種指導原則。當你想要做到平衡但不對稱的外觀設計，這是一個非常好用的指導原則。

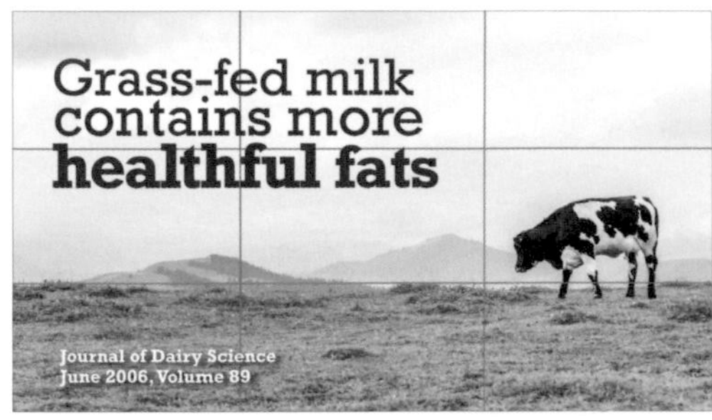

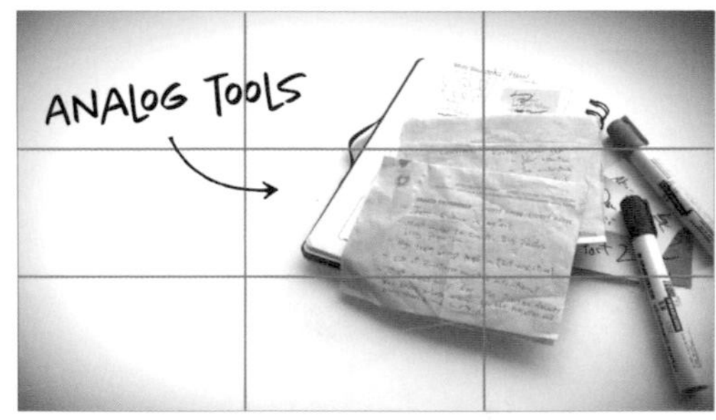

▲上面有幾個簡報影像的範例，有幾張在設計的時候運用了九宮格格線，有幾張則是根據三分法原則來做影像的配置或裁切，以及投影片元素的安排。

「創造屬於你自己的影像風格。對你自己來說它獨一無二，對其他人來說，卻有著絕對的辨識度。」

——奧森・威爾斯（Orson Welles[3]）

---

3 奧森・威爾斯（1915-1985）為美國知名導演、編劇及演員。曾演出《大國民》（Citizen Kane）。

四大要則：對比、重複、對齊、相近

這四個原則（對比、重複、對齊、相近）並不是影像設計的所有，但是瞭解這些簡單並且互有關聯的概念，並將之應用在投影片設計之中，可以讓你做出更令人滿意，也更有效果的設計。

對比

對比，簡單地來說，就是差異性。不管是什麼原因，我們天生就會注意到差異性。雖然我們並不是有意識地這樣做，但是我們總是不斷地在觀看並搜尋相同性與相異性。對比，就是我們會注意到的，而且它能賦予設計能量。所以，你應該要讓不同的元素很清楚地顯示出差異，而不是只有一點點不同。

對比是設計原則中最重要的概念，因為，任何設計元素都可以與其他的元素顯現出對比效果。你可以用許多方式達到對比的效果，一舉例來說，透過對空間的操弄（近或遠、留白或填滿）、藉由顏色的選擇（深或淺、冷色調或暖色調）、透過字型的挑選（有襯線字體或無襯線字體、粗體或細字）、藉由元素的配置（上或下、單獨或集體）等等。

好好利用對比概念可以讓你設計中的某一個物件很清楚地取得主導地位。這麼做能夠讓觀眾很快了解到你設計中的重點是什麼。任何一個好的設計，都會有一個強烈且清楚的焦點，因為這能幫助每種元素之間出現清楚的對比，而其中一個元素是主導的角色。如果一個設計中所有元素的比重都是一樣或類似的，而且既沒有什麼對比也缺少主導的元素，那麼，對觀者來說，就很難知道要從哪裡開始看起了。擁有強烈對比的設計可以引起興趣，並且幫助觀眾建立該影像所代表的意義。微弱的對比不止很無趣，還很可能叫人困惑不已。

設計中的每一個單一元素，像是線條、形狀、色彩、質地、大小、空間、類型，都可以用來製造對比的效果。下一頁中的幾張投影片就是針對好的對比與弱的對比效果所做的比較。

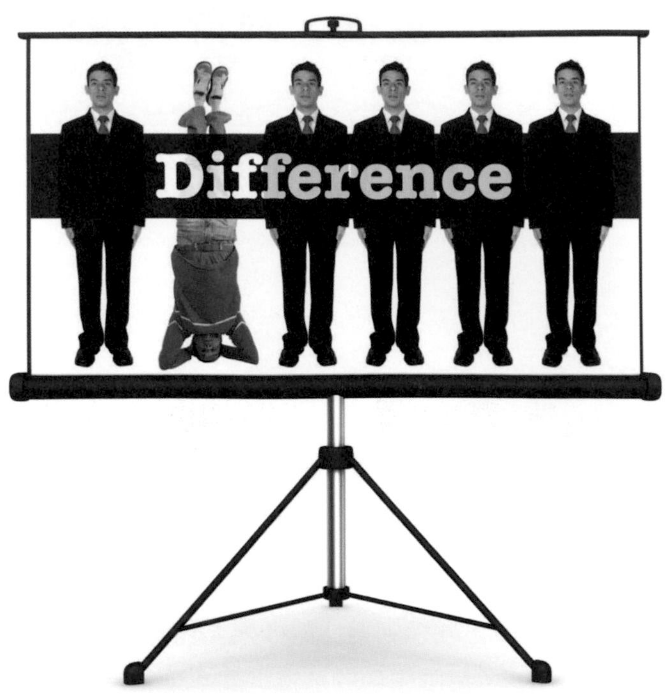

▲在上方的投影片中，我們看見同一個主題（人）的六種影像，而我們眼睛不由自主地會注意到左邊數來第二個影像。這個主題和其他人截然不同 —— 衣服顏色、行為態度，還有他的肢體姿勢。

你可以在右頁看到一些前後範例，從微弱的對比到更好的對比效果。

WEAK CONTRAST

BETTER CONTRAST

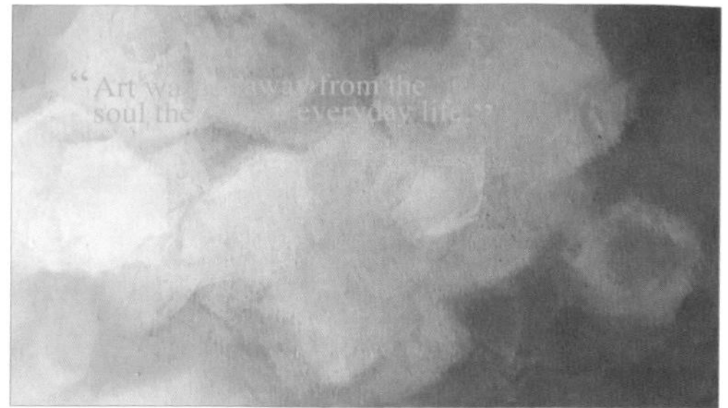

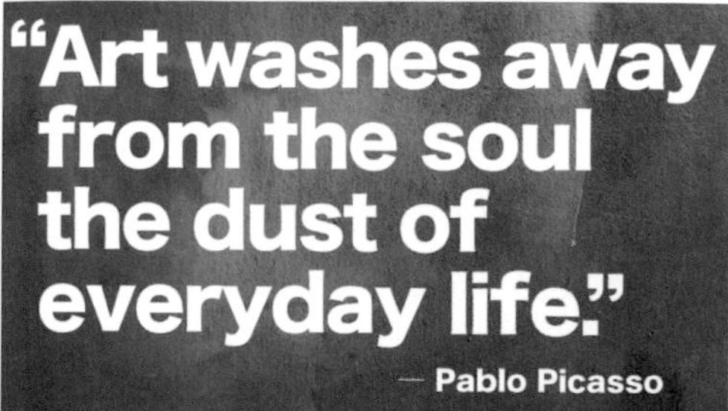

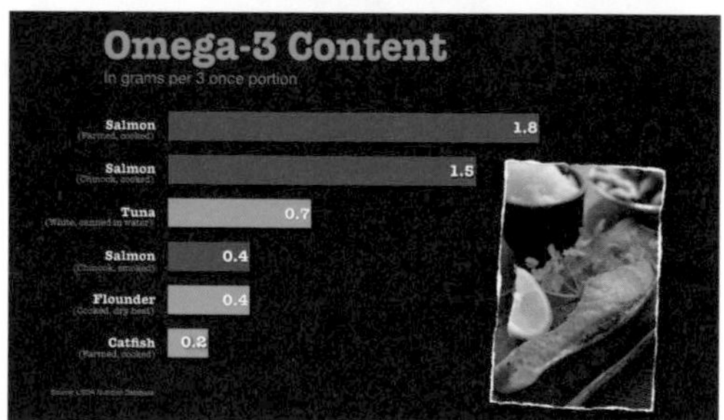

重複

簡單來說，重複這個原則就是在設計中重複使用相同或類似的元素。在一張或一套投影片中重複使用某一個設計元素，會給人清楚的整體感、一致性與融合感。如果對比呈現的是差異性，那麼重複就是巧妙地運用元素，使得整體的設計被當成是簡報的一個部分。如果你使用的是應用軟體中所提供的樣板，那麼，重複性就已經存在於你的投影片之中了。舉例來說，像是一致的背景、和字體與色彩，就會增加整套投影片的整體感。

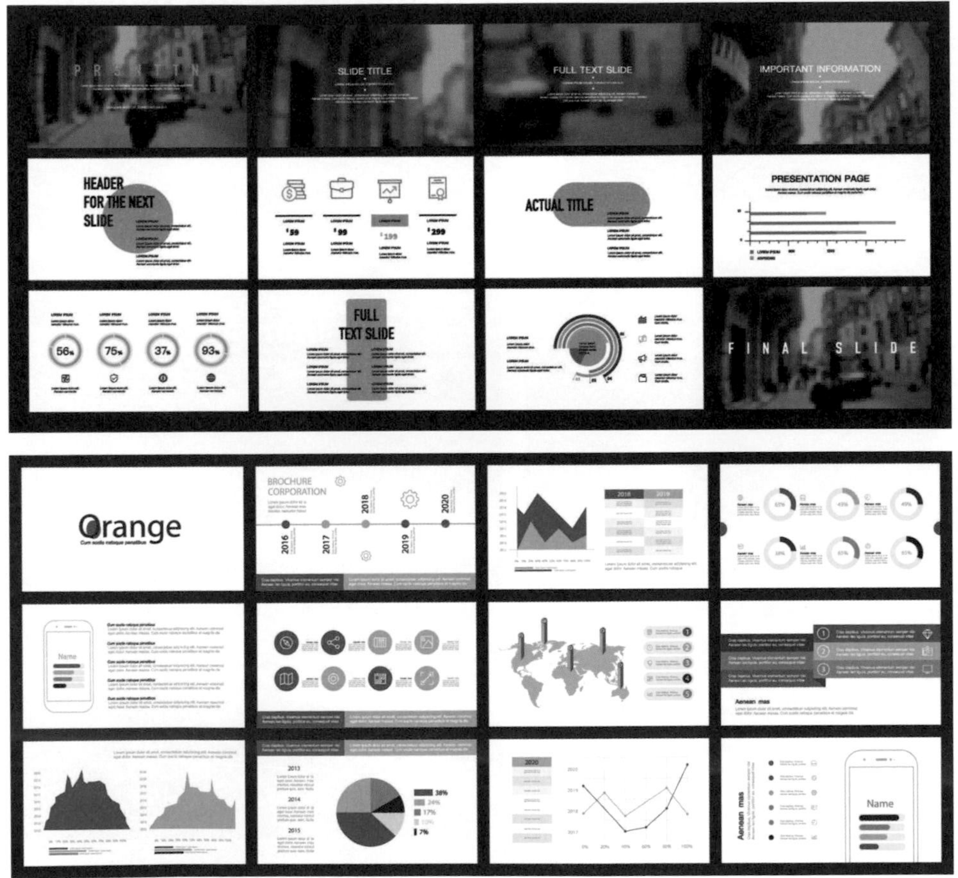

▲上面是兩份來自 *shutterstock.com* 的簡報設計範本，整份投影片運用了重複的視覺元素，創造出整體的視覺效果與感受。請注意，整份投影片使用了前後一致的色彩、形狀、字體、圖像及圖表。提供優質投影片範本的線上網站還包括 Canva（*www.canva.com*）和 Creative Market（*www.creativemarket.com*）。

對齊

對齊原則的重點是，在你的投影片設計中，沒有一樣東西看起來像是隨機放置的。每一個元素都透過一條看不見的線來串連起彼此的關係。如果說重複原則注重的是一整套投影片的一致性，那麼對齊注重的則是單張投影片中各個元素的整體性。即使兩個元素在投影片中距離得很遠，它們之間還是得要有視覺上的連結，使用格線就可以比較容易做到這一點。當你在投影片中配置元素時，試著用另外一個已存在的元素來將它們對齊。

很多人在設計時沒有應用對齊原則，而結果通常是，元素之間看起來好像是對齊了，但其實又不盡然。也許這看起來沒什麼大不了的，但是這種投影片看起來不夠精緻，而整體來說也不夠專業。觀眾或許感覺不到這一點，不過，畫面中元素對齊的投影片看起來會比較乾淨。假設其他原則也很協調地應用在其中，你的投影片應該可以更快讓其他人看懂。

相近

相近原則是，移動物件使之更近或更遠，以營造出一種更統整的外觀。這個原則告訴我們，相關的物件應該放在一起，這樣它們才會被視為一體，而不是一堆不相干的元素。觀眾會假設，沒有相互鄰近的物件，彼此之間是沒有什麼關連的。它們很自然會把彼此靠近的相似元素當作是同類的單元。

觀眾根本不應該「努力」想要找出哪一句對白該搭配那一個影像、這一句文字究竟是副標題，還是指示一句與主題無關的話。「不要讓觀眾去想」，意思是不要讓他們「想錯」了地方，別讓他們試著去解讀投影片的組織方式和設計重點。一張投影片並不是一本書或雜誌中的一頁，所以你不會在上面放太多單一元素或組合元素。羅蘋・威廉斯在她的暢銷書《好設計，4 個法則就夠了》中提到，我們一定要知道當我們像其他人一樣觀看自己的設計時，眼睛第一個會看到的地方是哪裡。當你看著投影片，注意眼睛首先會被什麼吸引？接下來是什麼？而一直這樣看下去。你的眼睛是怎麼移動的？

▶ 這張標題投影片缺少設計重點。因為沒有好好使用對比、對齊與相近原則，這張投影片看起來好像包含了五種元素。

▶ 這一張投影片有對稱的平衡感，而且在元素的相近上也處理得較好，關聯的物件現在很清楚地分在同一類。藉由調整字型大小和顏色，讓對比也變得較強，整個設計有明顯的重點主題。

Principles of
Presentation Design
Tips on how to think like a designer

Less Nesmen
Director PR/KW Institute

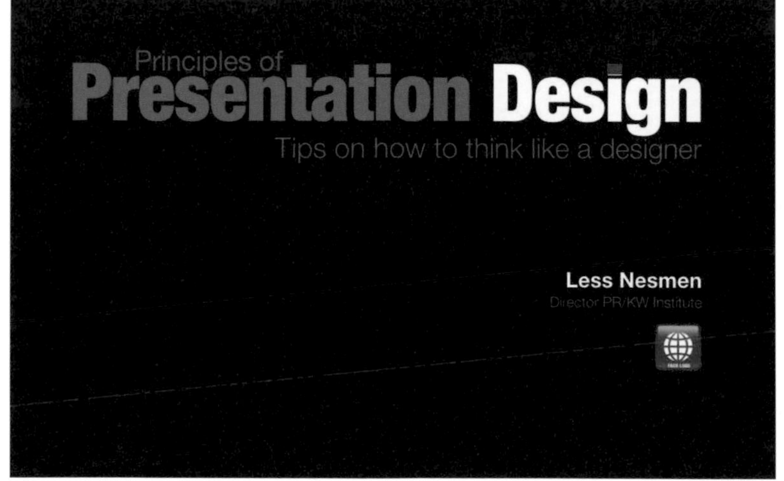

◀這一頁的兩張投影片顯示出，將所有元素靠右對齊後，一條隱形的線就在右邊出現了，它讓所有元素結合在一起，而且感覺起來比一般常用的對稱標題要有意思多了。字型與顏色的調整也創造出更好的對比與樂趣。標題中的紅點也與下方的紅色標誌相互呼應。

BEFORE

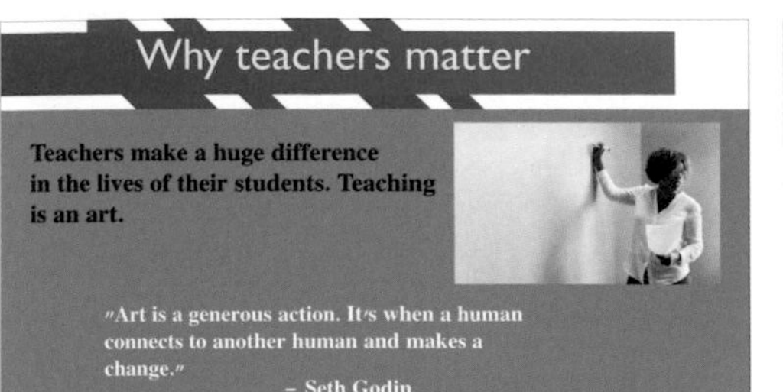

▲儘管投影片上的文字勉強可見，但沒有好好使用對齊原則，整張投影片看起來很擁擠。

AFTER

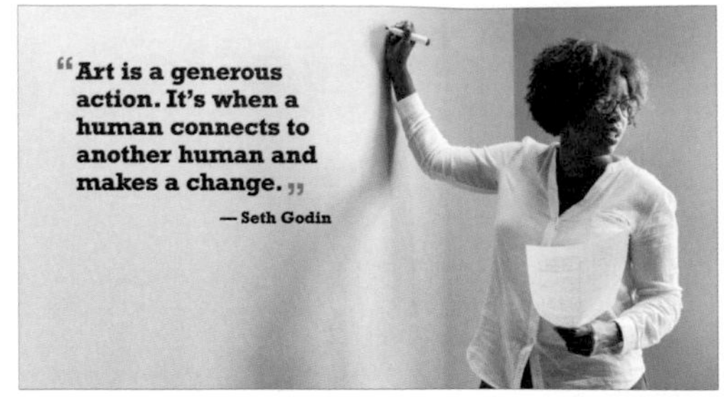

▲大部分文字被移除了，講者只需要把重點放在引用句上。觀眾的眼睛一開始會注意到影像中的教師，然後自然地轉移到文字。儘管這位教師的視線並沒有看向文字，她的身體仍是朝向引用句的方向。

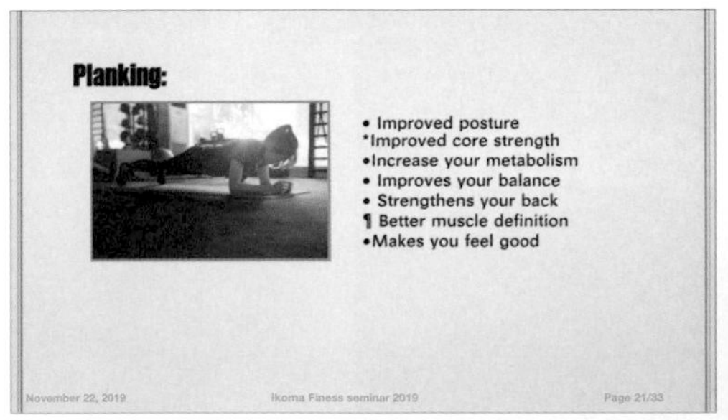

▲這樣的投影片一點也不罕見，但在這個狀況中，真的有必要使用條列式重點嗎？這是一種觀眾看過數百萬次以上的投影片，何不試試更大膽、更吸睛的設計？

▲揮別那些條列式重點，在整場簡報中講者以這張投影片來說明平板式的各項優點。

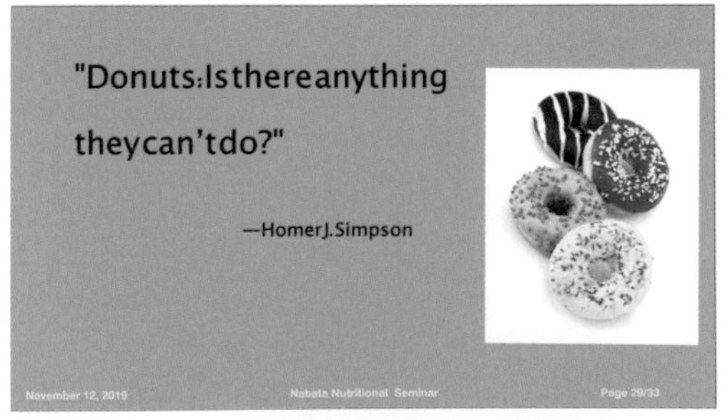

▲這是一張簡單易讀的投影片，但依舊沒有好好運用相近原則、字體也選得不好，用了一張沒有去背的照片，讓整體看起來很擁擠，充斥無謂的雜訊。

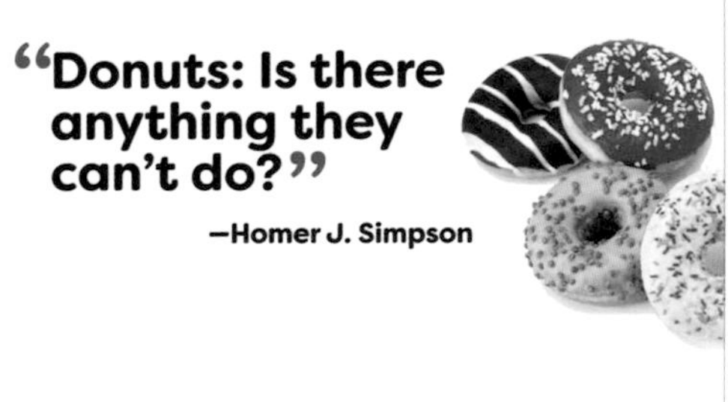

▲這裡選擇了一個與引用句相符的字體風格，引用句的顏色取自影像中的粉色甜甜圈。投影片背景改成白色，打造乾淨的外觀，改善甜甜圈影像的背景問題，同時讓甜甜圈超出邊界，打造更有戲劇性的效果。

BEFORE ⊛

▼下方投影片中，圖表數據的數量並不算太多，但卻毫無理由地使用不同顏色，而且由於文字太小又被放置成垂直方向，導致根本無法分辨各個國家的名字。

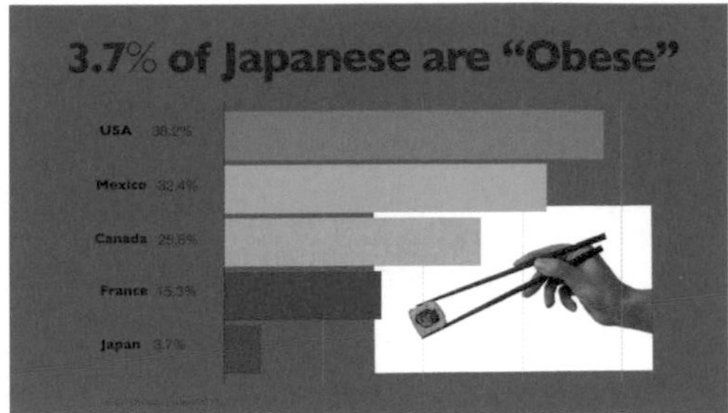

▲在這裡的背景顏色讓文字變得難以閱讀，而且圖表中的長條也毫無道理地使用不同顏色。壽司照片的白色背景更是為畫面增加了無謂的雜訊。

AFTER ⊛

▼這一張的文字和數據就比較容易看了，因為背景與前景的對比改善了很多。色彩的使用是有目的性的，在這個例子中是為了將觀眾的注意力吸引到芬蘭，同時移除了不必要的格線。

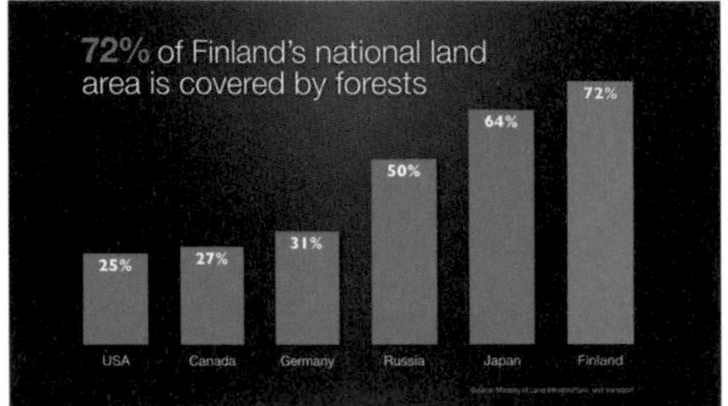

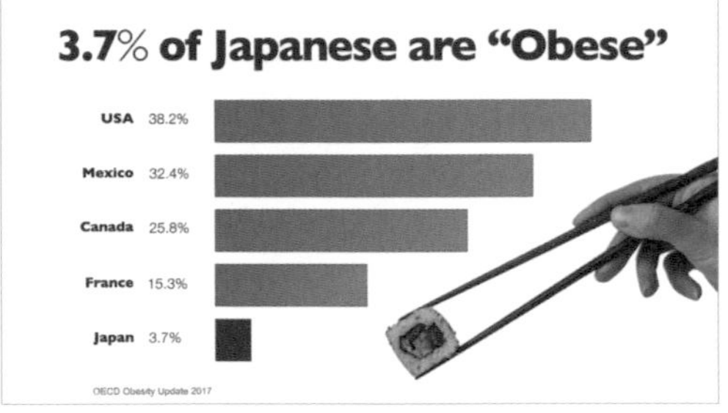

▲在這裡，壽司照片的背景「消失」了，看來與白色的投影片背景更搭了。文字、長條圖與背景都有更好的對比效果，而且也更容易閱讀。這張投影片的焦點是日本，所以使用了與其他國家不同的顏色，而且也與壽司中的紅色配料相互呼應。

BEFORE ▼

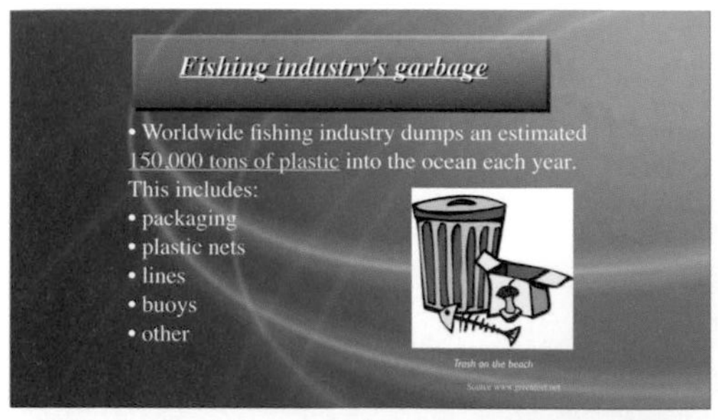

▲像這樣的投影片不但很常見，而且有著非常典型的問題，例如很一般的標題、在文字上加底線，還有在旁邊加了一張完全無助於加強重要訊息的小圖片。像這種在藍色背景上使用黃色字體的投影片，大家應該都看過幾百萬次了。

AFTER ▼

▲這裡所使用的訊息和左邊那一張完全一樣，但是這裡使用的影像比較大而且字體加粗，用這樣的方式來呈現出垃圾的問題，同時也更發自內心地描繪出了講者的故事。使用大而清楚的字體，用來加強重點的顏色（黃色）與海灘上的黃色塑膠相互呼應。

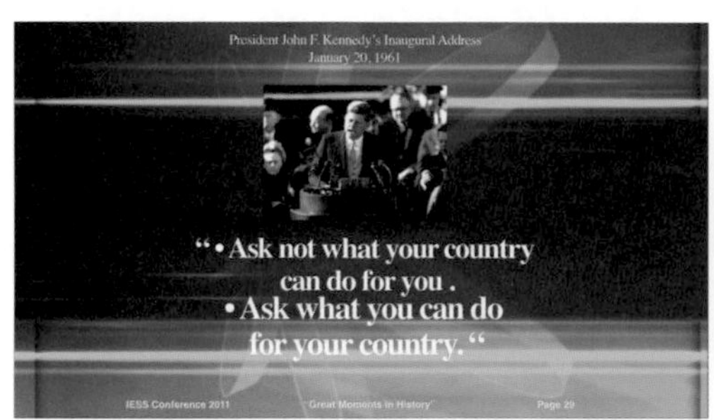

▲這裡的引用句和照片都是歷史上的經典，但是這張投影片看起來卻少了點衝擊力或戲劇性。投影片的背景看起來很像是一般常見的範本，而且太雜亂了，讓文字很難閱讀。用兩點條列式來呈現這句名言，配上所選用的字體，實在是慘不忍睹。所有元素都放置在投影片中央，造成了壓迫的空間感。儘管這張投影片裡的元素並不多，但整體看起來還是讓人覺得很擁擠。

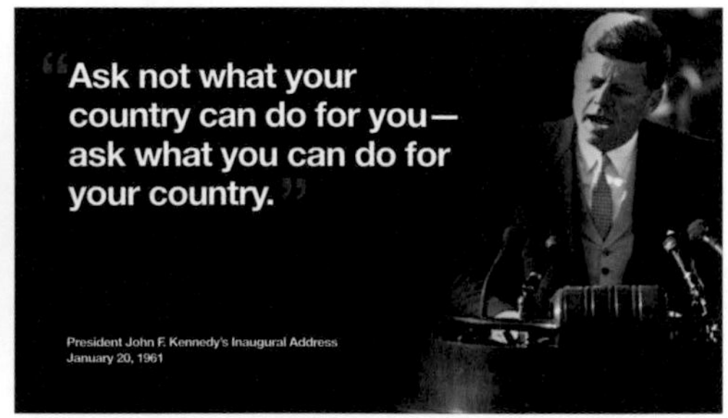

▲這裡選用的字體就很乾淨，而且很大。照片也變大了，給人一種衝擊感，並佔滿了畫面右邊的 1/3，而且超出了邊界。照片中分散人注意力的其他背景元素也已拿掉。甘迺迪總統的視線正好和引用句同一方向。大部分觀眾的眼睛都會很自然地先看他的臉，然後再順著他的視線轉移到文字上。

BEFORE ▼

AFTER ▼

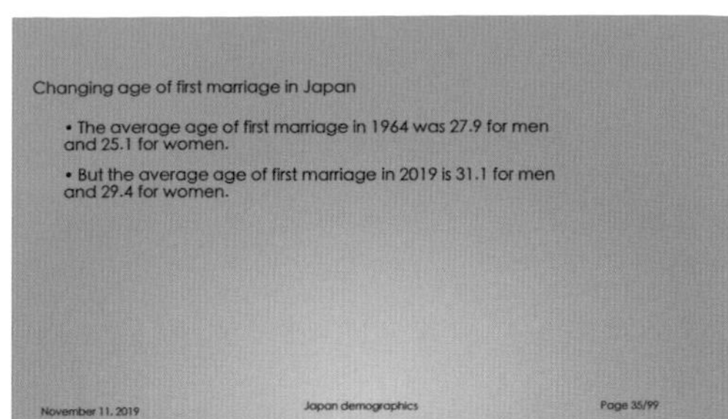

▶ 左邊的投影片有一個標題句和兩點條列式。這張投影片被拆成兩張具有視覺影像的投影片。右上方的 1964 年投影片採用黑白影像，而過渡到 2019 年的投影片時，則是一對現代夫妻的彩色照片，創造了更強烈的對比。

BEFORE ▼

AFTER ▼

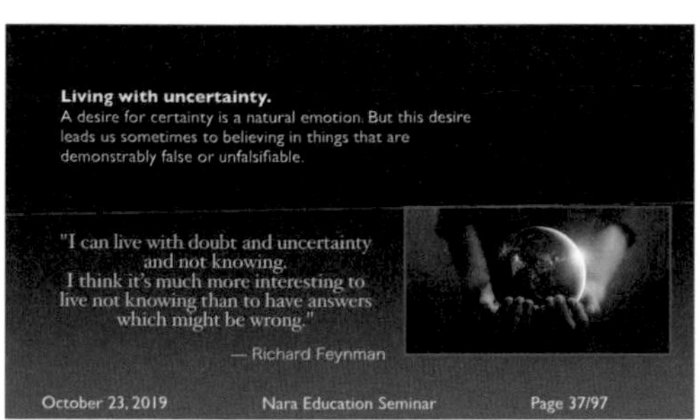

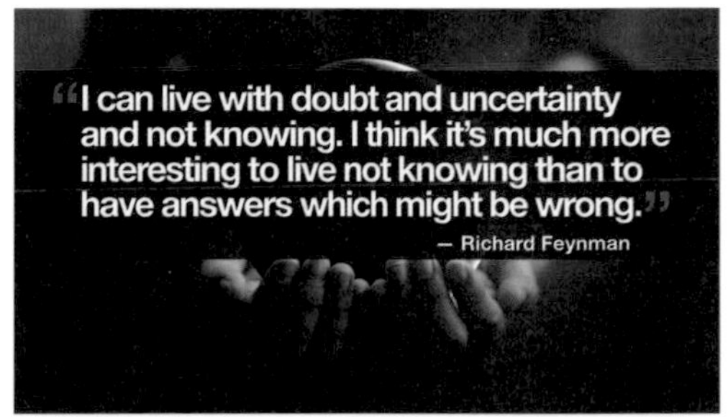

•It's a crowded market and attention is at a premium.
•People have way more options and far less time than a generation ago.
•How to have your business standout from the crowd?
September 21, 2019 Akirameki Business Seminar Page 3/36

▲左邊的投影片經過重新設計後，變得更加簡潔，並且改用影像來強化講者想要傳達的訊息。

「簡報的影像越令人注目，就會有越多人記住。更重要的是，他們會記得你是誰。」

—— 保羅・雅頓（Paul Arden[4]）

4 保羅・雅頓（Paul Arden）著有《重點不在你多優秀，而在你想多優秀》（It's Not How Good You Are, It's How Good You Want to Be），曾任上奇廣告（Saachi & Saachi）執行創意總監，堪稱英國廣告界的傳奇人物。

歸納整理

- 設計很重要。但是設計並非裝潢或裝飾。設計，是要讓溝通越簡單清楚越好。
- 在心中牢記訊號雜訊比原則，除去所有不必要的元素。拿掉擁擠的影像。避免使用 3D 效果。
- 人對影像的記憶比條列式重點更深刻。別忘了問你自己，要怎麼做才可以讓影像（包括數字的呈現）更加強你所說的話。
- 留白不是空無一物，而是非常有用的東西。學著去看見並操弄留白空間，讓你的投影片設計更有系統、更清楚，也更有趣。
- 使用高畫質的照片，這些照片比較有衝擊性，而且比較容易讓人一目瞭然。你可以考慮使用滿版出血的影像，然後把文字內容放置在影像上方，盡可能採用最簡單、最有平衡感的排列方式。
- 利用對比原則去製造出不同元素間富有動感的差異性。如果這些東西各不相同，務必讓他們看起來非常不同。
- 利用重複原則在你的投影片中重複各種元素。這可以幫助你的投影片更有整體感，也更有組織。
- 利用對齊原則來連結投影片上的影像元素（透過那些看不見的線）。要做到對齊，格線非常好用。這麼做會讓你的投影片外觀既乾淨又整齊。
- 利用相近原則來確保類似的元素都被群組在一起。觀眾會將放在一起，或彼此很靠近的物件解釋為同類。

7

範例投影片：影像與文字

現在我們知道如何讓投影片發揮效果，也了解如何欣賞與運用一些設計原則，例如簡單、對比、留白空間等等。當你打造了視覺上非常協調的投影片，你會發現投影片設計得更好，簡報的整體成效也更高。你的投影片理當要吸引人，而且必須是「整體表演」的一部分，但是，它們也得要很容易讓人理解，而且在很短的時間內就達成這個目標。如果你要說明的東西很複雜，那麼你就得按照邏輯，一個步驟一個步驟地用很明白的方式來建構（活化）你的圖表。在設計簡報或其他多媒體時，簡單、限制以及協調性是非常重要的。

在設計簡報影像時，你所使用的圖像必須是準確無誤、毫無瑕疵的，但是，我們的影像（無論你是否喜歡）都必須觸動觀眾的情感。人們會立即判斷某項事物是不是很吸引人、值得信任、足夠專業，或者太過華而不實等等。這是一種發自內心的反應 —— 而這種情緒反應很重要。主要目標不是要讓投影片看起來「很棒」，而是「很清楚」。然而，如果你在設計投影片的時候能隨時謹記簡單與限制的原則（以及第 6 章所列中的基本設計概念）的話，那麼你的投影片看起來就會很有吸引力，並且強化你的整體簡報成效。

填滿螢幕：減法

打造清晰可見的設計元素，利用它們填滿螢幕。

大多數簡報影像的問題，舉例來說，並不是投影片中的文字太大，反而是文字太小了。如果是要在會議、教室和演講廳呈現的大型簡報，為什麼不讓文字變得足夠大，讓觀眾一目瞭然，同時發揮視覺影響力呢？這可不是單純的噱頭。記住，人們是來聽你演講的（影像有助於說明和支持你的觀點），沒有人是專程來讀一大堆投影片或是聽你照本宣科。設計時也要考慮到最後一排觀眾。

◀ 在會議和大型演講廳中出現的簡報螢幕，和路標或告示牌有著異曲同工之處。我的朋友南西・杜爾特在她的著作《slide ology 中文版｜視覺溝通：讓簡報與聽眾形成一種對話》中提到，好的投影片就像路邊的告示牌，觀眾可以在極短的時間內了解其含義：「簡報是一種『一目瞭然的媒體』。相較於其他媒體，它更近似於告示牌……問問你自己，你想傳達的訊息是否能在短短三秒內被人們快速理解。」

▶ 如同一個告示牌，這張投影片中的元素（包括字體），都必須足夠大，讓人從遠處就能一眼看見，並且快速理解。沒有道理要讓人們瞇起眼睛，而是得將內容變得夠大、夠清晰。

◀這是一張標題投影片，當時我在日本奈良的生駒市的大型演講廳為 400 位觀眾所做的 90 分鐘演講。這張照片是我在台上彩排時拍攝的，你可以看到我和我的兩個孩子在舞台上玩耍。請注意，我們謹慎地調整了投影系統，好讓 16:9 比例的投影片填滿整個螢幕。有太多簡報未能達到原先預期的視覺效果，正是因為沒有好好調整投影機，使得投影片只佔了螢幕的一部分。

◀這張照片是我在另一場日本的大型演講廳彩排時拍攝的。在場地確認時，我們發現 16:9 比例的投影片只能填滿一半的螢幕，我們必須與技術人員協調，請他們調整投影機，好讓投影片填滿整個螢幕。技術人員說過去從來沒有人反映過這個問題，都直接使用了較小的畫面。假如你無法自行控制螢幕或自己調整投影機，我極力推薦你與會場的工作人員協調，確保投影片影像越大越好。夠大的畫面能夠創造更好的效果，讓觀眾更能投入於演講之中。

◀在這裡，我在一間東京近郊的大學為 300 位學生與教職員進行簡報。投影片在彩排時並沒有完整填滿螢幕，但多虧了工作人員的幫助，最後影像都好好地填滿了螢幕。因為我一直避免使用雷射筆，我在這裡直接用手指出螢幕上的相關元素。在 99% 的時間裡，我都站在螢幕旁邊或是演講台正中央，但偶爾讓自己「進入投影片」中也是可以接受的。

從文字到影像：無數的可能性

你的觀眾並不樂意在聽演講時還得看充斥文字的螢幕，而這取決於你如何透過視覺影像呈現你想傳達的訊息。呈現訊息的方式不是只有唯一一種，而是有千千萬萬種方式能夠強化並為你的訊息增色。舉例來說，假設你想提出一個簡單的論點，即現代日本人所吃的米飯比起 55 年前的人還要少很多。最簡單的呈現方式就是在投影片上打出幾行字，但是這種對你而言的「簡單」，並不表示它的視覺影像就能吸引觀眾或令他們印象深刻。因此，我在這裡展示出重新設計投影片的四種不同方式，來支持這個關於米飯消費量的論點。

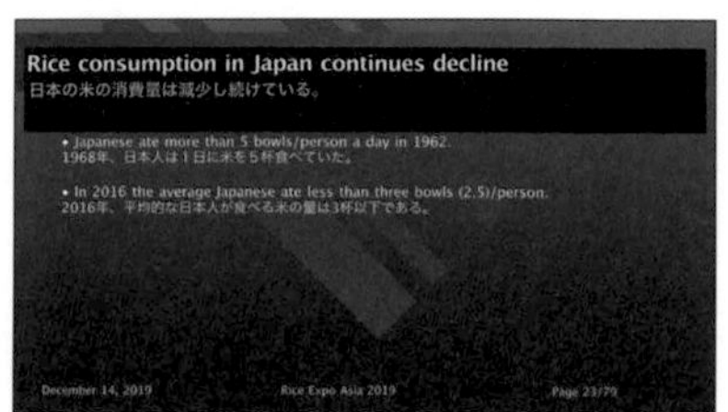

◀ 這是最不費吹灰之力的投影片，然而，它無法吸引觀眾注意，也無法激起興趣，其次，它無法讓事情變得更易懂（儘管這個例子的論點並不複雜），再者，它也無法使訊息令人難忘。在第一個重新設計的例子中，展示出了數據的實際圖像 ——5.4 碗與 2.5 碗米飯。這是一份雙語簡報，因此避免以相同字型大小展示兩種語言是很重要的。第二個重新設計範例（下圖）也展示了飯碗數量，並且加入影像來支持講者的論點，也就是從 1960 年代到現代，麵包也加入了人們的飲食中。

REDESIGN (1)

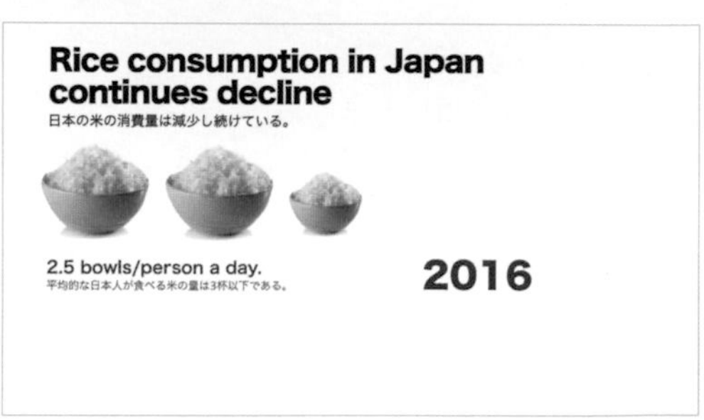

REDESIGN (2)

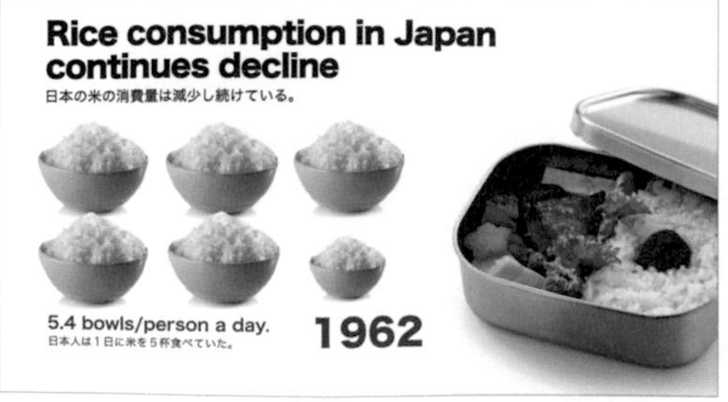

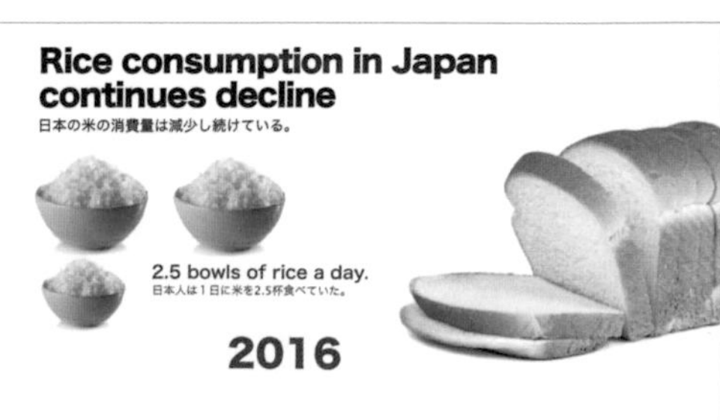

REDESIGN (3)

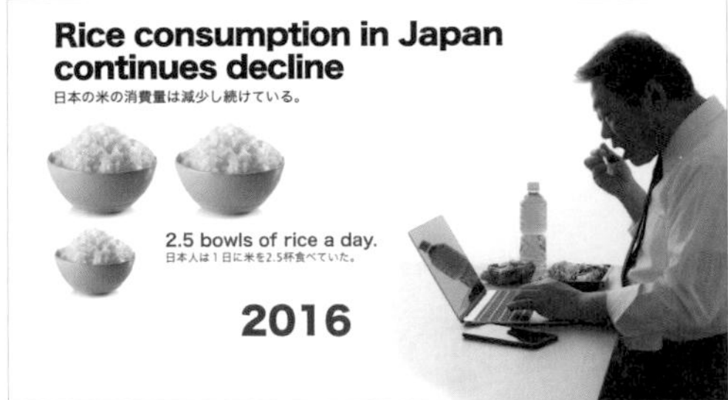

REDESIGN (4)

▶本頁上方的第三個版本，基本上與第二版相同，但放上一張 1962 年所攝，身型瘦弱的日本男性（我的岳父），與下一張投影片中身型肥碩的現代男性形成對比。這樣的用意是為了說明過去幾十年來日本罹患代謝症候群的人口增加。在第四個重新設計範例中，影像同樣被用來強調講者論點，因為她談到了過去五十年來日本人飲食習慣和生活方式的變化。右邊這個簡單的圖表也是另一種輔助講者說明日本人飲食變化的論點的方式。

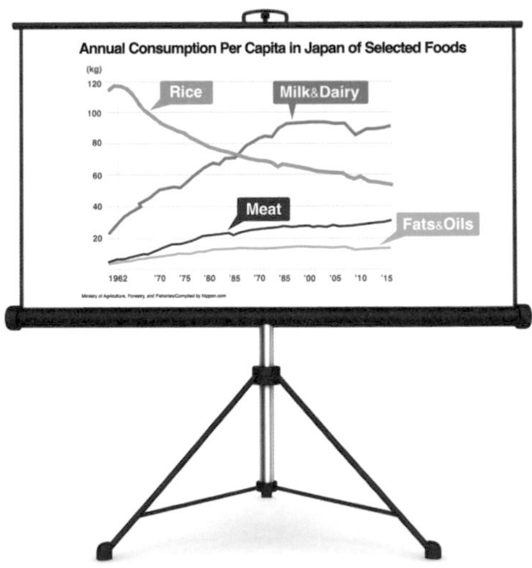

處理直向模式的影像

在撰寫本書時，有超過 50 億人可以透過智慧型手機或其他行動裝置使用相機功能。今天，有很大一部分拍照的人（實際上是所有人）只使用手機拍攝照片。這導致許多圖像或影片是以直向模式拍攝，而不是拍攝範圍更廣的橫向模式。當然這不是一個問題，除非這些圖像或影片要在現場簡報中展示，或是投影到電視螢幕上。比方說，新聞節目經常得處理這個困境，因為它們經常會播出觀眾投稿，而這些照片或影片通常是以手機拍攝的。

所以，你該如何在橫向的世界中處理一個直立的圖像呢？方法之一是放大並裁剪照片，讓照片填滿螢幕。如果這樣做不可行，會導致重要元素消失或使照片品質變差的話，那麼你很可能別無選擇，只能以橫向模式呈現照片。然而，這樣會在投影片的兩側留下空白，看起來不夠專業，甚至讓人分心。幸好，解決辦法很簡單。常見的做法是對原始圖像進行複製，然後將它放大，以橫向方式填滿螢幕。現在，將你複製的圖像移到底部，在投影片或照片編輯軟體中套用虛化功能。你可以根據需求調整背景圖像的位置與模糊程度。

▲上方投影片的背景模板令人分心，而影像看起來很窄。

▲在這裡，原始圖片被放大、虛化，然後被移到底部。虛化背景的顏色與位置與同一張圖片很搭（因為都出自同一張圖片）。

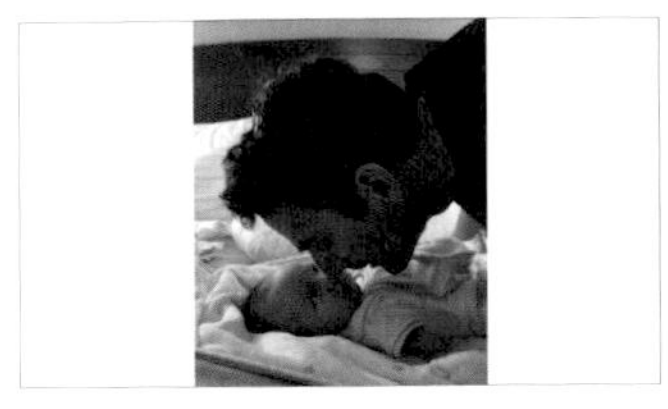

▲如果在一份簡報中，大部分影像都是填滿螢幕的，這時突然出現了一張有著大量白色背景的投影片，會讓人感覺很突兀。

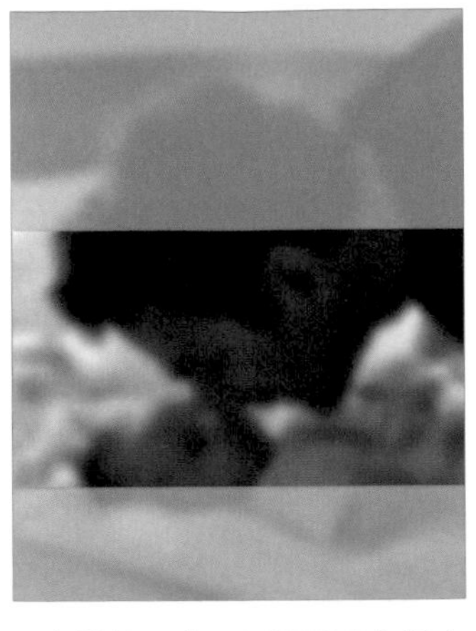

▲在這裡，你可以看到虛化版本會裁切掉多少上方與下方部分。

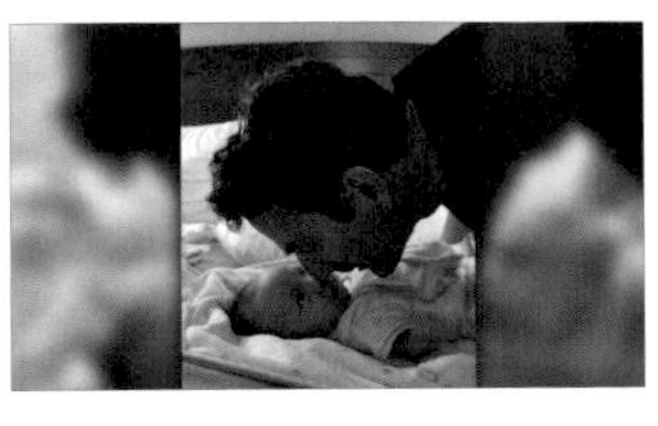

▲如果考慮到訊號雜訊比，在原始投影片中的直向照片（以及大量的白色背景）也許比較乾淨，但這個版本給人更專業的感覺，而且投影片看起來也更大。

BEFORE ⊜

AFTER ⊜

◀當我們將照片放大並套用虛化功能，在背景中的水平牆讓整張照片像是填滿了整個螢幕。

◀這裡並未使用任何特殊的編輯技巧。透過放大和虛化原始圖片，卻讓整張圖片看起來像是以橫向模式拍攝。

◀第一張投影片其實沒有什麼問題，但第二個版本更加生動，也更具視覺效果。

◀這實際上是一個以直向模式拍攝的影片。在這個例子中，我放上了一張（擷取自影片的）虛化靜態照片作為背景，讓畫面看起來更簡潔。

分層與透明化效果

許多簡報應用軟體可以讓你對圖片進行部分或整體的編輯，包括讓圖片的某一部分變得透明，以便展示背景中的另一張影像。在 PowerPoint 中，可以選擇「移除背景」工具來移除圖片的某一部分。在 Keynote 中，則可使用「Instant Alpha」工具達到同樣效果。本頁下方及下頁展示了幾個例子，將圖片某一部分變得透明，藉此打造更有趣的視覺效果。

◀ 這裡有三張不同圖片被插入到這張投影片。利用 Keynote 的「Instant Alpha」工具（或是 PowerPoint 的「移除背景」），我對古董電視圖片進行去背，也移除了電視螢幕的顏色。

◀ 在這張投影片中，我將背景圖片移至投影片最後一層，將洋芋片的圖像放在最上層。接著我將電視圖片放到將洋芋片上，讓它看起來像是一則電視廣告。最後，我在畫面中加入文字與上方箭頭。

◀ 在這張投影片中，電視後的影像並不是一張圖片，而是一則實際的影片（攝於 1960 年代的老式 8 釐米電影畫面），加強了人們對投影片的興趣，並且帶領觀眾回到過去。

◀你可以建立專屬的視覺主題或範本。在這個例子中，我為「變化中的日本」這份簡報製作了一個復古的相冊主題，加入了許多早期的照片和影片。這張投影片中有一張作為背景的圖片及一則影片。這個背景是擷取自我岳母的舊相冊的內頁。我將照片內容透明化，並保留相框以便展示影片。

◀當這張投影片出現時，觀眾會認為這是一張有著富士山和稻田的照片，但當我按下遙控器按鈕開始播放（以無人機拍攝的）影片，畫面中會有一輛新幹線列車（子彈列車）駛過。

◀我購買了這本有著純白相紙的相冊，這樣可以在軟體中輕鬆去背，我計畫在一些特定簡報主題中作為分層來使用。

◀這張投影片介紹了我的一些童年回憶。當這張投影片出現時，看起來像是在相冊中展示了三張我過去的照片。不過在這個相冊分層背後，其實我放上的是三則（從 8 釐米格式轉換的）影片。當我按下遙控鍵，相框中的每一張「照片」都變成了一則電影片段。

對比與模糊效果

在相關文字出現在畫面上前，你有時想先展示一個全螢幕照片。打造更好的對比效果，並且讓文字更容易閱讀的一種方式是模糊背景影像。可以使用兩種版本的影像來製作優秀的對比效果：一個是清晰版，另一個是具有文字的模糊版，然後套用「平滑溶解」效果。

我在一份關於創造力的簡報中使用了以下投影片。在這裡，我談到了獨處時光與走進大自然的話題，並舉例了我最喜歡的獨處場所。

DISSOLVE

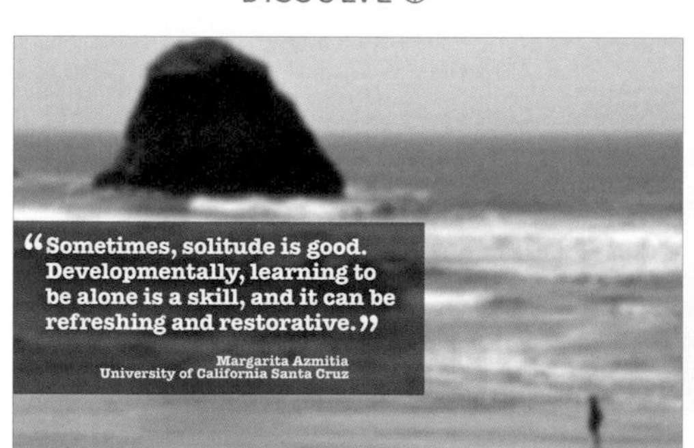

▲我先放上一張有著在海邊獨自散步的人的清晰照片（上方投影片），接著這張投影片平滑地過渡到下一張加入一段引用句的模糊版照片。

DISSOLVE

▲在這個例子中，我首先展示出一張有著引用句的模糊版影像，挑起觀者的興趣，令他們對圖中地點產生好奇。接著，這張模糊版投影片平滑地溶解，在下一張投影片中顯示出一座遼闊的海灘，有個人站在淺灘區。

範例投影片

在這一章中，你可以看到好幾份在「現實世界」中的投影片（因為空間有限，每份簡報都只有一小部分被節選出來在此展示）。這些範例投影片並不一定都是完美的。然而，在我們根據簡報內容是否遵循基本設計原則來判斷其好壞的同時，如果沒有親眼看見講者在現場如何利用這些影像來演說，其實我們也很難判斷出這份簡報設計的有效性有多高。雖然每一份投影片的內容和情況都不盡相同，不過，這裡所展示的投影片都有其共通點，那就是，它們都很簡單、高度影像化，而且都被用來當作是（或可以被當作是）現場演講中成功的配角，這些投影片為講者的說話內容增色，並且幫助他們把事情說明得更清楚一些。

在判斷你的視覺影像是否足夠有效時，可以根據以下經驗法則來問問自己：第一，這些影像是否吸引了觀者的注意力，讓他們的視線聚焦在螢幕上？第二，這些影像是否簡單易懂，而且有助於觀眾理解你的口語敘述？第三，這些影像（包括數據與資料）是否令觀眾對你的訊息留下印象？第四，這些影像能夠幫助你的觀眾除了理解和記憶你的訊息之外，在演講結束之後也有助於改變他們的思維或行為嗎？第四個經驗法則不見得適用於每一種簡報，但前三個法則倒是在每一種情況中都至關重要。

讓自己像竹

我為 TEDxTokyo 一場 12 分鐘的簡報，製作了以下三頁的投影片。在這場步調緊湊的演講中，我和大家分享了如何藉由觀察周遭的世界來學習各種課題。即便是看來不並起眼的竹子，都能夠帶給我們關於簡單、彈性和韌性的啟發，而竹子在日本文化中扮演著一個不可或缺的角色。我用假的和紙來合成投影片的背景，製造出一種有大地感的質地。為了配合東京會場的螢幕，這份投影片的長寬比設定為 16:9。你可以在 Youtube 找到這場簡報的所有投影片，請搜尋「TEDxTokyo - Garr Reynolds - Lessons from the Bamboo - [English]」。

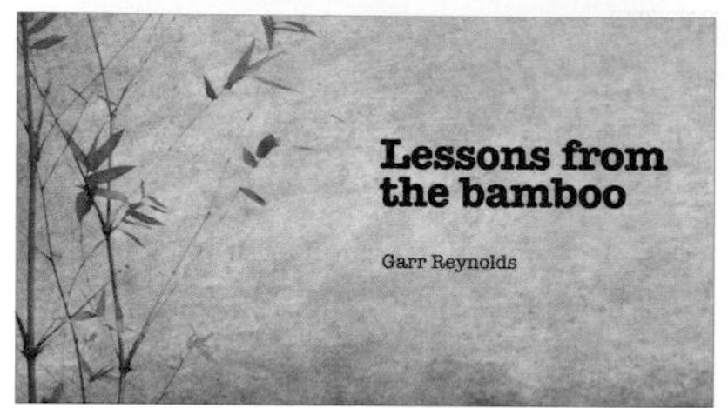

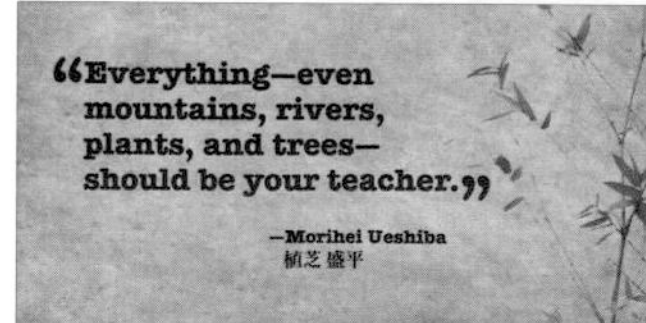

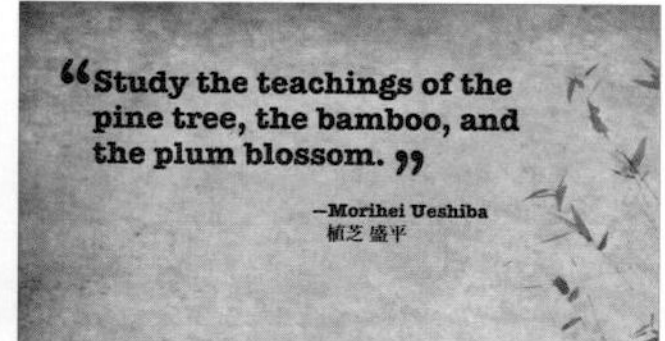

(1) Remember: What looks weak is strong
What looks fragile is strong.
You do not have to be big to be strong.
"Those who cannot feel the littleness of great things in themselves are apt to overlook the greatness of little things in others."
— Kakuzo Okakura
(2) Bend but don't break
(3) Firmly rooted yet flexible
(4) Slow down your busy mind
(5) Be always ready
"The warrior, like bamboo, is ever ready for action."
—Kensho Furuya
(6) Find wisdom in emptiness
"Empty your cup so that it may be filled..."
—Bruce Lee
(7) Smile, laugh, play.
→笑う
Born to play
純粋な笑顔の力

(8) Commit yourself
to growth & renewal

百尺竿头更进一步
Even a 100 foot stalk of bamboo
can progress one more step.

(9) Express your usefulness
through simplicity

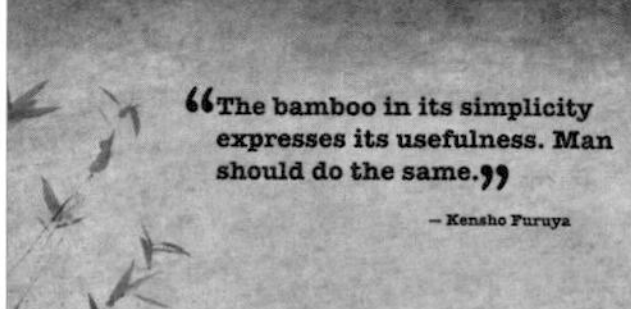
"The bamboo in its simplicity expresses its usefulness. Man should do the same."
– Kensho Furuya

簡素
Simplicity

(10) Unleash your power
to spring back

七転び八起き
Fall seven times, get up eight.

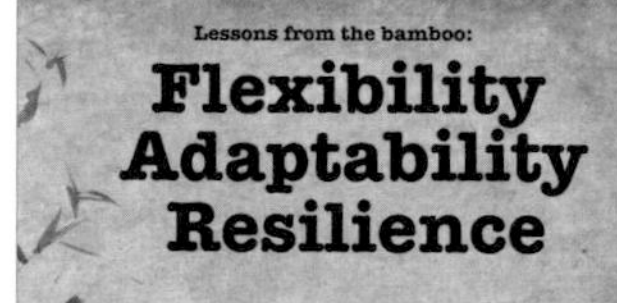
Lessons from the bamboo:
Flexibility
Adaptability
Resilience

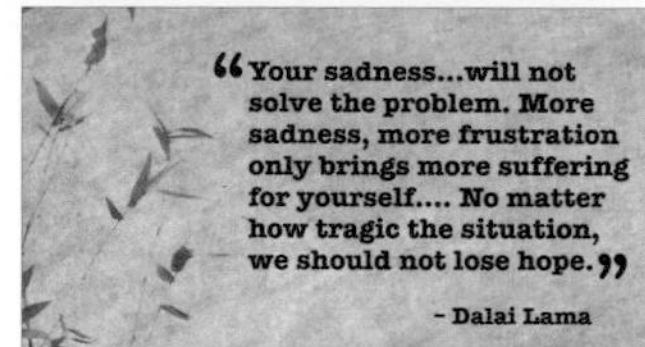
"Your sadness...will not solve the problem. More sadness, more frustration only brings more suffering for yourself.... No matter how tragic the situation, we should not lose hope."
- Dalai Lama

Be like
bamboo

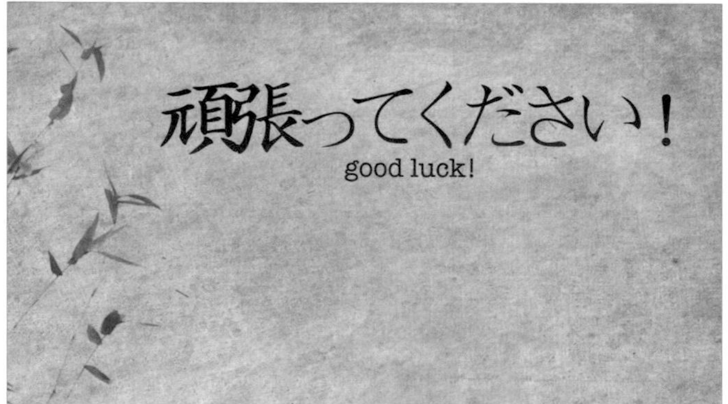
頑張ってください！
good luck!

終

像設計師一樣思考

我只利用了字體和背景就快速且簡單地製作了這份長寬比為 4:3 的投影片（配合演講會場的螢幕）。我用這些投影片在一場 60 分鐘的課程裡向一群非設計師觀眾介紹設計的基本概念。在大部分時間裡，這堂課程是來來回回地進行討論，而投影片的功能只是顯示在螢幕上，提醒我們現在進行到哪個部分，並且提供這堂課的大綱架構。我用白板和講義來提供並說明每個關鍵訊息的範例。

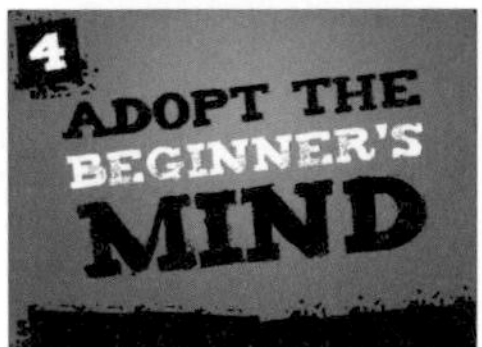

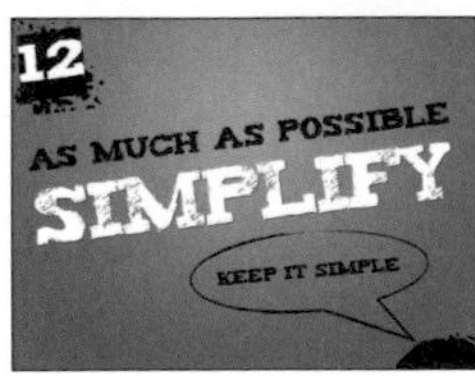

吉罕・佩雷拉 | Gihan Perera

暢銷書《*Webinar Smarts: The Smart Way for Professional Speakers, Trainers, Thought Leaders and Business Professionals to Deliver Engaging and Profitable Webinars*》（暫譯：網路研討會的智慧）作者
www.webinarsmarts.com

網路研討會專家吉罕・佩雷拉提供了如何舉辦有效且打動人心的網路研討會的建議。

網路研討會已然是一種主流的簡報工具，但是許多講者（甚至是經驗老道的講者）都做得很差。網路研討會和現場簡報（如座談會、培訓課程或會議簡報）的最大差異在於簡報的環境。當你在現場進行簡報時，這個環境（如房間格局、燈光、螢幕、舞台、座位和觀眾注意力）正是為了聚焦在你和你的簡報而設計。與之相比，對於參加網路研討會的人來說，簡報只不過是在一個小小的螢幕上，而大環境裡充滿了其他令人分心的東西。

這表示你必須更努力地吸引觀眾，並在整個簡報過程中令他們保持注意力。

這裡有七個技巧可以讓你在網路研討會上做出更有效且更打動人心的簡報。

1. 保持密切相關

如果你的網路研討會保證分享下週末的樂透中獎號碼，你絕對可以引起人們的注意力 —— 就算音效刺耳、網路超慢、投影片超多、充滿條列式重點、剪貼圖案和難看的字體！所以，首先你要確保自己確實理解你的觀眾，解決他們的問題，回答他們的問題，然後創造價值。實在的內容總是勝於華麗的風格，但是也不要只滿足於其中一個 —— 你必須應精通兩者。

網路研討會的觀眾需要資訊和教育。他們不是來被激勵、獲得啟發或是尋求娛樂（這是額外效果）。相反地，他們來到這裡，是為了獲得實實在在的價值，解決他們的問題，迎接挑戰與戰勝困境，以及展現抱負。

2. 使用更多投影片

在面對面的現場簡報中，你的投影片是一種視覺輔助；在網路研討會中，他們是視覺「主角」。使用比平時更多的投影片，保持觀眾的興趣，並強化視覺效果。網路研討會的參與者很容易一心多用（一邊聽著音樂，一邊查看郵件或做其他事情），所以，透過讓影像持續變化，吸引觀眾的注意力。

大致上來說，每張投影片都應該符合你當時正在說明的內容（比現場簡報更應該如此，有時現場簡報的某張投影片也許只是充當背景）。如果需要一分鐘以上的時間來闡述某個觀點，請使用多張投影片進行說明。

投入更多時間設計你的投影片。使用圖表與模型來取代條列式清單，以圖標替代文字，用照片代替剪貼圖案。你的投影片不必是藝術創作，但是它們必須具有打動人心的視覺效果。

3. 建構你自己的投影片

在你談論觀點的同時，建構出多重複合的投影片。如果你在展示一張圖表，那麼就從座標軸開始，然後顯示命名標籤，再來是長條或折線，接著是想要強調的資料點。如果你要展示一個模型，那就一步一步建構它。你可以在 PowerPoint 中使用動畫工具輕鬆打造這樣的投影片（但不要使用花俏的動畫，只要讓每個部分「出現」就好），或者使用一系列投影片來建構出最終的畫面。

4. 為內容建立路標

為你的簡報插入「路標」投影片，清楚解釋內容架構與順序。從大綱投影片開始，然後在每個主要重點前放上一張投影片，最後再以一張總結投影片收尾。這有助於觀眾在心理上掌握網路研討會的進展與順序，減少人們的困惑，避免分心。

5. 讓簡報生動起來

讓你的網路研討會變得生動且具有互動性。你的觀眾正在參加一場直播活動，所以，讓他們一同參與進來。在網路研討會的開始階段，讓他們做一些簡單的事情。這可以吸引人們注意力，從一開始就讓他們參與進來，並且證明這場活動並不僅僅是另一場無聊的簡報。舉例來說，你可以舉行一場投票，提出一個難題，請人們寫下一些字句，或者請一些人大聲說出來。

6. 轉換觀眾的能量

與其他任何簡報一樣，請為網路研討會設計能夠轉換能量的橋段，例如：

- 舉辦線上投票
- 請參與者寫下或畫些東西。
- 停止說話 30 秒，留下反思的時間。
- 展示一份清單，請人們在腦中選出三個最重要的事情。
- 邀請人們提問。
- 將簡報交給另一位嘉賓講者。
- 從投影片模式切換到網頁或其他軟體。

在你的第一場網路研討會上，你不會做以上所有事情。隨著時間與經驗累積，你將對技術越來越熟悉，就能更從容地設計這些橋段。

7. 在準備好之前就開始

網路研討會可能令人不安，緊張不已，即使是經驗老道的講者也是如此。唯一的解決方法就是不斷的練習。從小處開始著手，減輕壓力與負擔。從小群的觀眾開始，不必一開始就得是一大群觀眾。在你開始收費之前，舉辦免費的網路研討會。讓別人來為你管理技術方面的問題。為你預計說的內容寫下腳本。

無論你想怎麼做：馬上開始吧！

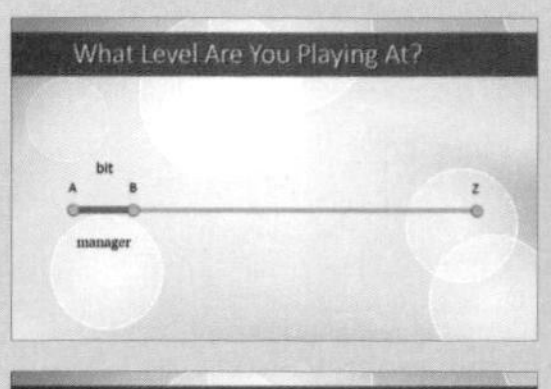

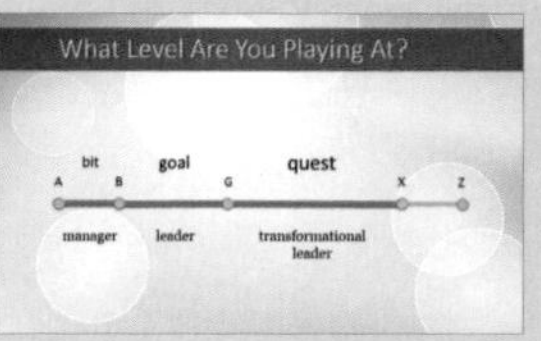

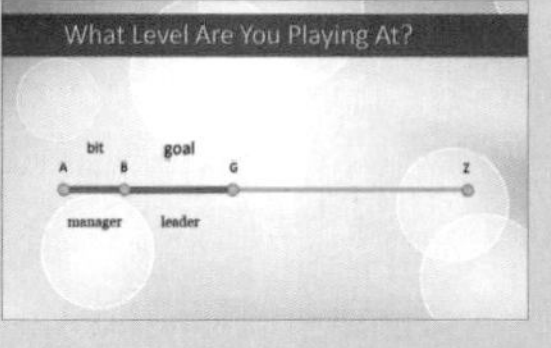

◀ 建構你的影像，讓人將注意力維持在你的螢幕和口述內容上。你可以使用投影片軟體的動畫功能，或者是運用一系列投影片來做到這一點。

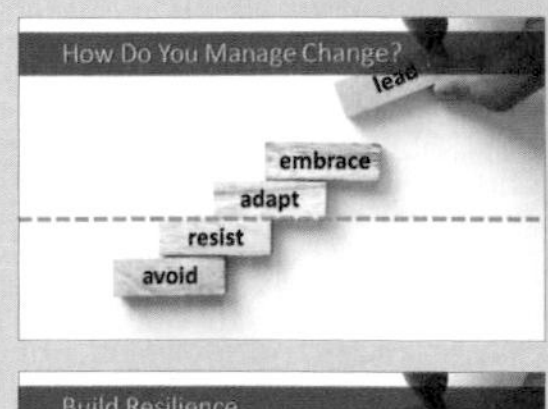

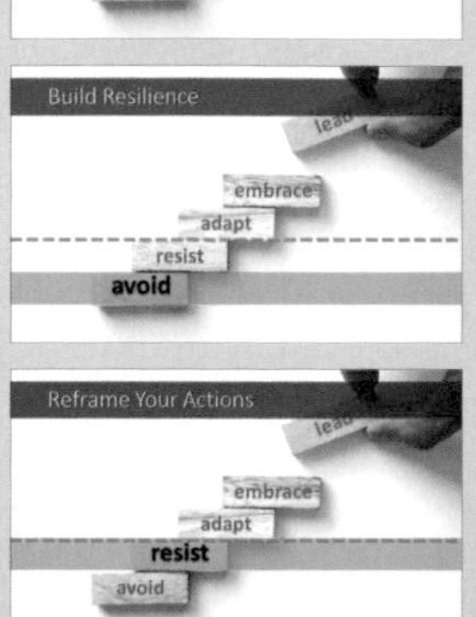

◀ 插入路標投影片，展示流程順序，清楚說明你的網路研討會架構。你可以使用簡單的清單 —— 比起條列式重點更具視覺效果的清單，如上方第一個例子。如果你想在投影片設計上更加用心，那麼可以讓這個清單更有視覺吸引力，如上方第二和第三張圖例。

捐贈情形的變化

城市研究所（Urban Institute）的非營利與慈善中心副總裁席那・艾希莉（Shena Ashley）在華盛頓特區發表演講時使用了這些投影片。城市研究所的資料視覺化專家喬・施瓦比什（Jon Schwabish）協助設計了這些投影片，他說，觀眾包括了大型非營利組織的專業人士與慈善家。「我喜歡這份簡報（除了很棒的視覺影像外），它有著乾淨、簡單的設計，還有簡單易懂的資料視覺化。」施瓦比什說。

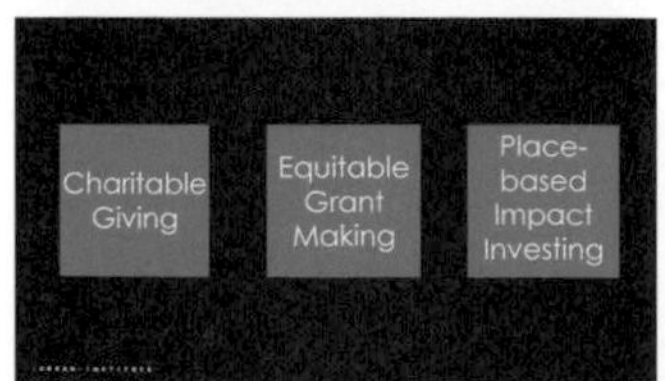

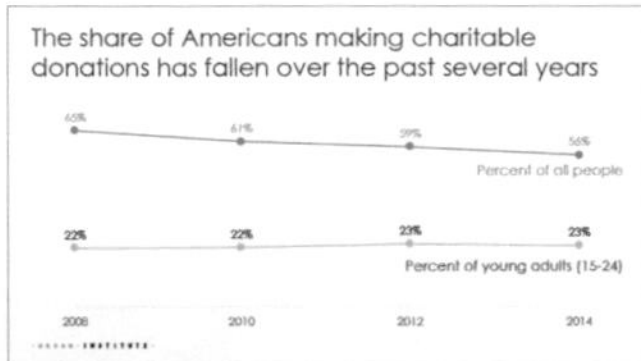

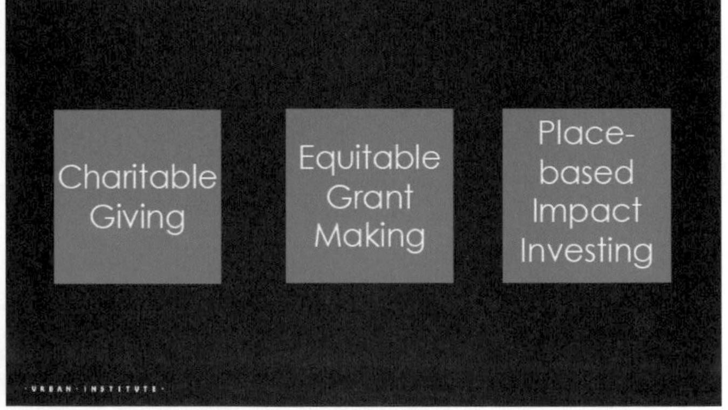

$286 billion

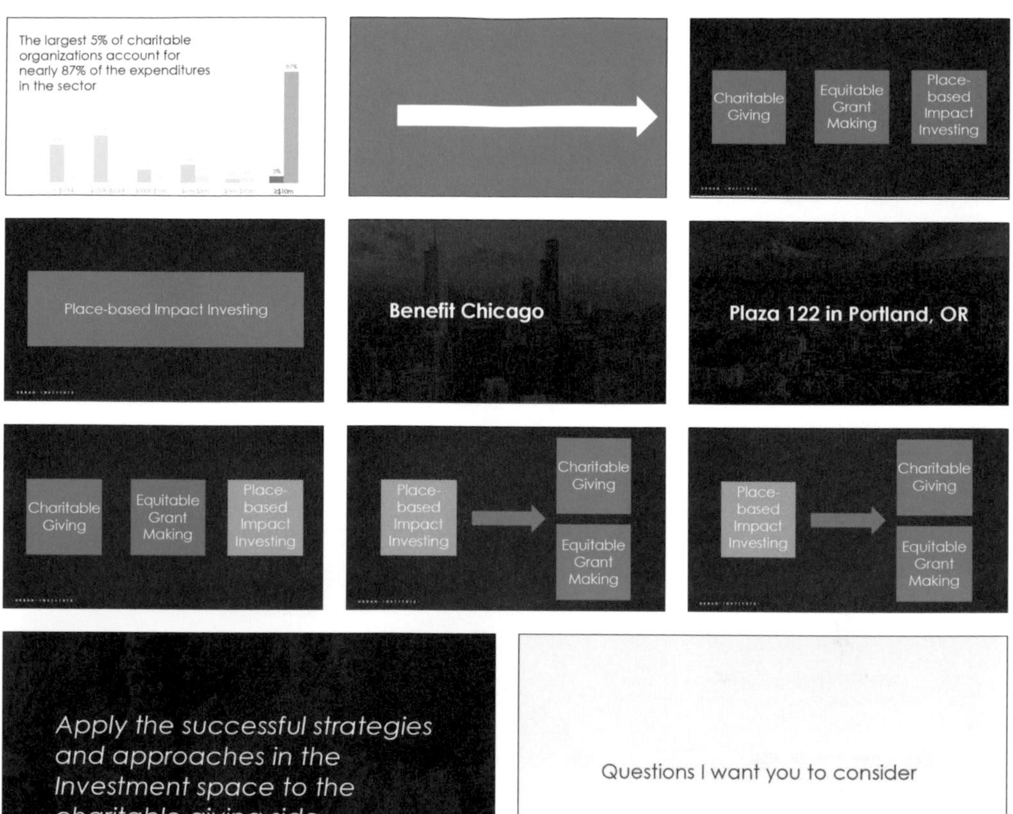

在 30 分鐘的問與答時間中，螢幕上出現了以上投影片。在討論結束後，講者以提問的形式呼籲參與者採取行動。這些問題會一個接一個出現在螢幕上。在感謝觀眾之前，接續在問答環節後做一個簡短總結或明確的行動呼籲是一種很不錯的方式。

- Who else is **active and influential** in the spaces we are working in-other institutional and individual funders?
- Are there **partnerships** that could accelerate achieving social impact?
- Is there **more we can and should do** to set our applicants and potential grantees up for success?

@shenarashley | #GIHAC

真確性

www.gapmider.org 製作

這份簡報可以從 www.gapminder.org 免費取用，這是一個簡單設計的好例子，簡述了漢斯・羅斯林的著作《真確：扭轉十大直覺偏誤，發現事情比你想的美好》。每張標題投影片代表十大關鍵的一個要點，並以三個步驟構成，各以三張投影片展示。Gapminder 是一個我非常喜歡的網站。除了這套簡報以外，網站上還免費提供了十幾套簡報投影片，是價值非凡的線上資源。這些投影片已經在過去幾年來展示於公開演講或 TED 演講中，你可以在 *www.gapminder.org/factfulness* 中找到這份簡報。

Factfulness

A practical guide to critical thinking.
By
www.gapminder.org

These slides are useful to explain the ten dramatic instincts of Factfulness.

For more info see:
www.gapminder.org/factfulness

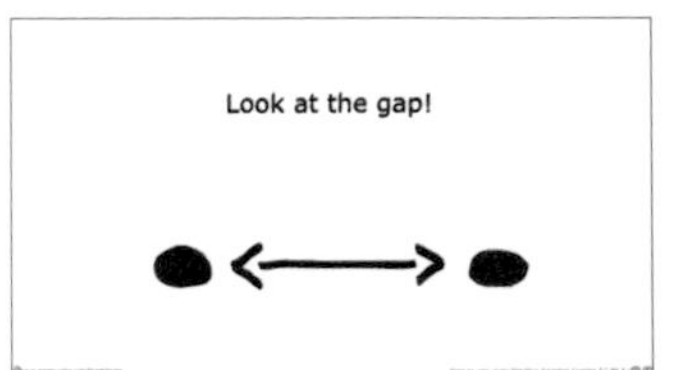

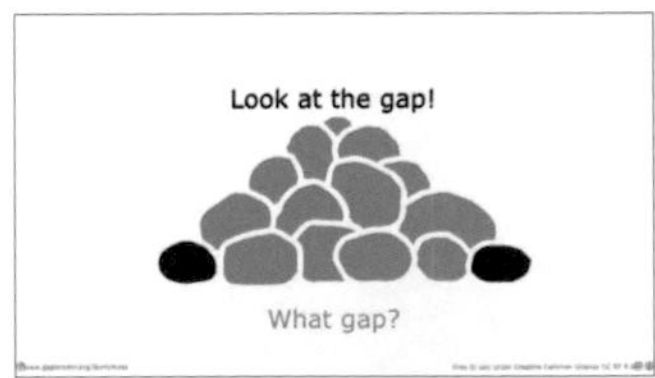

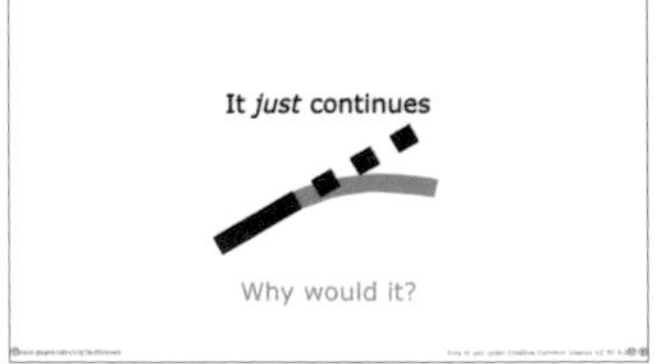

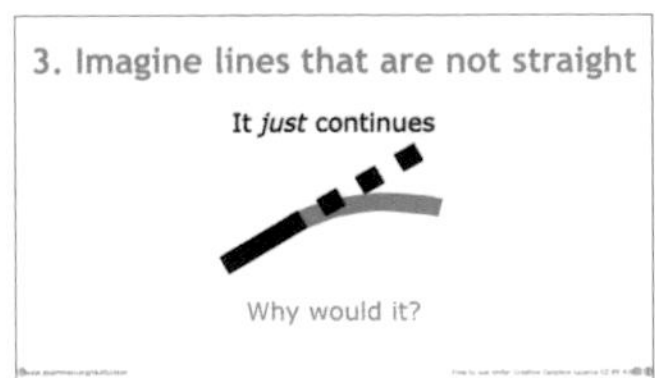

It's big!

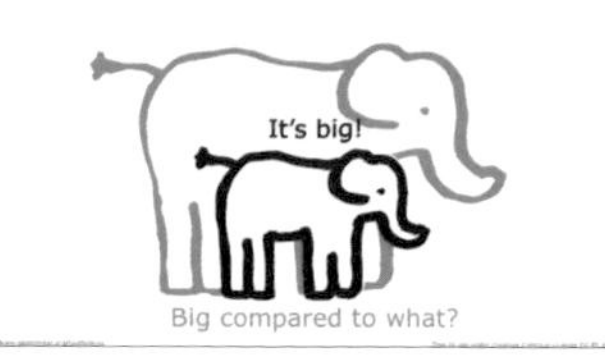
It's big!
Big compared to what?

5. Check proportions
It's big!
Big compared to what?

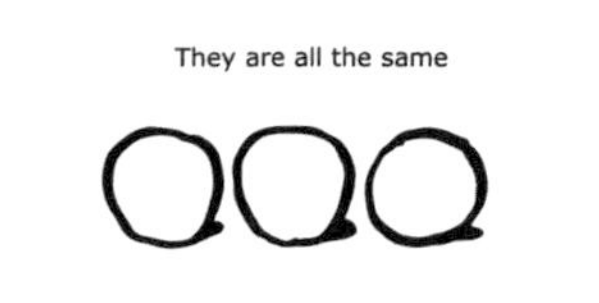
They are all the same

They are all the same
How useful are you categories?

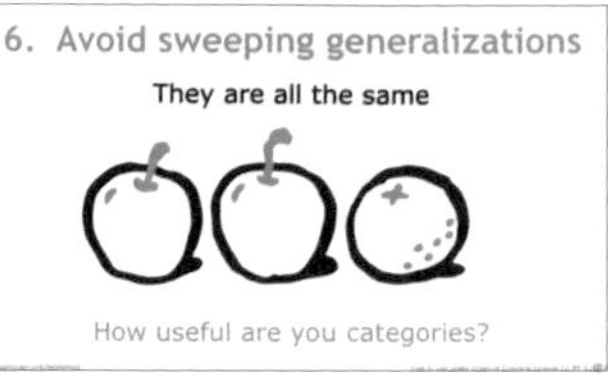
6. Avoid sweeping generalizations
They are all the same
How useful are you categories?

This is the destiny!

This is the destiny!
Is the destiny slowly changing?

7. Notice slow changes
This is the destiny!
Is the destiny slowly changing?

This is the solution!

This is the solution!
What other solutions exist?

8. Use multiple tools
This is the solution!
What other solutions exist?

That's the bad guy!

That's the bad guy!
What other explanations exist?

9. Resist blaming
That's the bad guy!
What other explanations exist?

It's now or never!

It's now or never!
Can we take it stepwise?

10. Take small steps
It's now or never!
Can we take it stepwise?

10 FACTFULNESS COMMANDMENTS
1. Locate the majority
2. Expect negative news
3. Imagine non straight lines
4. Control your fears
5. Check proportions
6. Question your categories
7. Notice slow changes
8. Use multiple tools
9. Resist blaming
10. Take small steps

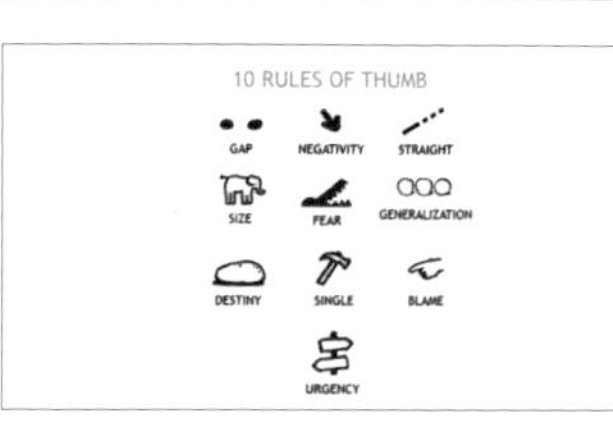
10 RULES OF THUMB
GAP
NEGATIVITY
STRAIGHT
SIZE
FEAR
GENERALIZATION
DESTINY
SINGLE
BLAME
URGENCY

日本溫泉禮儀

我用這些投影片為訪問日本的大學生做了導覽介紹。這些投影片是為了補充我所說的簡短內容，由於演講主題本身很簡單（而且選擇在每一張投影片展示一個關鍵要點），如果將這些投影片印出來（儘管會遺漏重要細節），可以很快理解。我使用向量化的圖案，因為它們可以輕鬆調整大小，解析度也不會受損。我選擇能夠搭配圖案的背景和文字色彩，簡單的元素和色彩貫串整份簡報，給人一種統一、簡單且輕盈的感受。

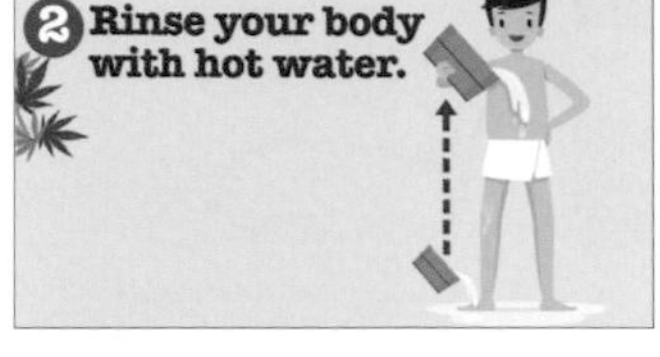

高橋流簡報

高橋征義｜Masayoshi Takahashi
網路應用軟體開發者，日本東京
www.rubycolor.org/takahashi

高橋征義是位程式設計師，大約在本書第一版問世時，他在日本的科技類研討會中自創了一種新的簡報方式。高橋的簡報中只使用文字，但不是隨便的文字——是非常大的字。超級大的字。這些文字的比例大得讓人印象深刻，而且通常一張投影片裡只能放得下幾個字而已。高橋說，他的目的就是要使用簡短的字詞而非冗長、複雜的句子來表達。他的投影片雖然都是文字，但就讓人能一目了然、立刻了解他的觀點的這層意義上，卻和影像非常類似（如果你看得懂日文的話）。正如他所說，如果你用條列式或是長句子，觀眾會去閱讀而可能因此沒有聽到你所說的話。

高橋
メソッド

プレゼン
テーションの
一手法

特徴

巨大な
文字

簡潔な
言葉

歴史

PowerPoint
は持ってない

HTML

文字だけ
で勝負

せめて
大きく

利点

4つ

(1)

見やすい

(2)

表現が
簡潔に
なる

(3)

発表
しやすい

塗鴉者們，集合吧！

桑尼・布朗｜Sunni Brown

www.sunnibrown.com

桑尼・布朗（Sunni Brown）是一位暢銷書作家、視覺思考專家，以及塗鴉革命（Doodle Revolution）的領袖。2011 年，TED 的製作團隊希望提供 6 分鐘的簡報。桑尼是首批發表 6 分鐘 TED 簡報的講者之一。準備如此簡短的簡報實非易事。「我花了整整四個月，幾乎每天都在修改與打磨，才抵達最終的 6 分鐘目的地。」她說。「在設計我所做過最短的簡報的過程中，我有幾十種開場、幾十種結尾，以及幾十次試著讓兩端銜接起來的路徑。我有堆積如山的研究必須壓縮與提煉。」桑尼打造了一個簡單的故事來傳遞她的訊息。鑑於簡報主題的性質，桑尼在數位繪圖板上繪製塗鴉，設計出完美切合主題的投影片。

"I have been a closet doodler for as long as I care to remember – petrified by the concept that doodling meant I wasn't paying attention."

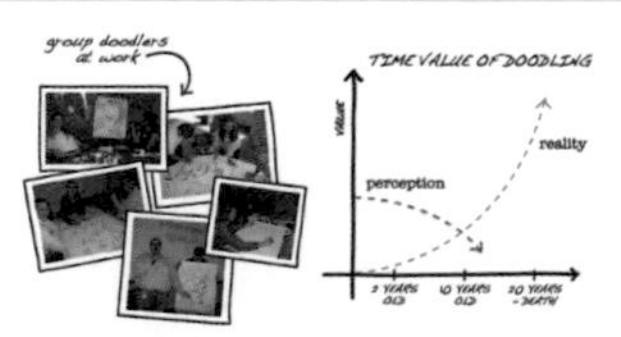

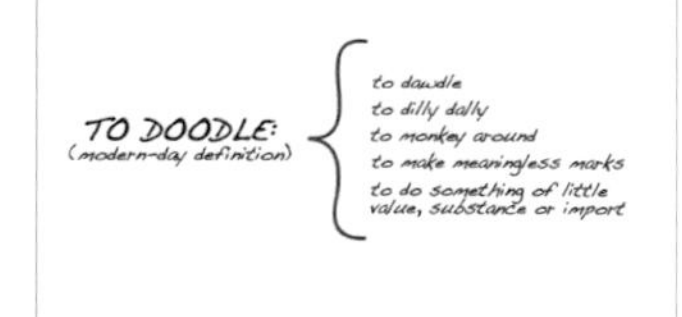

"While leaders of the free world were solving [big problem]... [important person] was caught doodling."

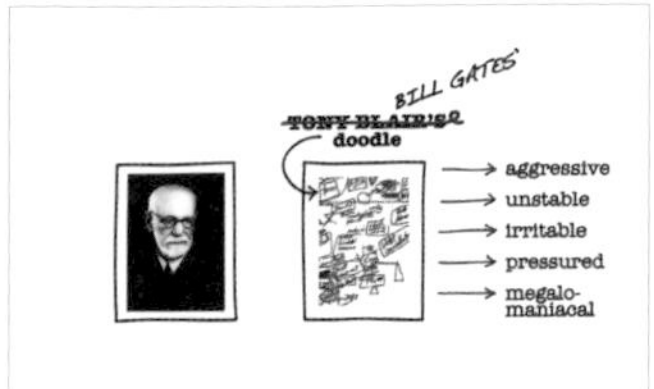
BILL GATES'
TONY BLAIR'S
doodle
aggressive
unstable
irritable
pressured
megalo-maniacal

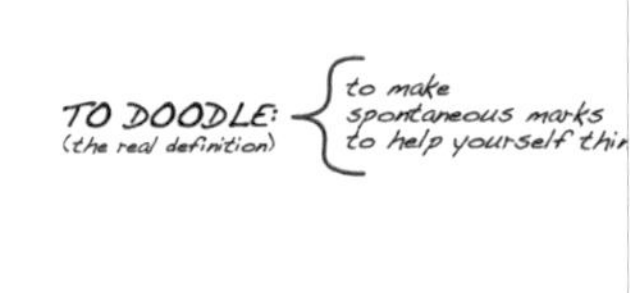
TO DOODLE:
(the real definition)
to make spontaneous marks to help yourself thin

29% greater retention

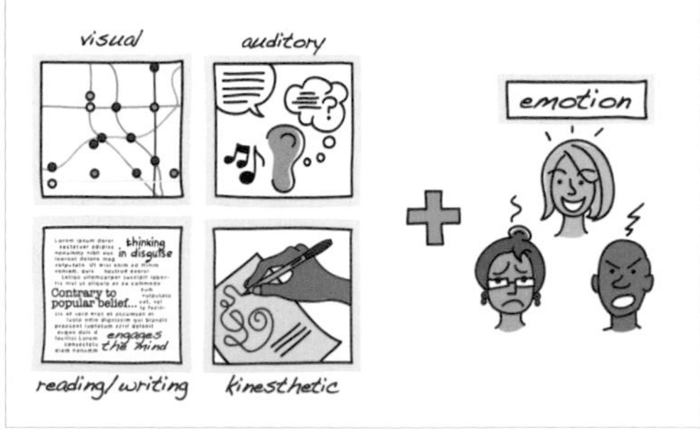
visual
auditory
reading/writing
kinesthetic
emotion

The artistic process unfolding...
scribbles
meanders
labyrinths & mazes
spirals
almost-perfect circles
circles with radials
circles with aligned radials
parallel figures
rectangular figures
oblique figures

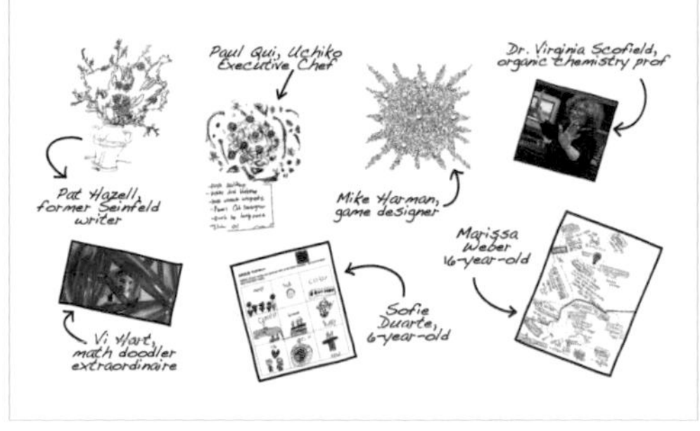
Paul Qui, Uchiko Executive Chef
Dr. Virginia Scofield, organic chemistry prof
Pat Hazell, former Seinfeld writer
Mike Harman, game designer
Marissa Weber 16-year-old
Sofie Duarte, 6-year-old
Vi Hart, math doodler extraordinaire

Lyndon Johnson
Thomas Edison
Barack Obama
Harry Truman
George Washington
Pablo Picasso
Richard Nixon
Frank Gehry

JOIN THE Doodle REVOLUTION

在醫療論壇令眾人驚艷的醫師

安吉亞・伊方德（Andreas Eenfeldt）是位年輕、身高超過 200 公分的瑞典醫師，他熱愛用不同的方式來做簡報。我第一次遇到安吉亞是在巴黎的簡報禪座談會。很典型的，他就是那種從事很重要的工作，而且能影響眾人的人物，他喜歡運用自己的知識和經驗來挑戰約定俗成的一般性作法，然後做出戲劇性的改變。他說：「是時候來一場健康革命了。」因為他很早就發現到，要進行這場革命，想把自己的理念傳播出去，一定要擁有能吸引他人聆聽的簡報技巧才行。

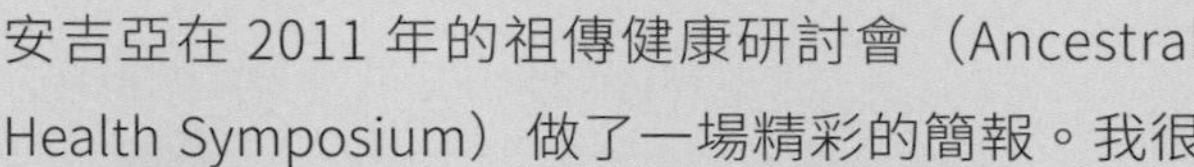

安吉亞在 2011 年的祖傳健康研討會（Ancestral Health Symposium）做了一場精彩的簡報。我很喜歡這場簡報，他的簡報擁有很流暢的順序和架構，提供了充足的證據來為他的論點佐證。他也在現場分享了朋友的私人故事，在各種數據以及引用醫界知名人士的話語之間，取得巧妙的平衡。同時，他也將一些自己個人的故事放進簡報內容。過去的安吉亞並不是一個這麼出色的講者，所以我問他這中間的轉折是什麼。

> 在醫界，到處都是那種讓人聽了會無聊到睡著的簡報 —— 這是標準狀況。當然，這算是個好消息，因為只要你的簡報能比那個稍微好一點就夠了。從 2008 年開始，我越來越常做有關低碳水化合物營養的簡報。就是在那個時候，我發現光是念簡報上寫的資料給觀眾聽，效果並不理想。我那時的簡報技巧（也不過才三年前）就和一般的醫師一樣糟糕。所以我開始 Google，去看 YouTube 上各種有關演講的影片。很快我就找到了 Presentation Zen 的網站，我應該已經把上面的每一篇文章都看過了，而且 也讀了所有 Presentation Zen 系列的書，還有南西・杜爾特的書，大部分的書都推薦我去 presentationzen.com。從那時候開始，我在瑞典一共做了 150 次演講，其中有四次是英文。所以，在短短三年之內，我的簡報技巧就從很糟糕進步到還不錯了（就算用我的第二語言來講也還不錯）。我不禁好奇，照這樣下去，十年之後我的演講不知道會變成什麼樣子呢。

在準備方面，安吉亞說他會先在白板上用便利貼來做腦力激盪，然後篩選出最重要的論點，將它們分類、製作出核心訊息，最後按照最佳的順序全部組織起來。下一頁中你可以看到幾張他的投影片，這是從一場 45 分鐘的簡報、超過 100 張的投影片中挑選出來的。

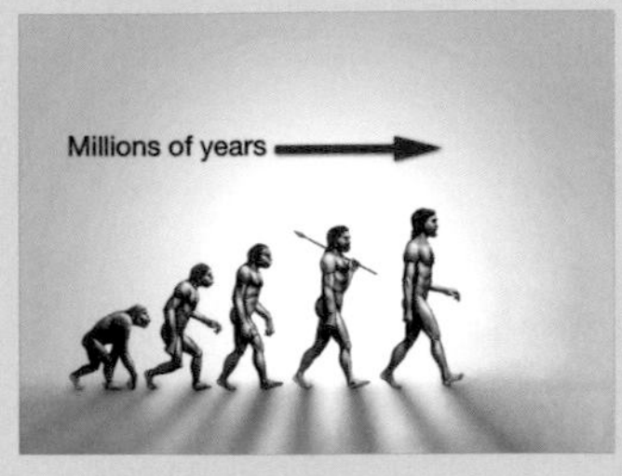

◀這兩張投影片出現在他簡報的一開始 —— 也就是所謂的重點闡述階段 —— 他在這個階段裡介紹問題所在，即肥胖症其實是近期才出現的現象。

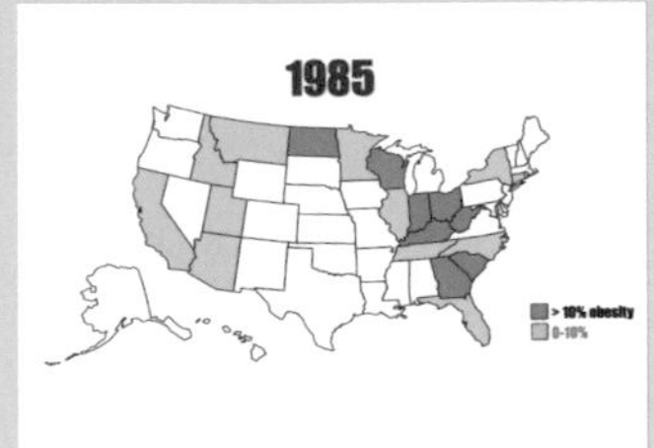

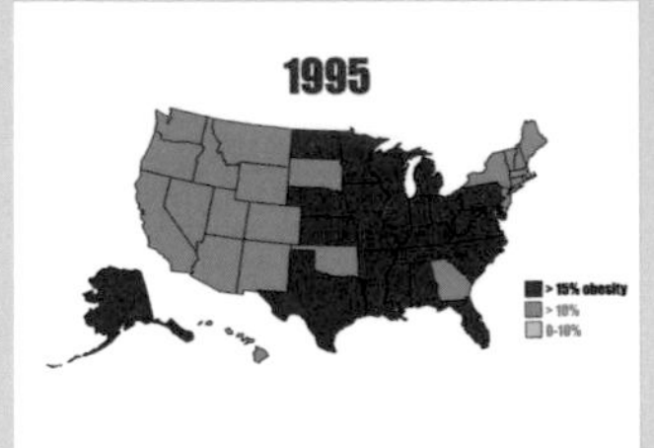

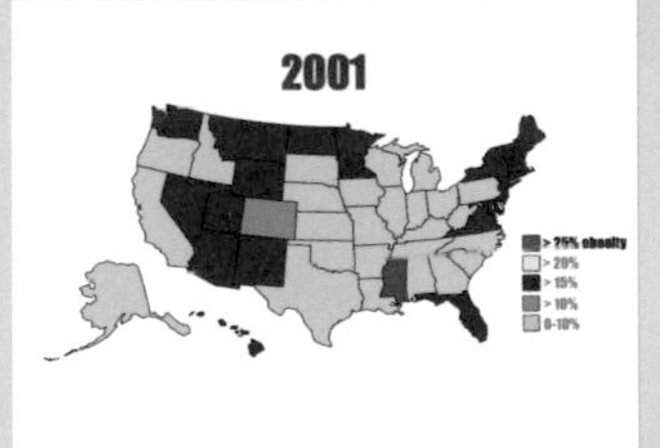

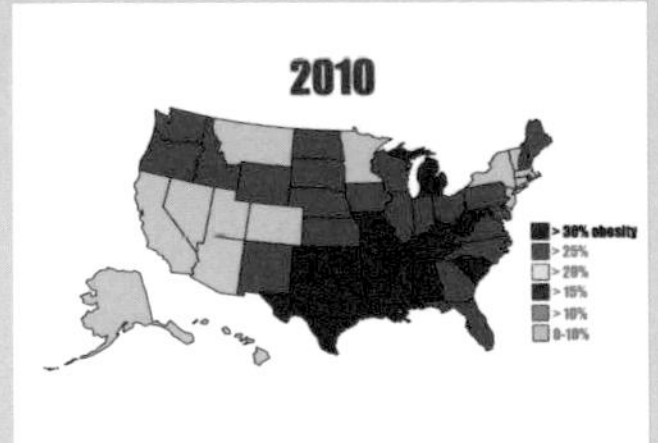

◀這位醫師接著使用了從衛生署取得的統計資料，以 14 張投影片（這裡看到的是其中 4 張）進行說明。這裡的主角是一張美國地圖，隨著 27 年間肥胖症的急劇增加而產生變化，清楚而深刻地反映出整體概況。

"Two generations of Swedes have been given bad dietary advice and have avoided fat for no reason. It's time to rewrite the dietary guidelines and base them on modern science."

Göran Berglund
Professor of Internal Medicine, Lund

Interview in *The Daily News*, Sweden's biggest newspaper. December 2009.

"It's time to face the facts. There is no connection between saturated fats and cardiovascular disease."

Peter Nilsson
Professor of Cardiovascular Research, Lund

Lecture in front of 500 Swedish doctors. January 2010.

◀一個很好用的簡報技巧就是引用名人所說的話，藉此來增加你的論點的力量。安吉亞在他的簡報中也引用了幾個不同人的話 —— 他使用大字體，並且將重點以不同顏色強調出來，營造出一種非常簡單且清楚的設計感，即使坐在演講廳最後一排的人都能輕鬆看見。

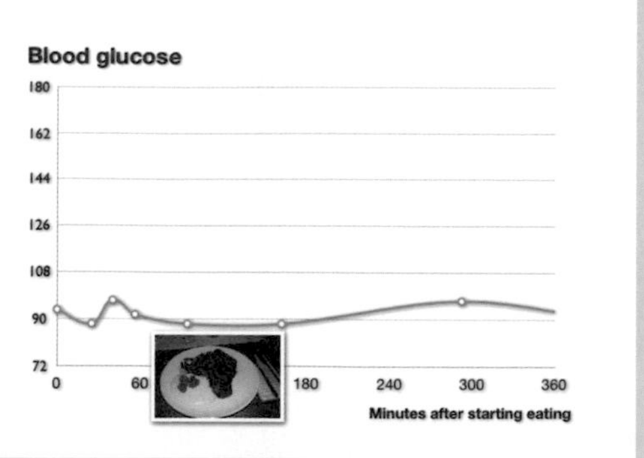

▲這位醫師也提供自己的經驗談。在吃完一類自家烹煮、低碳水高脂肪的餐點之後，他測了自己的血糖濃度，結果其實非常穩定，從圖表中可以清楚看見。

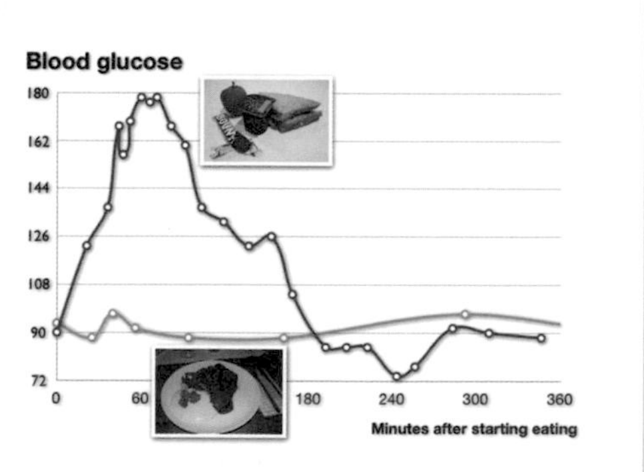

▲接著，安吉亞將他的低碳水高脂肪餐點與另一個充滿糖分的高碳水午餐（矛盾的是，這份餐點是在斯德哥爾摩一場糖尿病研討會上提供的）進行對比。儘管這個例子只是他的個人經驗，但對於觀眾來說非常有共鳴：這是一種非常簡單、清楚，而且具有視覺效果的說明。

創新是什麼？

克萊蒙・卡扎洛特｜Clement Cazalot

幾年前，我在法國巴黎的一場會議中認識了克萊蒙・卡扎洛特。我對他的演講印象深刻，尤其是簡報的視覺效果。僅管這裡只展示了幾張投影片，但如你所見，他所有的投影片都是手繪的。這使得他的簡報在視覺上與眾不同。這在當時是非常少見的技法，即便是現在也並非常態。你可以用繪圖板來手繪投影片，但是克萊蒙用的是實際的筆記本，也就是寫在白紙上的黑色墨水。接著他在圖片編輯軟體中反轉顏色，你瞧！這時影像就變成了黑色背景中的白色塗鴉。

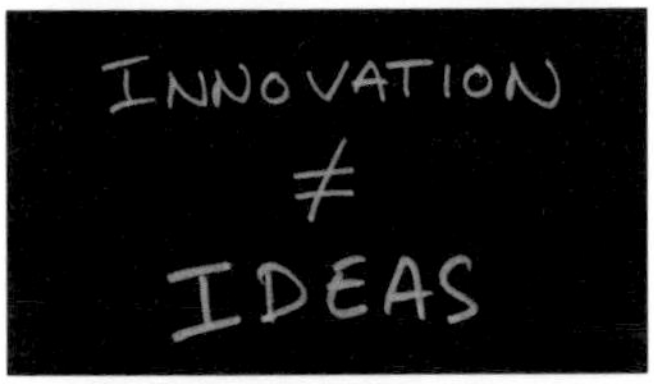

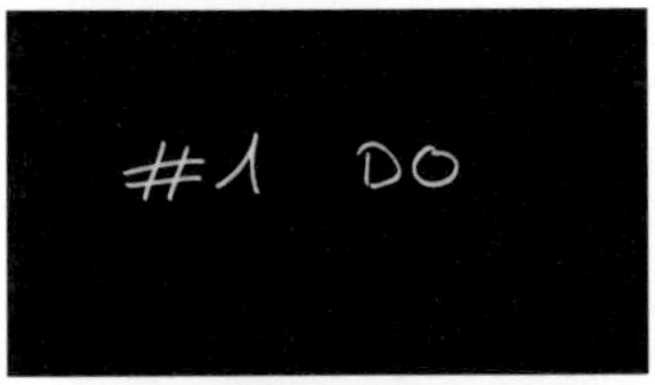

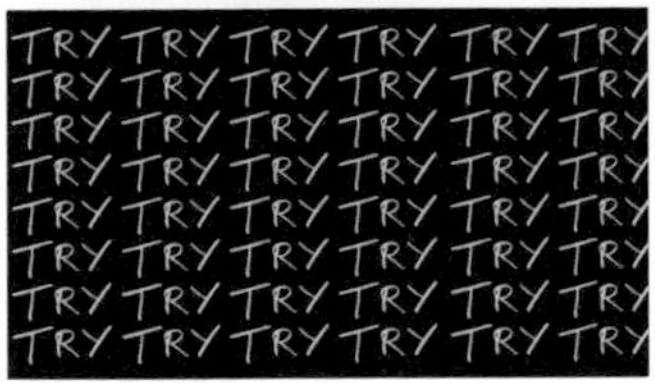

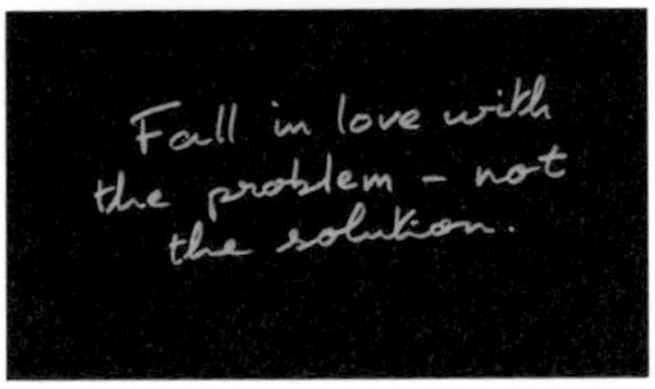

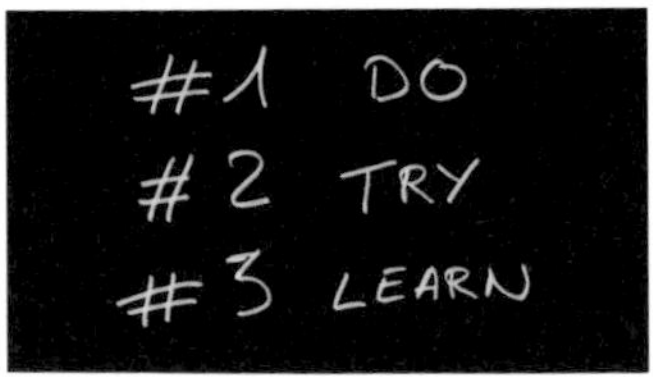

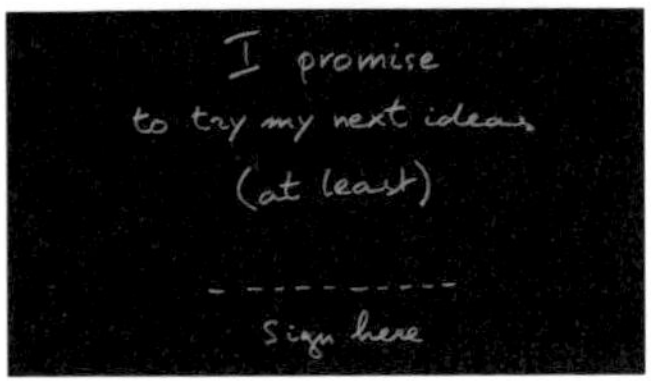

21世紀教育中學生簡報所扮演的角色

最近，我受邀為日本幾百位教師做了一次英語簡報（有提供口譯服務），主題是學生簡報。演講廳的螢幕非常大，長寬比為 16:9，適合具有戲劇效果的影像以及巨大的字體。以下是大約 100 張投影片中的前 25 張。

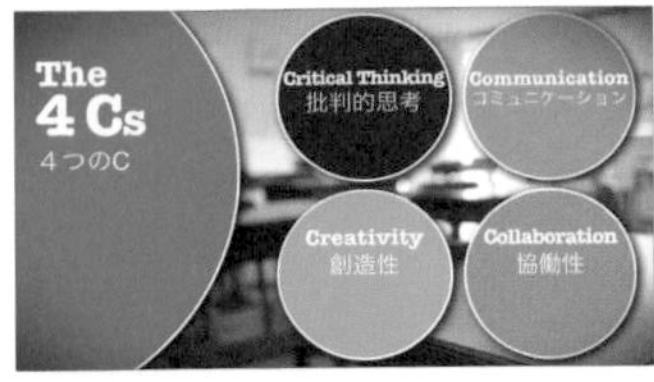

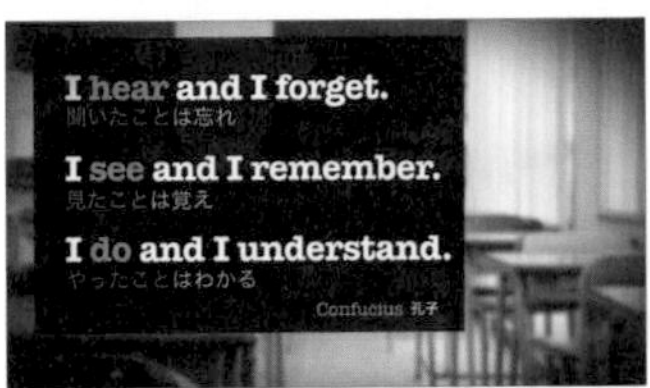

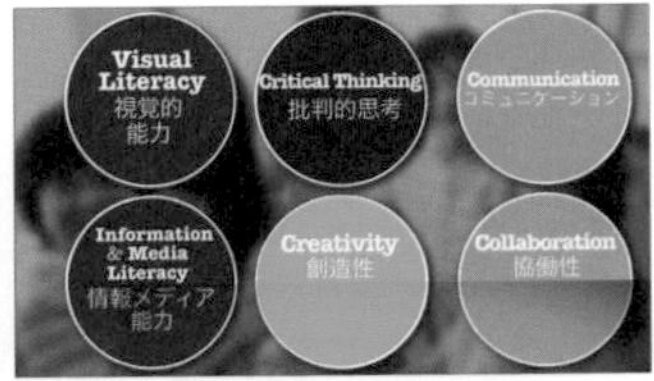

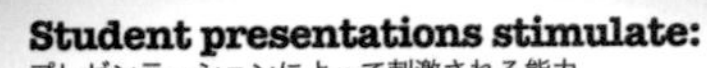

- Curiosity 好奇心
- Exploration 探究心
- Wonder 不思議
- Imagination 想像力
- Independence 独立心

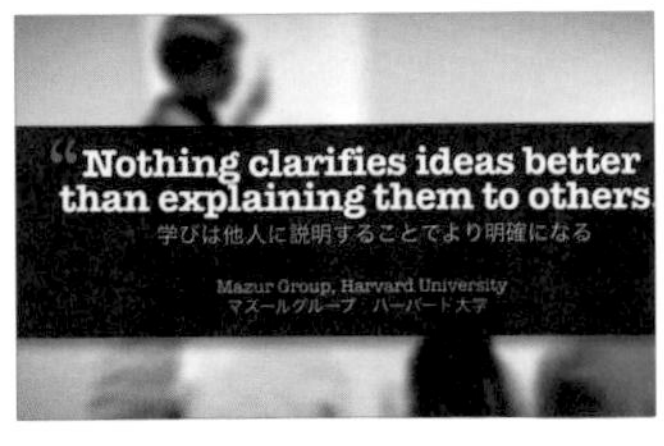

▲比爾・蓋茲在舞台上發表簡報，輔以具有渲染力的大型影像。

歸納整理

好的視覺影像能強化講者的訊息。這裡的範例投影片能夠清楚地呈現出當你結合了文字與圖片後，所能產生出的各種可能性。從技術角度來看，這些投影片並不難製作。你只需要簡報應用軟體以及影像編輯軟體就可以做到。你所設計的投影片或其他影像要變成什麼模樣，完全取決於你獨有的狀況、內容和特定的觀眾，不過，我還是希望你能把下列事項謹記在心：

- 你所製作的影像要很簡單，並且擁有清楚的設計重點，而其中所包含的元素要能夠引導觀眾的視線。
- 為房間最後一排的人設計。讓所有人都能夠清楚看見影像中的元素，無論他們坐在哪裡。
- 要有一個影像主題，但避免使用讓人厭煩且已經被過度使用的軟體預設模板。
- 以有趣的方式運用照片和文字，但永遠要記得在元素中取得平衡。
- 少用或完全不用條列式重點。
- 使用高解析度的圖片。
- 建立（活化）多重複合的圖像來輔助你的口述內容。
- 牢記「用最少的東西來達到最大的效果」。
- 學著看見留白的空間，並且學著利用它來讓影像更加清晰明確。

delivery
講演

「現在，就待在此處。要去別的地方，等會再說。這有很複雜嗎？」

—— 大衛・貝德（David Bader）

8

完美表達的藝術

我們生活在一個充滿干擾、令人分心的年代。當我們試著要進行面對面對話時，如果遇上了一個不時查看手機、看起來心不在焉、沒有「身在此處」聆聽並提供意見的人，通常都會覺得很不受尊重。但是我們卻變得很習慣於忍耐沒有全心全意對待觀眾與演講主題的講者和簡報者。在做演講或簡報之時，最重要的一件事情是，專心於當下。一個好的講者會全心全意地處於當下，在當場與當時，對觀眾投入付出。也許他會有緊張的問題（誰沒有呢？），但是他會把這一切都放到一邊，因為這樣他才有可能真的「存在於當下」。當你在台上做簡報的時候，你的腦子裡不應該被成千上萬的思緒佔據，也不應該與這些思緒相互拉扯，讓你的此刻所在受到干擾。要與一個「心有旁騖」的人進行對話是不可能的事。同樣地，當你「心有旁騖」的時候，你也不可能做出一場真正成功的簡報。

在禪的世界中可以學到的一件最基本的事就是全心全意。你也許可以從冥想（坐禪）之中知道何謂全心全意。不過，禪最有趣的地方在於，它不自外於真實的世界。也就是說，禪並沒有什麼日常生活與性靈生活的區別。冥想根本不是逃離現實的方法，相反地，每天生活中一成不變的各種規律，卻可以成為冥想的方式。當你察覺到你的行為與看法通常都是根據腦中冒出來的一句話所形成的自然反應，那麼，你就可以放下這些看法。所以，與其一直討厭洗碗這件事，還不如就去把碗給洗了。當你在寫一封信，就好好地寫信。而當你在台上做簡報的時候，就好好地做簡報。

全心全意所關注的是此時此刻 —— 並對這個當下有所覺察。每個人都可以擁有真正的全心全意，雖然很不容易做到。我們現在的生活變得如此瘋狂，忙著處理工作與人際關係、回覆電子郵件、傳簡訊、投入社群媒體（或受其干擾），被全天候 24 小時的即時新聞瘋狂轟炸。我們的腦袋裡有這麼多事、這麼多煩惱。煩惱是最糟糕的東西，因為它不是跟過去有關，就是跟未來有關，而這兩者根本就不存在於現在。在我們的日常生活或工作中，包括分享簡報時，我們都一定要讓頭腦清靜，而且永遠只存在一個地方 —— 當下。

（照片來源：Justin Sulivan/iStockphoto.com）

史帝夫・賈伯斯與武士的藝術

正如在第 5 章中提到過的，賈伯斯掌握了一種簡單但卻能撼動人心的簡報藝術呈現方式。舉例來說。他的投影片絕對不會有擁擠的畫面，而且高度的視覺化，再加上他總是以一種流暢而渾然天成的方式來運用它們，他親自操作投影片和其中一些特殊效果的進行，卻完全不會讓人注意到其實是他本人在操作投影片。他擁有對話式的風格，而他的視覺影像也和他所說的話配合得天衣無縫。他的簡報建立在具體的架構上，這個架構讓他的投影片給人一種輕快的流動感，就好像是他正帶領著我們展開一趟小小的旅程一般。台上的他非常友善、自在，而且充滿了自信（也因此讓其他人得以放鬆），他所展現的熱情與投入程度相當吸引人，卻又不會太過。

一切看起來是這麼自動與自然。一切看起來都很輕鬆，所以你可能會想，這對史帝夫來說根本就是與生俱來的能力，對他來說，善用他的個人魅力來吸引觀眾是件再簡單不過的事了。但是你錯了。雖然賈伯斯的確是個很有魅力的人，但我不認為使用多媒體輔助工具來進行簡報，甚至親自做現場示範（有多少執行長會這樣做？）會是任何人與生俱來的一種能力。不是這樣的，賈伯斯的簡報之所以能夠如此流暢動人的原因是，他和他的團隊在上台之前瘋狂地準備和練習，以確保整場簡報看起來「很輕鬆」。

當賈伯斯站在台上時，就某種程度來說，他是個藝術家。正如所有藝術家一般，透過練習與經驗的累積，他已經將技巧與表現方式磨練得爐火純青了。然而，也正如經過訓練的藝術家，當他在演繹這項藝術時，心中完全不會去思考自己運用了什麼技巧或方式，甚至也不會去思考究竟這樣做是會成功還是會失敗。一旦我們開始去思考失敗或成功，我們就變得像是那些注意力突然轉移，開始思考自己的技巧或這場決鬥究竟誰勝誰負的武士，不管時間多麼短暫，一旦動了這些念頭，他就輸了。這聽起來很矛盾，但是只要我們在演繹自己的藝術時，讓頭腦開始去想成功還是失敗，或者結果如何、技巧如何等等，從那一刻起，我們就開始走下坡了。賈伯斯的簡報方式在這裡提醒了我們，只要讓自己心無旁騖、身在當下，我們對事情本身的投入程度就會更加強化。

無心即有心

當武士真正處於當下且頭腦中完全空無一物時（無心即有心），他就不會心存恐懼，他不會有輸贏的念頭，甚至不會去想該如何使用手上的那把劍。這樣的狀態，鈴木大拙在《禪與日本文化》一書中是這麼說的：「人與劍皆成為握在無意識之手中的工具，也就是這一份無意識，成就了創造力的不可思議之處。正是在這樣的情況下，劍道成為一種藝術。」

超越劍術的練達，武士精神的秘訣在於調整正確的心理狀態，也就是「無心」，也就是「拋棄，卻又同時保有」。老實說，如果你從事任何一種形式的藝術或運動比賽，你一定得拋開張牙舞爪的自我意識或自我，讓自己全然地融入其中。正如同鈴木所說：「你一定要像是此刻並沒有在進行什麼太特別的事情一般。」當你在「無心」的狀態中施展，你將擺脫禁忌及疑慮的重擔，在那一瞬間全心全意、行雲流水似地將自己投入。藝術家懂得這樣的心理狀態，音樂家以及接受過高度訓練的運動員也一樣。

賈伯斯那些事前經過縝密編排設計的簡報，承受著「一定得做好」的龐大壓力。每一場簡報都身負重任，並且擔負著蘋果公司人員以及外界人士的高度期待。然而，讓史帝夫在這種情況下還可以做出這麼有影響力的簡報，正是因為他彷彿可以忘卻這是個多麼重要的場合，只要上台「表演」就是了。這樣一來，他就像是個充滿藝術性的武士一般，在其「堅定不移的心念」中，完全沒有生或死的念頭。當心念變得平靜悄然，人也因此可以毫無罣礙地施展開來。就如鈴木所形容的：「水，總是流轉不息，但月亮卻總是穩定安詳。頭腦隨著上千萬種狀況而不停地轉動，但同時卻也如如不動。」

技術的訓練是很重要的，但技術的訓練是向外求得的，除非這個人擁有正確的心態設定，否則技術永遠只會帶有矯揉造作的感覺。鈴木說：「除非這個得到技術幫助的頭腦可以調整到極度流暢或靈動的狀態，否則任何由外界獲得或施加其上的東西，都會缺少那種自然生成的自發性。」由此看來，我想，教練和工具書可以讓我們培養出更好的簡報技巧，但說到底，簡報就像其他各種表演藝術一樣，必須從我們的內在慢慢養成。

除了技術與適當的形式之外，你還需要知道一些「規則」。一定要不斷地練習再練習。只要在準備階段下苦工，讓所有材料內化成自己的東西，在擁有適當的心態 —— 也就是心無旁騖的「無心」狀態下，就可以更自然地展現簡報的藝術。

消融於此刻之中

你有沒有在簡報或表演的過程中讓自己完全消融於那一刻裡的經驗呢 ？我的 意思並非你迷失了方向，我的意思是，你是如此地投入當下（完全不擔心過去或未來）你對自己的主題是那麼地興致高昂，就和觀眾一樣。這，就是一種真正的連結。

在《*If You Want to Write*》（暫譯：《如果你想寫》）一書中，布蘭達・伍艾倫（Brenda Ueland）談到完全存在於當下的重要性，不但創造力得以獲得最大的發揮，對觀眾所產生的影響力也能夠達到最高點。駕馭這樣的創造能量並完整地對他人表達，其實是個很直覺的動作，而非知識性的舉動。布蘭達以一場出色的音樂演奏來比喻此種創造力與連結。

比方說，就像是彈奏鋼琴這種樂器好了，有時候你只是在彈奏，有時候你卻是真的浸淫其中。彈鋼琴的目的並不是將樂譜上的音符重複無誤地彈奏出來就好，而是要能彈奏出美好的樂音。沈醉其中，不要與之分離。偉大的音樂家沈醉在音樂之中（即使他們的彈奏技巧並非每一次都很精準完美）。簡報的道理亦與之相同。你的目標應該是在當下的那個時刻裡全心沈醉其中。完美的技巧或許不可得（也不一定需要），但某種完美的連結卻可以在表演時存在於觀眾與藝術家（或簡報者）之間。

布蘭達說：「只有當你全心沈醉其中地彈奏，人們才能真正聽見你，並且受到感動。」正因為你「消融其中」，你的音樂才會真誠可信，並不是因為你將技巧發揮地淋漓盡致，或遵循著一套制訂好的規矩（音符、指示等）。我們會受感動，是因為藝術家本身也同樣地受到感動。難道簡報不是這樣的嗎？你的簡報之所以可信，是因為你做好了準備而且邏輯清晰，但同時也是因為自己也深受主題的感動。你一定要完全相信自己所想傳達的訊息，如果連自己都不相信，誰願意相信呢？你一定要全然相信自己的故事，並且在引起觀眾注意的當下，消融其中。

「水，總是流轉不息，但月亮卻總是穩定安詳。頭腦隨著上千萬種狀況而不停地轉動，但同時卻也如如不動。」
—— 鈴木大拙

向柔道取經

你可以在最意想不到的地方，找到最好的啟發。舉例來說，想想下列的五項原則吧。這些訓示對如何有效演繹簡報提供了非常好的意見：

1. 仔細觀察自己與自己的狀態，仔細地觀察他人，並仔細地觀察自己所處的環境。
2. 無論你在進行的是什麼，抓住最初始的動機。
3. 考慮周詳，行動果決。
4. 知道何時該停止。
5. 保持在中間位置。

這些都是充滿智慧的話語，但實際上並非所謂的「有效簡報原則」。這是約翰・史蒂文森（John Steven）在《*Budo Secrets*》（Shambhala 出版）一書中所提到的嘉納治五郎（Jigoro Kano）[1] 的柔道五守則。即便如此，你還是可以將這五條守則應用在簡報的設計與演講上。舉例來說，你會發現，如果某位簡報者只要全然理解守則 4 之中的智慧（知道何時該停止），那麼他的簡報就可以做得好很多。有時候你的演講會比計畫中來得更長或更短，這沒關係，但這一定要是你自己根據內容前後脈絡以及視當時現場的狀況，並依照守則 1 所做出的選擇 —— 觀察自己與自己的狀態，觀察他人及所處的環境。這只是說明如何應用這些原則的一個小例子而已。

嘉納治五郎在十九世紀末創立了柔道，雖然柔道的奧義並非直接奠基於禪學之上，卻有很多人認為柔道是展現禪之奧義的一種偉大形式。我對將自身奉獻於柔道的人有著極其崇高的敬意。柔道不止是一種運動或一種體操活動。對學習柔道的人來說，每一堂課程、其中的智慧及經驗，都為他們人生中的許多不同面向帶來深遠的助益。

談起柔道的奧義，岡崎清一郎說：「唯有開發廣納四方的心智，破除先入為主的想法與看法，才有可能練就不需猶豫便能自然應對的功夫，也不會做出毫無意義

---

1 嘉納治五郎為柔道始祖。

的反抗和防衛。」這個概念不單單只能在軟墊上施展。想想你最近一次所做的簡報，那一場實際上不如你預期來得好的簡報。也許那一次簡報出現了比你意料中更多的「詰問」。如果你能夠毫無猶豫、自然而然地吸引住觀眾、好好地回答那些困難的問題，並且完全不做無意義的防衛，這樣是不是會更好一些呢？就我的經驗來說，當一位心存懷疑或甚至帶有敵意、想挑釁的觀眾向我發問了一個很有挑戰性的問題時，我自然、不帶任何煙硝味的回應，通常都會比在當場露出被冒犯了或一副自我防衛的態度，要來得更有用。當場與人衝撞當然比較容易，不過通常落敗的一方都是做簡報的人。

在猛烈砲火下進行簡報

有時候，你會碰到懷著敵意的客戶或觀眾，他們想做的可能就是讓你看起來像個傻瓜，或是讓你在簡報的時候分心，而不是想知道任何事情的真相。這種狀況確實是會發生的。秘訣就是，記住，他們絕對不是敵人。如果真有敵人，也只存在於我們心中。即使觀眾之中真的有一個人選擇了扮演這個假設的「對手」角色，你所展現出來的惱怒或氣憤之情，對其他的那些觀眾（另外 90% 支持你想法的觀眾）來說，完全沒有任何好處。

對於在柔道的世界中該如何面對對手，嘉納治五郎是這麼說的：「要從對手處取得勝利，該做的是提供對手一個方向來讓力量傾洩而出，轉化這股力量並順勢利用它，最後讓這股力量成為你的優勢。」

許多年前，我曾向一個人數眾多的團體做簡報。過程很順利，但是觀眾中有一個人一直用不相干的評論來打斷我，已經到了干擾其他觀眾的地步。我有很多機會可以發火，但我沒有。我可以感覺到，觀眾應該覺得如果這個人再打斷我一次，我就要衝下台去揪住他的胸口了。老實說，如果我真的這樣做了，他們也不會怪罪於我。但我始終對那個人保持尊重的態度，並沒有表現出任何惱怒或氣憤的樣子，而且也沒有讓他的干擾影響到我的簡報。在簡報之後，許多人稱讚我處理這個「異議份子」的方式。這件事最耐人尋味的地方是，儘管這個來鬧場的人一直想要破壞我簡報的有效性，但實際上他卻帶來了相反的結果。靠著在當下維持自然流暢的節奏，展現出自我克制的能力，而非與這個人針鋒相對（這麼做只會讓狀況更糟），這讓我贏得了觀眾的敬重。

有所貢獻並處在當下

每一場簡報都是一場表演，而班・山德爾（Ben Zander）[2] 深諳表演藝術的奧妙何在。或許你知道班・山德爾是波士頓愛樂管弦樂團的指揮，但他同時也是當代最有天賦的表演者之一。他非常優秀，事實上他非常具有啟發性而且見聞廣博，他甚至可以把所有時間都用來向公司企業演說何謂領導與轉型。

2007 年春，丹・平克（Dan Pink）與我一起搭火車回大阪中區，途中他向我說了一些有關班・山德爾的事。這個世界上有很多優秀的表演者，丹這麼說，但班・山德爾是其中少數幾個天生就與我們不同的人。就在同一天，我跑去買了由蘿莎蒙與班哲明・山德爾（Rosamund and Benjamin Zander）所撰寫的《*The Art of Possibility: Transforming Professional and Personal Life*》（Penguin 出版），而我從中得到了許多啟發。丹這個以講者及表演者角度來看班哲明・山德爾的看法，是我長久以來得到最好的一個啟發。很諷刺的是，一個月後，我在一家財星五百大的公司做簡報，我這才發現在場的每一個人原來都深諳山德爾的教誨，而且他們每個簡單的意見，都對這家公司產生了強而有力的影響。

下面舉了一個例子，正是一則班・山德爾向觀眾傳達的偉大訊息。在這段話中他所談論的是音樂才能，但卻一樣可以用在簡報情境裡：

> 「這就是那一刻 —— 現在就是最重要的那一刻。我們要做的是奉獻，這是我們的工作。不是要譁眾取寵，也不是要藉此獲得下一個工作機會，而是奉獻。」
>
> —— 班哲明・山德爾

成功或失敗並不一定總是那麼重要，重要的是奉獻以及全然地展現。與其問自己：「我會不會得到賞識？」、「我能不能夠贏？」這一類的問題，還不如問自己：「我要怎麼做才能有所貢獻？」以下是班・山德爾在指導一位有天賦的年輕音樂家如何表現音樂時所說的話：「我們要做的是奉獻，這是我們的工作……所有人都很清楚地知道你將熱情奉獻給了全場的人。你是不是表演得比一位小提琴

2　全名為班哲明・山德爾（Benjamin Zander）。

手更出色，或他是不是演奏得比鋼琴手好，我都不在乎，因為只要是奉獻，就沒有誰比誰好這回事！」

山德爾夫婦說，與其讓自己深陷在一較高下的泥淖中，比較自己和他人的誰好誰壞、擔心自己是不是夠資格來做這場簡報、也許其他人可以做更好，不如去了解，在這個當下（此時此地）你就是最好的人選，而你所要傳達的訊息就是對他人的貢獻。沒有所謂的「更好」，只有當下。其實，真的很簡單。

或許，並非每一場簡報的目的都在期待簡報者能有所貢獻，但絕大部分的簡報是。事實上，我不認為我所做過的簡報中，有哪一場不是或多或少能對別人有所貢獻的。當然，當你被要求向一群觀眾分享你的專業知識，而他們並非你這個領域中的專家時，你需要非常努力地思考，什麼（對他們來說）是重要的，而什麼是不重要的（同樣地，也是從他們的角度來看）。採用你慣常使用的簡報當然很簡單，但是，你在這裡並不是要讓別人對你深厚的專業知識刮目相看，而是要與他們分享或是教導他們一些具有傳承價值的道理。

熱情、風險，以及「只坐半邊屁股來演奏」

在許多文化觀念中（當然絕對包括日本）犯錯是最糟糕的事情。山德爾提到，對音樂家來說，一味地專注在與他人的競爭和比較上，是非常危險的事，因為這樣做會讓他們「很難去承擔成為優秀表演者所必須承擔的風險」。唯有透過錯誤，你才能知道自己所缺少的是什麼，以及要更加強哪個部分。我們都很討厭犯錯，所以我們都採取最安全的作法。但就長期來看，如果你的目標是成為你的領域中的佼佼者，那麼這其實是最危險的作法。山德爾建議，與其因為失敗而氣餒沮喪，我們應該在每次犯錯時，高舉雙臂、大聲呼喊（或自己在心裡這樣做）：「實在太棒了！」試著這麼想想看。出現了另一個錯誤？太棒了！一個學習的機會就這樣自己送上門來。又一件倒楣的事？別擔心，繼續往前就是了。你不可能一邊擔心著你的錯誤，一邊處於當下全心全意地演出。

光是了解一首樂曲的理論或者能夠正確無誤地將它演奏出來，是遠遠不夠的，「你得用真正的音樂語言，深情地將它傳達給他人」，山德爾這麼說。當音樂家真正進入了音樂之中，並且用這樣的心意和感情來演奏時，觀眾所受到的感動是無可言喻的。山德爾注意到，音樂在音樂家的體內流動，掌控了他們的身體，讓他們在演奏時自然地左右搖擺。因此，山德爾鼓勵音樂家成為「只坐半邊屁股來演奏」的表演者，意思也就是，讓音樂在他們的身體裡流動，使得他們不斷變換坐在椅子上的那半邊屁股，因之前傾或移動。如果你是位音樂家，或是任何一種藝術的表演者，當你全神貫注在當下，並與音樂和觀眾緊緊相連時，絕對不可能是位「把兩邊屁股都放在椅子上」的表演者。你一定會移動身體，也一定會產生連結，而且必須釋放你的熱情且毫無保留，你必須讓觀眾品嚐到你對音樂（或主題、想法等等）的堅持、你所灌注的精力與熱愛。

你可以壓抑住感情，專心致志於不犯任何錯誤並「用兩邊屁股坐著」將曲子演奏得完美無缺，但也可以說：「管它的！我要來冒個險！」然後勇敢地將強烈的情感、色彩、人性以及熱情傾注於音樂之中，很有可能，你個人一個小小的舉動（而且是只靠半邊屁股坐著的舉動），將會改變這個世界。以你全部的熱誠和身體（心和靈魂）來演奏，就能產生連結並改變周遭的事物。就如同班・山德爾鼓勵一位很有天賦的學生以「單邊屁股」風格來演奏時所說：「如果你用這種方式來演奏，沒有人能抗拒得了你。你會在後方形成一股令人信服的力量，讓樂團的所有人獲得啟發，進而演奏出他們最棒的音樂。」

▲爵士鋼琴樂手約翰・漢納根博士（Dr. John Hanagan）在日本大阪這家流行爵士樂俱樂部裡，全神貫注地投入在自己的彈奏中。照片中打鼓的人是我。（照片來源：Nikolas Papageogiou）

別把自己看得太重要！

「放輕鬆點！」班・山德爾說，「這樣一來你也會讓身旁的人跟著放鬆。」這句話的意思並不是說你不應該嚴肅看待自己的工作（這是你該做的），或是你不應該把自己看得太重要（這要看時間和地點），這句話要告訴你的是一個絕對確定的事實，那就是我們一定要想辦法克服自己。而也許，最好的辦法莫過於幽默。

蘿莎蒙・山德爾（Rosamund Zander）這位對於合作關係有深刻思考的哲學家說到，打從一出生開始，我們就在意著各種比較，我們意識到愛、關注、食物以及其他種種的缺乏，而這世界看來似乎就是這樣，於是我們為此擔心不已。她稱此為「算計的自己」，在我們這個資源缺乏，充滿比較與競爭的環境中，「我們的確需要非常嚴肅地看待這個自我。」無論你在成年後是多麼地成功、多麼充滿自信，你那「算計的自己」（在意比較而且擔心匱乏）都還是很脆弱的，它總覺得自己會有失去一切的危險。

而我們的目標，就是要擺脱那個算計的自己，那個居住在匱乏與不足，且恐懼被過份誇大的世界中的自己，進而培養一種更健康的態度，使自己感到豐足、完整，並且充滿可能性。克服你自己（幽默是非常強大的武器）讓你得以窺見「這個世界以及我們自身的創造性本質。」當你理解到一個嬰兒所無法理解的（就是你無法控制這個世界，你也不能將你個人的意志強加在別人身上），你就開始克服自己了。

當你學著放輕鬆，你就會看見自己更加豁達、無所罣礙，而不會脆弱得不堪一擊，蘿莎蒙如是說。你對未知抱持著開放的心態，同樣地，也歡迎新想法與新衝擊的到來。與其向生命之河抵抗和奮戰，你用一種和諧的流暢與優雅的姿態穿越它，學習融入水流，而非與之抗爭。幽默是非常好的一種方式，用來提醒我們身邊的每個人（無論工作變得多麼辛苦困難）真正的、最「核心」的我們，不會被孩子氣的需求、應得的權利報償以及各種算計給佔據，相反地，我們非常富有同理心、充滿自信、樂於幫助他人，甚至能夠啟發人心。簡報和其他很多事情一樣，是個很好的時機，讓其他人可以看見你的這一面。

歸納整理

- 就像與人對話一樣，簡報也需要你在當場、當下全心地展演。
- 就像劍術大師一樣，你一定要完全處於當下，絲毫沒有任何關於過去或未來的雜念，也不去分神考慮結果是贏是輸。
- 犯錯是一定的，但是，不要對過去的錯誤念念不忘，或去擔心未來可能會犯的錯。讓自己只存在於當下，與面前的觀眾分享、對話。
- 像發了瘋似地準備與練習，等到你上台，一切看起來就會既輕鬆又自然。你預演地越多，就會越有自信，看在觀眾眼裡，也就感覺越輕鬆自在。
- 當然你一定要計劃周詳，不過，全然處於當下的意思也代表了你得保持彈性、絕對清醒，並以開放的心來迎接所有出現在面前的機會。這裡的目標不是要追求完美，而是處在當下，為那些前來聆聽你說話的人，做出真誠的貢獻。

9

與觀眾連結

我所學到有關溝通與連結的種種，大部分都不是從學校裡上的演講溝通課程學來的，而是來自我身為一個表演者的經驗，以及長年仔細地觀察其他人表演而來。從我十七歲開始到讀完大學，一直在好幾個不同的爵士樂團裡擔任鼓手的工作。無論所演奏的音樂在「技術上」究竟有多好，我從來沒看過任何一場精彩的表演缺少了表演者與觀眾之間那種牢不可破的連結。

演奏音樂是種表演，也絕對是一種呈現。好的簡報呈現，如同一場音樂表演，是一種坦白真誠的對話與分享，並讓彼此在智慧與情感上互相產生連結。

從觀賞現場音樂演奏之中，我所學到的一課是，音樂本身，再加上表演者傳達訊息（樂音）並與觀眾連結的能力，就是表演的一切。如果做得好，最後的結果將會遠遠超越那些被演奏出來的音符所能表達的。真正的表演超越了音樂家演奏音樂以及觀眾聆聽的簡單動作；真正的表演是件偉大的事。沒有權術操弄、沒有高牆阻擋。這樣的音樂可能感動人心，也可能不會，但無論如何，其中絕不會有任何矯情或可疑的動機，就單純只是人們當時眼前所看到的一切而已。微笑、認同的領首示意，以及桌子底下跟著打拍子的腳，在在都告訴我這之間存在著一種連結，而這樣的連結就是溝通。那種感覺真是太美好了。

音樂表演藝術和簡報藝術有著異曲同工之妙。那就是搭起表演者和觀眾之間的橋樑，建立起真正的連結。沒有連結就不會有溝通。不論你是在推銷一種新科技、說明一種新的醫療方法，或是在卡內基音樂廳裡演奏樂曲，都是如此。

永遠記住這個非常好用的提醒：這一切無關乎我們自己，而是關於他們，以及我們所要傳達的訊息。

爵士、禪，與連結的藝術

有一種說法是，如果我告訴你「禪」是什麼，那就不是真的「禪」了。這樣的說法也可以套用在爵士樂身上。當然，我們可以討論爵士樂，也可以將它們分門別類貼上標籤。透過語言，我們可以更接近它的意涵 —— 而這樣的討論可能會很有趣、有幫助，甚至有啟發。但是，光靠嘴巴談論，不可能真正體驗到這件事本身。禪重視的是事情的本身。禪就是此刻 —— 現在和當下。而演奏爵士樂的精髓也很類似這個狀態。重要的是這個當下。沒有刻意營造，也沒有任何矯飾假裝。沒有表演的成分在內。也不會有希望自己身在其他地方、想與其他人在一起的念頭，只有身在此處、當下。

爵士樂有許多種類，如果你想稍微了解這個藝術的精華所在，那麼你可以聽麥爾斯・戴維斯（Miles Davis）1959 年的專輯《Kind of Blue》。這張經典專輯的唱片內頁文字是由傳奇音樂人比爾・伊凡斯（Bill Evans）撰寫的，他也演奏了專輯中鋼琴的部分。在這篇內頁文字裡，比爾直接以禪藝術中的墨繪藝術來比喻爵士樂。

我一直覺得這張專輯有某種美學意涵在內，這種美感展現出了限制、簡單和自然的要素 —— 而這也正是 Presentation Zen 方式的核心原則。在音樂中，你聽見一種自由但卻井然有序的奔放自在，在你開始學習禪或爵士樂之前，你會覺得這是一個非常自相矛盾的說法。自由卻井然有序的奔放自在，這就是我們在簡報時希望給觀眾的感覺。

如果你能把爵士樂的精神帶入簡報中，那麼就可以與觀眾之間建立起更無礙的連結。我所謂的「爵士樂的精神」，和一般大家對爵士樂的印象完全相反，因為大家經常覺得爵士樂是非常隨性、自由揮灑的音樂。「自由揮灑」的意思就是盡情裝飾它、或是隨性在表面增加一些什麼。而爵士樂的精神其實是種真誠的意念。如果這個意念很純粹，其中要傳達的訊息也很清楚，那麼你就只能按照它本來的模樣來呈現。爵士樂精神代表的是把所有阻礙移除，讓它變得更容易接近，幫助他人了解你所想要傳達的東西（訊息、故事、觀點）。這不代表你每次都一定要以直接的方式來表達，雖然這麼做通常最清楚明白。不過，暗示和提示同樣也是很有用的。差別是，有明確意圖的暗示和提示具有一定的目的性，而且在做的時候一定要以觀眾為考量。沒有特定意圖或者不夠真誠的暗示和提示，有可能淪為過於簡化、沒有效果的喃喃自語，甚至讓人感到困惑。

爵士樂透過震撼人心的表達方式和真誠的情感來化繁為簡。它具有結構和規則，但同時也擁有極大程度的自由。最重要的是，爵士樂是自然的。它不會披掛所謂精緻或嚴肅的裝飾。事實上，幽默和玩心也是爵士樂的核心。你可能是個全心投入、認真嚴肅的音樂家，或者你可能是一個很有鑑賞力的樂迷，無論如何，你一定都了解，大笑和玩樂是基本的人性 —— 玩樂對我們來說是最自然的，對創造過程來說也是。經過正規的教育後，我們開始質疑玩樂是否有任何「認真」之處。每當這樣的狀況出現，我們就開始慢慢失去一部分的自己，包括我們的自信和一點點的人性。在我對爵士樂和禪學藝術的研究學習中，發現這兩者的核心都有一定的結構和練習，並且伴隨著玩心和笑聲 —— 所有我們希望能加入簡報中的元素。

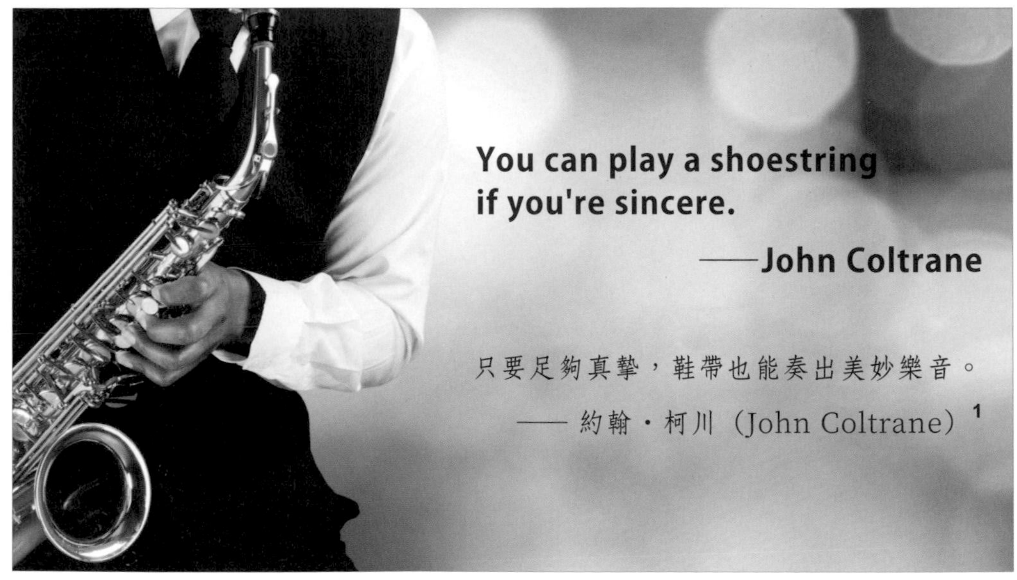

▲在大部分的情況裡，你不需要任何世界上最新的科技或是最棒的器材。讓大家看見展你準備得很周全，而且不管有沒有科技的幫忙，你隨時都可以上場，這才是更重要的。對觀眾表現出真摯、誠實以及尊重的態度，遠比科技和技巧來得重要。

1　約翰・柯川（John Coltrane）為美國爵士薩克斯風表演家與作曲家，被視為當代最具影響力的樂手之一。

完美中的不完美：人與人之間的連結

人無完人，人總是不完美的。時至今日，電腦可以製作出與真正的音樂家創作的音樂相差無幾的美妙樂音，而且音樂工作室早就能夠從錄音中修正哪怕是最微不足道的音準上或節奏上的瑕疵。然而，現場演奏的偉大之處並不在於音樂的完美無缺，而是音樂家與觀眾之間的連結，這是一種人性的連結。

大衛・格羅爾（David Grohl）是超脫樂團（Nirvana）的前鼓手、幽浮一族樂團（Foo Fighters）的創始人、主唱兼吉他手，該樂團至今斬獲 11 項葛萊美獎。格羅爾經常提到不完美的人性元素之於優秀音樂的力量。他的觀點不僅適用於音樂表演，同樣也能套用到其他藝術形式，例如公開演講和簡報。以下是他在 2012 年獲得葛萊美獎最佳搖滾專輯獎時所說的感言：

> 對我來說，這個獎項意義非凡，它證明了音樂創作中的人性元素是最重要的。對著麥克風演唱、學習彈奏樂器，以及磨練演奏功力，這就是人們最該做的首要之務……這不是要保持完美，也不是苛求絕對正確，更不是電腦裡發生了些什麼。而是在你的心和你的頭腦裡，此刻、此時發生了什麼。

後來，格羅爾在某次記者會中澄清，他並非反對數位化，而是他認為，音樂的美妙就在於那些不完美的人性元素。「也就是當一首歌的節拍稍微變快了，或者某個音高變得有些尖銳時，那些聽起來具有『人味』的東西。這些東西不知不覺變成了『壞事』，而數位錄音技術的長足發展，讓它們變得容易『修正』。結果呢？在我看來……很多音樂聽起來很完美，卻缺乏個性。個性，是讓音樂變得如此激動人心的關鍵元素。」從某種意義上來說，人們之所有被音樂吸引，並不是因為這段旋律有多麼完美，正是它的不完美才深深吸引了我們。人們不會因為你很完美而被你或你的個性吸引，而是因為你不完美，才令人著迷。

所有這些關於不完美的討論並不是要鼓勵你即興發揮，或者對簡報抱持漫不經心的態度。沒錯，我們做好充足準備，目標是在此處當下盡善盡美，同時也十分清楚真正的完美無缺是不可能的。然而，如果盡力追求我們稱之為完美的東西，也許我們就能達到卓越。薩爾瓦多・達利如此說道：「不要害怕完美。畢竟你永遠得不到它。」我們無法得到完美，但是在追求完美的路上，也許我們就能達到卓越，對我們面前的觀眾做出有價值的貢獻。意識到「完美實際上是不可能的」，可以幫助我們更活在當下，更接近那些完美中的不完美，那些真實的人與人之間的連結。

◀ 大衛・格羅爾與幽浮一族樂團的現場演出。

從一開始就建立與觀眾的連結

想要建立與觀眾的連結，我們得從簡報的一開始就這麼做。《*The Articulate Executive*》（暫譯：行動領導，McGraw-Hill 出版）一書的作者格朗維爾・涂古德（Granville N. Toogood）也強調，我們的開場應該要快，而且一擊中的。他認為：「為了確保你不會在一開始就把事情搞砸，開門見山，先講重點。而為了吸引觀眾的注意，你一定要快速出擊。」我常常會勸告人家，不要浪費簡報開場的時間，盡是說一些客套的場面話，像是冗長的自我介紹或是一些不著邊際、跟簡報目的完全無關的閒聊。開場是最重要的部分。你需要一個能夠抓住觀眾並帶他們進入情況的開場。如果你不能在一開始就讓他們上鉤，那麼，接下來的簡報很可能會徒勞無功。

簡報順序的初位效應（primacy effect）讓我們知道，人們會對簡報一開始所發生的事印象比較深刻，同時也會記憶得比較清楚。有很多方法可以讓你快速開場並且立刻切入重點，與觀眾建立起堅固的初始連結。在我的著作《裸裎相見：坦率・真誠・自然・熱情 —— 打造成功簡報的關鍵力》一書中提出的作法是，你可以讓你的開場白與個人有關、出乎意料、新奇、讓人質疑，或是幽默有趣（personal、unexpected、novel、challenging、humorous），這樣你就可以與觀眾建立起堅固的連結了。很湊巧的，這幾項作法的字首字母拼湊起來剛好是 PUNCH，協助你記憶。通常，精彩的簡報都包含至少一至兩項要素。現在就讓我們來看看 PUNCH 的詳細內容究竟是什麼。

與個人有關

讓你的開場白有個人的元素在內。與你個人有關並不代表你要用很多時間介紹自己的背景，甚至附上你在公司的職等，或是說明你為什麼有資格到這裡來簡報。不過一個與你個人有關的小故事，只要它能夠點出主題中的關鍵，或是鋪陳出主題為何並且讓人印象深刻，那麼，它就是一個很有影響力的開場白。

讓人出乎意料

揭露一些出人意料之外的事。做一些或說一些別人壓根兒沒想到的事情，藉此吸引他們的注意力，引起驚訝的情緒。這樣的情緒能夠增加警覺性，並且能讓人保持專注。管理大師湯姆．彼得斯（Tom Peters）這麼說：「一定要讓人家驚訝……用一些一般人不知道，或是與常理相悖的關鍵性事實。」他認為，「如果這裡面沒有值得讓人驚喜的地方，那麼從頭到尾根本就沒有做這場簡報的必要。」

讓人感覺新奇

展示一些新奇的東西給觀眾看。利用一些新事物來吸引大家的注意力。你可以用一些從來沒有人看過、很有渲染力的影像開始、告訴大家一個從來沒有人聽過，但與主題相關的小故事，或者是讓大家看看嶄新的研究數據，可能為解決某個問題找到新的方向。很有可能你的觀眾都是一些天生的冒險家，他們渴望探索新事物，而且深受未知及新鮮事物的吸引。對某些人來說，新奇的事物非常令人恐懼，但假設所在的環境是安全無虞的，而且現場本身也並沒有充斥著過多前衛新穎的事物，那麼，你的觀眾應該會想要探尋這些新奇新穎的東西。

提出質疑

對常識提出質疑，或是顛覆觀眾的想法。試著挑戰觀眾的想像力：「你們覺得從紐約飛到東京有沒有可能只要兩個小時？不可能？真的嗎？但有些專家認為這是有可能的！」提出一些挑釁的問題來質疑觀眾的常識，藉此刺激他們去思考。有許多簡報和課程最後失敗，單純只是因為他們試著要將資訊從講者身上直接轉移給觀眾，把觀眾當成了沒有自主思考能力的參與者。

展現幽默

利用幽默的方式來讓觀眾在情緒上互相連結，並且彼此分享笑聲。笑聲能夠帶來許多好處。笑聲是有感染力的，一群互相分享笑聲的觀眾，彼此之間的連結更緊密，與你之間的連結也更好，進而在會場中製造出一股好的氛圍。笑聲能夠讓大腦釋放出腦內啡，讓身體放鬆，而且甚至可以讓人們的想法產生變化。有一句老話是這麼說的：當有人在笑的時候，就表示他們在聽你說話。雖然這是真的，但這並不表示他們有學到東西。這裡很重要的一點是，幽默一定要直接與主題有關，或是可以讓你順利地帶出接下來要說的話，不會讓你偏離簡報的主題。

在簡報中運用幽默這一招會導致糟糕的結果，通常是因為大家總是用那些被用爛了的老招式，在簡報一開始就先講個笑話，而且幾乎毫無例外都是很爛的笑話。我並不是要你說笑話，把笑話給忘了吧。可以幫助你做出相關的重點連結、介紹你的主題，或是為你的簡報定調的反諷、軼聞趣事、或是一個簡短好笑的故事，才是能讓開場成功的幽默。

要為簡報開場有很多方式，但無論你選擇用哪種方式，不要浪費開頭那兩、三分鐘的「暖機時間」在那些正式的贅詞上。一開場就要氣勢萬鈞。P.U.N.C.H 這五個元素並不是你唯一需要考慮的東西，但如果能利用這其中的兩或三個方式來開場，那麼，你就很有機會做出有力的開場，並且建立堅固的連結。

蜜月期

獲取並保持觀眾的注意力不是一件容易的事。一般說來，觀眾想要你發揮功力，但卻只會給你大概一到兩分鐘的「蜜月期」，來決定你讓他們留下什麼樣的印象。即便是知名、經驗豐富的講者（包括許多名人），在觀眾發現自己沒辦法專心聽講而感到厭倦之前，都只有大約一分鐘的時間可以努力。無力的開場沒有任何藉口。就算電腦或螢幕等科技器材在你開場時出了問題，你也不能停下來。就像在演藝圈裡常說的一句話：「演出還是要繼續。」觀眾會在開場的幾分鐘裡對你和你的簡報留下印象。你絕對不希望這幾分鐘裡的印象是你手忙腳亂想辦法要讓電腦等器材能夠正常運作。

不要以道歉開場

不要道歉，或是暗示，甚至明白承認你沒有為眼前這些觀眾做完善的準備。你很可能說的是真話，而你的歉意也是發自肺腑之言（而不只是個藉口），但這麼做絕不會讓觀眾對你留下好印象。觀眾不需要知道你覺得自己其實可以準備得再更充足一些，既然如此幹嘛要提呢？幹嘛要讓他們腦子裡有這種印象呢？而且事實上你可能準備得很充分，表現得也很不錯，但現在觀眾會在心裡想：「喔，他說的沒錯，他真的沒有準備得很好。」同樣的道理也可以用在你跟觀眾說你很緊張。

在觀眾面前承認自己很緊張可能會讓人覺得你很誠實、很坦率，但這麼做也有點太以自我為中心，因為畢竟這時的你應該要專注在觀眾，以及他們的感覺和需求上才對。對觀眾承認你很緊張並不會讓他們感覺更好，只是讓你覺得好過一點。如果承認自己很緊張，你可能真的會覺得好一些，畢竟認清自己的情緒會比壓抑來得好。這也是為什麼大家都說：「大聲把感覺說出來會讓你好過一點。」但是，簡報的重點是觀眾。告訴他們你有多緊張，對他們並沒有什麼好處。會緊張是很正常的，而且對自己這麼說也能夠讓自己感覺好一點。但是你不需要把這件事拿出來跟觀眾分享。

一定要讓大家知道整體架構嗎？

通常（除非你要主持一場很長的研討會）你不需要為你的簡報展示一份實際的大綱。但記住，在準備階段，你要為簡報建立一個簡單的架構。觀眾不必意識到你的架構，但假如沒有這個架構，你不可能打造一個具有說服力的敘述，帶領觀眾到達你的目的地。在喬治・史蒂文森（George Stevens Jr.）的著作《*Conversations with the Great Movie makers of Hollywood's Golden Age at the American Film Institute*》（暫譯：《美國電影學會：與好萊塢黃金年代的偉大導演們對話》，Vintage 出版）中，傳奇導演比利・懷德（Billy Wilder）在描述下方投影片中《熱情如火》（*Some Like it Hot*）這部經典電影的劇情要素時，強調了架構的重要性。

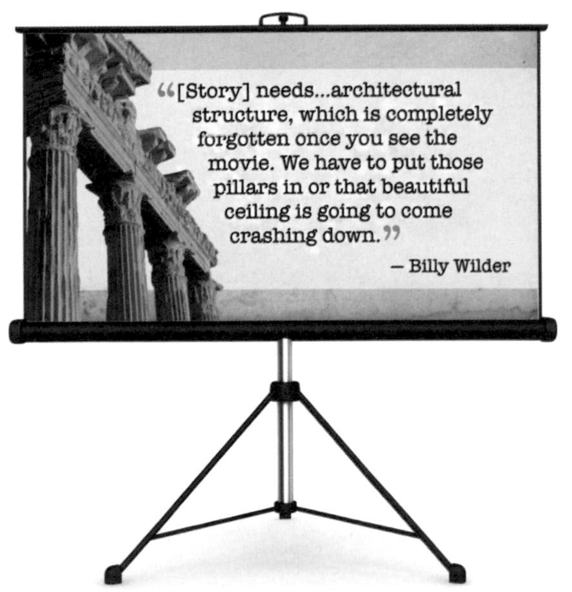

「（故事）需要建築性的架構，而這個架構在你觀看電影時是被完全拋諸腦外的。我們必須將這些柱子放進去，否則那些美麗的天花板將會轟然坍塌。」

—— 比利・懷德（Billy Wilder）

呈現自己

要想建立連結，你絕對不能猶豫 —— 必須好好呈現自己。除了簡報的內容之外，還有三件事你必須注意，並藉此評估你有沒有能力在觀眾面前呈現自己：你外表看起來的模樣、移動的方式，以及說話的聲音聽起來如何。你的觀眾，無論是有意或無意，他們根據這三個要點來評斷你和你所想傳達的訊息。這幾個因素都會影響你是否能與觀眾建立起堅固的連結。

穿著打扮

穿著打扮很重要。一般的經驗法則是，要穿得比你的觀眾稍微正式一點點。當然，根據簡報對象的公司行號及場合來挑選穿著是最合適的，但一般說來，打扮稍微正式一點會比不夠正式要好。你想要營造一個專業的形象 —— 不過你也不希望讓觀眾覺得你遙不可及。舉例來說，在矽谷，上台簡報的穿著打扮可以是比較休閒的，一個整齊乾淨的人只要穿條牛仔褲，搭配一件質感不錯的襯衫和一雙好鞋，就可以看起來很專業（所以，如果在蘋果〔Apple Inc.〕園區偶爾看到穿西裝打領帶的人，我們就知道他們是外地來的）。而在東京，不論男女，只要穿深色的套裝，幾乎在任何場合都不會出錯。要讓自己看起來不那麼正式，你可以把西裝外套脫掉、把領帶拿掉，或是把袖子捲起來。但是，如果你一開始就穿得太休閒，到時想要變得正式一點就會很困難了。為了保險起見，也為了表示對觀眾的尊重，建議你還是打扮得正式一點。

有意義的移動

如果可以避免的話，不要整場簡報一直站在同一個位置上。如果你能走到舞台不同的角落或是會議室的前方，都遠比你一直站在同一個位置上好，因為這樣能讓你與更多觀眾產生互動。但是，你不應該來回踱步，或是在沒有任何意義的狀況下走到螢幕前面去。這種舉動會對觀眾產生干擾，並且投射出一種緊張，而非自信或開放的能量。當你要從一個位置移動到另一個位置時，動作要慢，而且不要彎腰駝背，停下來提出你的論點或是對大家講個故事，然後再次慢慢地移動到另一個位置，最後再停下來提出另一個論點。當有人從房間的另一頭發問，你應該慢慢地朝發問人的方向移動，讓他知道你有注意到他的存在，一邊聆聽問題一邊朝他們的位置靠近。當你站著的時候，兩腳輕鬆踩平站穩，但微微打開與肩同寬。你不應該站得像個牛仔，隨時準備要把槍掏出來一樣，但也不要兩腿併得緊緊的好像當兵的立正姿勢。立正站好或是兩腳交叉都顯示出一種封閉、防衛或是不確定的態度，這兩種姿勢其實都不自然，而且也不是人在放鬆時會有的站姿，這會讓你看起來有點不安，而且在別人看來也會顯得有些軟弱。比站在台上兩腳交叉更糟糕的就是，靠在講桌上而且兩腳交叉。好一點的狀況是你會看起來有點懶散。最糟的狀況是別人會覺得你很軟弱。

當我們緊張的時候，大部分人的速度都會變快，包括手勢。要營造出一個冷靜、放鬆而且自然的形象，隨時提醒自己所有動作都要放慢。

面對觀眾

雖然投影片會投射在你身後，但是你並不需要轉身去看它。當你手指著螢幕時，記得讓你的肩膀朝向觀眾的方向。如果讓肩膀對著觀眾，你很自然地就會在看完螢幕之後把頭轉向他們。微微轉身簡短地看著螢幕指出一些細節，這是可以接受的。但是，為了想提醒自己上面寫了些什麼而持續地回頭，或是遙望房間另一側的螢幕，不但會造成干擾，而且根本就不必要。在極少數的狀況裡，當你用電腦來投影時，可以把電腦放在面前稍低的地方 —— 就如同以下這張照片中做校園演講時的我一樣，這樣就更沒有理由要轉身了。

眼神交流

與面對觀眾有關的一個重點是：建立與觀眾之間的眼神交流。與觀眾保持自然的眼神交會是成敗的關鍵。這也是我反對唸稿或是依賴筆記的一個原因 —— 當你低頭看筆記的時候，你很難看著其他人的眼睛。你與他人的眼神交會應該要很自然。要做到這一點，你得看著實際上真的坐在這房間裡的人。如果你只是盯著會議室後方，或是找兩側牆壁上的某一點來看，觀眾很快就會發現到不太對勁，而你們之間的連結就會減弱了。

如果觀眾人數不多，少於 50 人或差不多 50 人左右，你就有可能在簡報時刻意來回走動的過程中，與每一位觀眾四目相對。而在傳統大型會議廳人數眾多的簡報時，你還是可以在簡報過程中挑選一些觀眾來做眼神交會 —— 就算是坐在比較後面的觀眾也可以。當你看著一個人的時候，他附近的人也會覺得你在看他們。專業歌手在大型音樂廳表演時也會運用這個技巧。很重要的是，不要只是很快地瞄一眼或是只固定掃瞄某一個區塊，你應該要在很短的時間裡，與在會議室不同角落的人做出實際的眼神交流。我們肯定不希望把眼睛鎖定在電腦前或是固定在螢幕上，就好比下圖前兩張圖片所示。

▲前兩張圖片完美展示了維持良好眼神交流的負面案例。經驗不足的簡報者最常犯下的兩個錯誤就是：其一，把自己藏在電腦後面，眼睛只看著螢幕；其次，如果他們靠近投影螢幕，他們會將眼睛固定在投影片的方向，而不是看向觀眾。左下方的圖片是一個比較好的例子。觀眾可以同時看到講者和影像，而講者可以與觀眾建立更好的連結。

(1) 在提到投影片某個要點時，稍微將頭轉向螢幕是可以接受的，但要記得在大部分時候，讓身體朝向觀眾的方向。

(2) 你不應該讓眼神一直停留在投影片上，即使你的手依舊指向投影片時，也要重新與觀眾建立眼神交流。

(3) 因為你沒有將全身轉向螢幕的方向，當你將手收回時，你會自然地面向觀眾。

◀ 低頭看著你的智慧型手機，早就成為了表達「我此刻心不在焉」的國際手勢。簡報者通常不希望看到觀眾持續地看向他們的手機，而且這對簡報者的形象來說也著實不佳。有時候，筆記是有必要的，儘管我們想盡可能避免看筆記。況且，智慧型手機的小小螢幕在使用上並不方便，而且比單純的紙張更難一目瞭然。但我是個老古板了，也許我的觀點有失偏頗。所以我問了大約 100 位大學生，而絕大多數人都表示他們不喜歡看到講者在簡報時，還時不時看著智慧型手機上的筆記。

讓聲音充滿能量

一場好的簡報感覺起來會像是一場好的對談，這千真萬確。不過，與三五好友喝咖啡聊天，跟吃完午飯後站在能容納五百人的大講堂裡說話，還是有很大的差別。你的聲調要像是在聊天，但你的能量卻必須要提高好幾倍。如果你充滿了熱情，那麼你的能量就可以幫助你把聲音放出來。這種場合當然絕對不可以把話含在嘴巴裡囁嚅不清，當然也不適合大聲吼叫。扯起嗓門大聲說話通常沒辦法撐太久，而且對觀眾也會覺得很不舒服。當你刻意大聲說話時，你的音量是可以提高，但是聲音裡的豐富情感、獨特音調中的抑揚頓挫，就會消失了。所以，身體站直、把聲音放出來、咬字清楚，但是小心不要讓自己說話的聲音越來越大，變成了吼叫。

你需不需要麥克風？在一般可以容納 10 到 30 人的教室或會議室裡，麥克風可能就沒什麼必要了。除此之外，有麥克風總是不會出錯。記住，這不是為了你，而是為了你的觀眾。即便使用麥克風只能讓你的音量再大一點點，這麼做還是可以讓觀眾更容易聽見你說話。有很多講者寧願捨麥克風不用，特別是男性講者，他們總是靠自己扯開喉嚨嘶吼，好像不用麥克風靠自己大聲說話就比較有男子氣慨、比較有份量。但是，除非你是足球隊的總教頭，要在比賽中場的時候給球隊來點鼓勵的喊話，大聲嘶吼其實是件很糟糕的事。你不是在跟士兵訓話，記住，你是在試著用一種自然的對話方式來做簡報。麥克風完全不會造成與觀眾連結上的阻礙，反而是個非常好的工具，能夠增進講者與觀眾之間的親密感，因為它能夠讓你用你最好、最自然、最有感情的聲音來說話。

手持式麥克風只適合用在非常短的談話，或是發表聲明的時候。比較好的選擇是無線環形擴音器，也就是俗稱的領夾式麥克風或小蜜蜂。領夾式麥克風比較好用，是因為這樣你就可以空出一隻手來，特別是如果你的另一隻手還握著遙控器，這就很重要了。不過，領夾式麥克風有個缺點，就是當你的頭轉到另一側時，有些麥克風就收不到音了。只要會場有提供，最好用的麥克風是頭戴式或耳掛式麥克風，像 TED 這一類的簡報場合都會使用這類型的麥克風。這種無線、迷你的麥克風會剛好在你的嘴巴或是臉頰旁，而且觀眾幾乎不會看到麥克風的存在。這種麥克風的好處是，除了不會收到你衣服摩擦的聲音之外，無論你的頭怎麼移動，它的位置都不會跑掉，可以持續清晰地接收你的聲音。

◀ TEDxKyoto 的創辦人暨執行製作人傑・克拉費克（Jay Klaphake）在 2018 TedxKyoto 大會上做簡報。無線頭戴式麥克風的收音效果良好，也幾乎隱形，而且也讓人能夠自由地移動。（照片來源：TEDxKyoto/Neil Murphy）

避免讀稿

溝通大師柏特・岱克（Bert Decker）強烈建議講者盡可能避免出現讀稿的狀況。在他的著作《*You've Got to Be Believed to Be Heard*》（暫譯：《你要先相信，才能讓人相信》，St. Martin's Press 出版）中，岱克建議講者千萬不要讀稿：「讀稿會讓人覺得很無聊……更糟的是，讀稿會讓講者看起來很不誠懇，而且讓人覺得他不夠熱情投入。」讀投影片也是一樣。許多年前，典型的投影片使用方式就是講者直接把背後的投影片上面所寫的一字不漏地唸出來 —— 信不信由你，今天你還是會看到這樣的情況發生。但是，請不要這樣做。把大量的文字內容放進投影片裡，然後把這些內容照樣復述一遍，這只會讓你跟觀眾漸行漸遠，而且會完全摧毀你與觀眾建立起連結的希望。

創業投資家及蘋果公司前推廣長蓋・川崎（Guy Kawasaki）也強烈建議大家在投影片上使用大型字體，好讓觀眾可以完全看見上面的字，他說：「這會強迫你一定要熟知自己的簡報內容，所以，你只把核心重點放在投影片裡。」以下是直言不諱的川崎在 2006 年矽谷的一場演講中，對直接照投影片唸稿這個行為所發表的看法，當時整間會議室裡坐滿了企業家：

> 如果你需要在投影片裡放 8pt 或是 10pt 的字，這是因為你根本不熟自己簡報的內容。如果你因為對簡報的內容不熟而開始逐字照著投影片唸，那麼觀眾很快就會覺得你是個笨蛋。他們會在心裡跟自己說：「這個笨蛋根本就是在照著投影片唸嘛，我讀的速度都比這個笨蛋説話的速度快，那我乾脆自己先把內容讀完好了。」

蓋的話引起哄堂大笑，但他說的一點都沒錯。如果你打算照著你的投影片逐字唸稿，那你還是現在就去把這次簡報取消比較好，因為你能夠連結觀眾並且說服他們，甚至教導他們任何東西的能力，趨近於零。逐字照投影片唸稿完全沒辦法讓你存在當下、產生連結，或是讓人記住你想傳達的資訊。在大部分情況下，照著投影片所寫，逐字唸稿倒是個讓大家睡著的好方法。

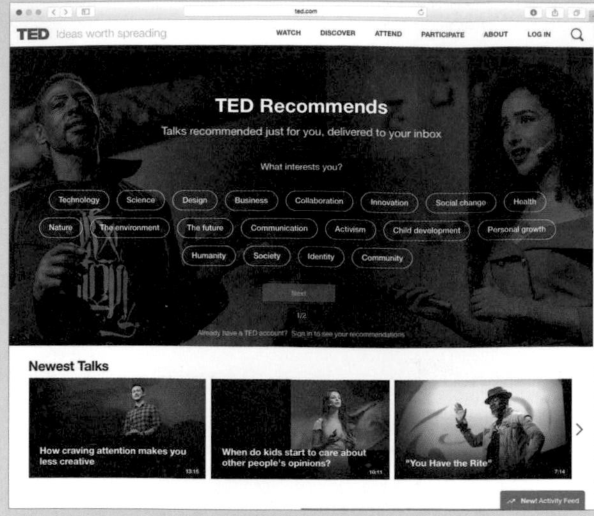

▲TED 網站是一個很棒的資源。所有可供觀賞的簡報影片也加上了各國語言的字幕，也提供幾種語言版本的演講稿。

如果你的想法很值得發揚光大……

每年一度的 TED 會議，讓全世界最了不起的思想家與行動家齊聚一堂。他們受邀上台，以每人 18 分鐘或更短的時間發表他們的演說。時間的限制通常都會使講者做出非常精確、緊湊而且專注的演講。如果你有值得一談的構想，那麼你一定要能站上台去，大聲說出來，並讓大家信服。正如每年 TED 講者們表現出來的一樣，簡報技巧具有非常關鍵的重要性。

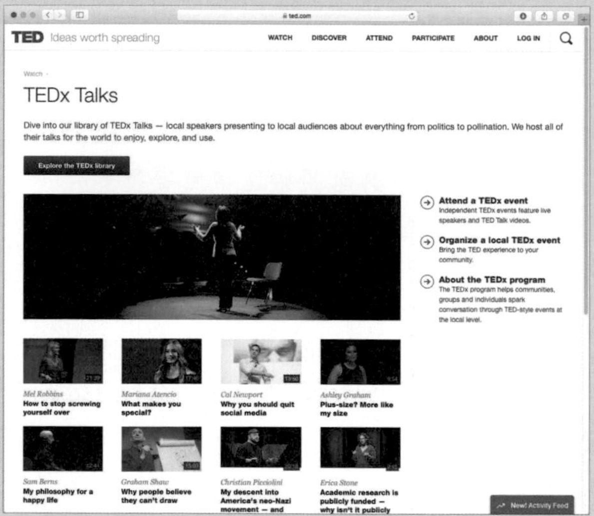

▲世界各地舉辦了許多很棒的 TEDx 活動，而且 TED 會將這些活動影片上傳到 TED 網站上。

TED 最棒的地方是，這些精彩的簡報演講並非只保留給少數的菁英份子觀賞，相反地，他們「大方放送」，將其中最棒的那些簡報影片上傳至網路，並提供各種不同格式方便大家線上觀賞或是下載。數百份高畫質的演講短片都存放在 TED 的影音典藏庫裡，而且每週都會新增更多內容。這些影片的製作品質非常高，當然內容也是。TED 真正發揮了概念時代的精神 —— 分享、發送、容易取得。因為，讓越多人知道你的想法，它的力量就會越強大。也由於這些免費的高品質影片，TED 的觸角與影響力已是無遠弗屆。對好的演講簡報有興趣的人來說，TED 的網站是個資源寶庫，其中所收錄的演講簡報，經常都有極佳的多媒體應用。

www.ted.com/talks

醫師、教授，以及卓越講者：漢斯・羅斯林

漢斯・羅斯林（Hans Rosling）是瑞典卡羅林斯卡學院（Karolinska Institute）公共衛生系的教授，也是一位能夠有意義地說明統計數字並據此說出故事的禪學大師。在他的發想之下，羅斯林透過他所創立的非營利組織 Gapminder，與其他人員一同研發了一套軟體[2]。利用歐盟（UN）所提供的數據，羅斯林向大家展現了這的確是一個與過去截然不同的世界。TED 的網站上有好多段影片展現出羅斯林的稟賦才華。一般的簡報常識會告訴你絕對不要站在螢幕與投影機之間，通常這會是個不錯的建議。但你可以在本頁的照片中看到，羅斯林有時會違背一般的常識，他用非常活潑的方式與他的數據互動，而這麼做也吸引了他的觀眾更注意那些數據，這些數據的意義，以及整體的全貌。

很遺憾，羅斯林醫師在 2017 年 2 月 7 日於瑞典烏普薩拉逝世，當時他僅 68 歲。羅斯林教授的離開對於他的家人親友來說都是非常悲痛的，而這一天對 TED 社群的所有人，以及資料視覺化／商業智慧社群的人們來說，也是非常傷心的日子。數百萬人見證了羅斯林醫師的貢獻，而且將會有更多的人持續見證他為世人所做的非凡貢獻。羅斯林醫師帶給世界的啟發不可衡量，他的簡報演講，借助數位與類比方式的清晰影像，無一次不以真誠、正直與清楚無比的方式傳達給觀眾。他是一位統計大師、執業醫師、學術教授，同時也是一位卓越非凡的講者與說故事的人。

羅斯林醫師的理念由他的兒子奧拉・羅斯林（Ola Rosling）以及兒媳安娜・羅斯林・倫隆德（Anna R. Rönnlund）接手，透過 Gapminder 基金會促進更加理性化、以事實為基礎的世界觀察，該基金會是一個無與倫比的資源寶庫。

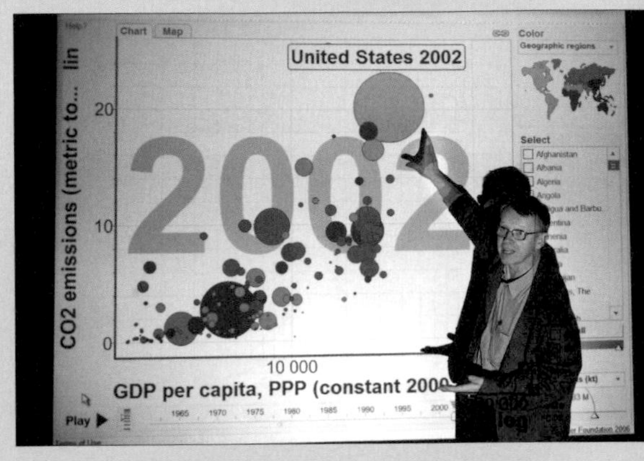

▲漢斯・羅斯林醫師與數據互動的新穎方式充滿熱情，讓他的簡報「活」了起來。（照片來源：Stefan Nilsson）

▲漢斯・羅斯林醫師在家中準備他的演講時，同樣使用了類比與數位影像。（照片來源：Jörgen Hildebrant）

2　該軟體名為 Trendalyzer，被譽為可以讓統計數字活起來的軟體，2007 年被 Google 收購。

腹八分：為什麼長短很重要

禪修中很重要的境界是 —— 處於當下、擁有一顆平靜的心，以及能夠專注於此時此地的能力。然而，面對一般的觀眾時，你最好還是預設他們並不「平靜」，或無法全然身處於「此時此地」。而實際情況可能剛好相反，觀眾可能在腦中處理許多情緒化的意見，並且輪番上演著各種不同的事件議題（可能是專業上的，也可能是私人的）同時他們還要一面盡可能地專心聽你簡報，我們都會有這樣的困擾。要觀眾全神貫注在我們說話的內容上，事實上是不可能的事，即使是很短的簡報也一樣。許多研究表示，注意力在 15 ～ 20 分鐘之後就會開始渙散。我的經驗則告訴我，其實更短。比方說，執行長們在聽取簡報時素有注意力短暫的惡名，所以你的簡報長度非常重要。

每種狀況不盡相同，但一般說來，越短越好。但既然如此，又為什麼有那麼多簡報者會超過他們預定的簡報時間，又或者是儘管該說的重點都已經說了，但還是要刻意加長簡報，讓它可以撐到指定的結束時間呢 ？這很可能是我們所受的正規教育的結果。我直到現在還可以聽見大學時的哲學教授，在開始兩小時的課堂測驗之前說：「記住，寫越多越好。」身為學生，我們從小到大都處在一種氛圍裡，我們認為，一份 20 頁的報告會比一份 10 頁的報告更有機會獲得高分；而一場為時一個鐘頭，總共有 25 張投影片、每張寫滿了 12 點大小文字的簡報，會比一場 30 分鐘，一共有 50 張高度視覺化投影片的簡報感覺「更認真」。這種老派的想法忽略了創意、理解力、以及為了讓構想更清楚所做的種種前置思考。我們把這種「越多越好」的想法也帶入了專業工作之中。

健康人生（與優秀簡報）的秘密

日本人對於健康的飲食習慣有句很好的形容：「腹八分（Hara Hachi Bu）」，意思是吃八分飽就好。這是個非常棒的建議，而且這在日本是很容易做到的，因為日本菜的份量通常要比美國少很多。使用筷子也是一個避免大口往嘴裡塞東西的好方法，還可以讓人稍微吃慢一點。在日本和大部分的亞洲國家，我們通常是一桌人一起點菜，然後每個人從面前的各種菜餚中拿取自己所需要的份量。我發現

（這麼說也許很諷刺）如果我在完全吃飽之前就停下來，那麼我對這一餐的滿足感會更高，我不會在吃完午餐或晚餐後開始想睡覺，而且通常我都會感覺更好。

腹八分同時也是一個可以應用在演講、簡報，甚至會議長度上的原則。我的建議是：無論你有多少時間可以用，都絕對不要超過；而且其實應該要比你的指定時間再提前一點結束才好。你需要多少時間來簡報得看你自己在當時的狀況而定，但試著以指定長度的 90 － 95% 為目標。並不會有人因為你早幾分鐘結束而有所埋怨。大部分簡報的問題都出在太長，而不是太短。

讓觀眾感到意猶未盡（還想要更多）

專業的演藝人員知道要在最高潮的時候停住，讓觀眾渴望可以從你身上再得到更多。我們想要讓觀眾感到滿足、被激勵、被啟發、獲得更多知識，但是不希望讓他們覺得這樣的內容少一點也無所謂。

我們可以應用腹八分的精神在簡報的長度以及我們所加入的內容份量上。給觀眾高品質（你所能提供的最高品質）但是不要給他們太大的量，這樣你就可以讓他們的頭跟著你轉，一邊還帶著滿腹渴望。

◀這就是我在前往東京途中享用的典型火車便當（只在車站販售的特製飯盒）。簡單、迷人、份量經濟實惠、沒有什麼特別加工的地方。這個便當是用「以客為尊」的思維製作出來的。我花了 20 ～ 30 分鐘享用便當裡的菜色，吃完後感到非常開心、營養充分、心滿意足，但是，並不會覺得很飽。我當然可以吃更多 —— 再吃一個也沒問題 —— 但是我並不需要這麼做。事實上，也不想這麼做。吃這個便當的過程讓人非常滿足，如果真的要吃到飽，那反而會破壞了我所擁有的這個美好體驗。

「任何多餘的話語，都只會從裝滿的心中流走。」

—— 西塞羅（Cicero）

歸納整理

- 你需要紮實的內容以及有邏輯的架構，但你同時也得與觀眾產生連結。你必須對觀眾做出理智與情感上的訴求。
- 如果你的內容非常值得一提，那就在上台簡報時加入你的能量與熱情。每種狀況都不同，但無論如何你都沒有理由讓人覺得無聊。
- 不要有所保留。如果你對你的主題懷有滿腔熱情，那就讓觀眾看到你的熱情。
- 開場時就要全力出擊。要這麼做包括了讓你的開場白與個人有關、出人意料、新奇、引起他人質疑，或是很幽默。如此一來，你就可以從一開始就吸引住觀眾的注意。
- 想要在台上好好呈現你自己，得注意自己的穿著打扮是否得體、一舉一動都充滿了自信與意義、保持與觀眾間的眼神交流、用口語的方式說話，並且說話時要精神十足。
- 不要念稿或是依賴筆記。
- 記住「腹八分」的原則。讓你的觀眾在滿足的同時，還渴望能夠從你身上再多得到一些什麼，而不是把他們塞得飽飽的，讓他們覺得自己實在太撐了。

10

吸引觀眾的必要性

最棒的簡報者和講者是那些最能夠引起觀眾興趣的人。我們會稱讚那些能夠激發學生興趣的老師。無論有沒有使用多媒體，引起注意和興趣是關鍵。不過，如果你問 100 個人，所謂吸引觀眾注意的定義為何？你會得到 100 個不同的答案。所以，究竟是什麼才能吸引觀眾的注意？對我來說，無論主題是什麼，吸引觀眾注意的核心是 —— 情感。訴求於人們的感情面是最基本的，但卻經常被忽略。吸引觀眾注意的關鍵是講者的情感，以及他或她是否能夠以最誠摯的方式來表達這些情感。但最重要的是，無論主題是什麼，吸引觀眾注意需要激發觀眾本身的情感，讓他們也在個人的層面上投入。

不管你喜不喜歡，我們是情感的動物。邏輯是必須的，但還不夠。同時我們必須刺激大家的右腦，也就是創造力所在的區域。以下是《*Why Business People Speak Like Idiots*》（暫譯：為什麼商務人士說話都像白癡》，Free Press 出版）一書作者的話：

> 在商業世界裡，最自然的直覺通常來自左腦。我們做出縝密的論點，用事實、數據、歷史資料和邏輯……來讓觀眾毫無招架的餘地。壞消息是，這些事實資料火力全開的攻擊，通常都會反過來傷到自己。現在是我的事實數據對上你的經驗、情感和概念性認知。這不是一場公平的戰爭 —— 事實數據永遠都是輸家。

我們該做的事已經很明白了。觀眾帶著他們自己的情緒、經驗、偏見以及對事物的概念性認知而來，這與我們所準備的事實數據並不相符。我們一定要小心別犯錯，不要以為資料和數據一拿出來就可以搞定大家，無論這些資料和數據對我們來說是多麼具有說服力、多麼顯而易見、多麼無可動搖。我們的確需要最好的產品或最嚴密的研究報告，但如果我們準備的是一場無聊、死氣沈沈、「死在投影片手上」、讓人昏昏欲睡的簡報，我們一定會輸。最好的簡報者會觸發觀眾的情感，藉此引起他們的興趣。

情感與記憶

碰觸人們的情感面不但能夠引起他們的注意，而且也能夠幫他們記住你簡報內容。如果你能夠用一個相關的故事、有趣的現場活動，或是一張撼動人心的照片或資料（舉例來說，這些故事或活動非常出人意料之外、很令人驚訝、悲傷、不舒服等等）來撥動觀眾的情感，那麼，你的簡報就比較容易被他們記住。當觀眾對你的簡報產生了情緒上的反應，這時，大腦邊緣系統中的杏仁核就會釋放出多巴胺到這個人體內，而多巴胺 —— 根據約翰・麥迪納（John Medina）醫師所說：「能夠幫助記憶並協助處理所接受到的資訊。」

舉例來說，在銷售的場合裡，問問自己，你要賣的究竟是什麼。你真正要賣的，其實並非這樣東西的功能或是它本身，而是你自己使用這樣東西的經驗，以及你對這樣東西所抱持的感情。舉例來說，如果你要賣的是登山腳踏車，你會只著重在介紹這輛登山腳踏車的功能有多好，還是你會用大部分時間來介紹你自己騎這輛腳踏車的經驗？經驗談有著栩栩如生的畫面，而且會讓聽你說話的人將感情投射到你的話語之中。

鏡像神經元

鏡像神經元是大腦中的一種神經細胞，當你在做一件事，或純粹只是看著其他人在做同一件事的時候，它就會啟動，就算你根本沒有移動你的身體。這就好像是，你這個觀察者和你所觀察的那個人，一起在做著相同的動作。當然，旁觀一件事和真正去做這件事是不同的，但是對我們的大腦來說，兩者其實差不了太多。

鏡像神經元與同理心也很有關係。這是一種非常關鍵的生存技巧。研究顯示，當一個人光是看見另一個人經歷某種情緒時，他的大腦中負責處理他本身這個情緒的區塊也同樣會產生反應。專家們相信，當我們看見某人展現出熱切、歡喜、憂慮等等情感時，鏡像神經元就會傳送訊號給大腦的邊緣系統，也就是負責掌管我們情緒的區塊。我們也可以說，大腦裡有個地方專門負責去體驗其他人大腦的感受 —— 意思也就是說，讓我們可以去感覺其他人所感覺到的。

▲我在一場行銷簡報中使用了上面兩張投影片，藉此提醒大家，他們想賣的究竟是什麼？是物品本身，還是使用這樣物品的經驗？（投影片所使用的影像來自 Shutterstock.com）

如果我們天生就能與他人感同身受，那麼，當觀眾在聽一個好像自己也覺得很無聊、很不感興趣的講者說話時，同樣會覺得無聊、無趣（就算內容很有意義）。這又有什麼好奇怪的呢？我們應該也能明白，為什麼當我們看到一個人站在台上幾乎完全紋風不動，全身上下只有嘴巴附近的肌肉在動作的時候，我們自己也會覺得僵硬而且不舒服。現在有太多簡報都太過正式、太過靜態、太過教條化，裡面許多的視覺元素都被剔除，包括存在於動作之中的視覺訊息，以及我們的情感表現。鮮活、自然展現出來的情感，絕對會豐富我們的話語，因為它能刺激其他人無意識地去感受我們的感覺。舉例來說，如果你熱情滿滿，只要這份感受是真誠懇切的，那麼大部分的人都或多或少會反映出同樣的情緒。我們的資料和證據都很重要，但是我們所表現出來的真摯情感，會對觀眾最終接收並且記憶在腦中的訊息有更直接、強烈的影響力 —— 無論是好的影響還是壞的影響。

微笑的力量

微笑真的是有傳染性的。但是微笑沒辦法偽裝或強迫。你可以試著裝出微笑，但其他人都看得出來你不是真心的。事實上，有研究顯示，如果你並非發自真心地對他人微笑，觀眾會認為你是一個不值得信賴或者虛偽的人。《真實的快樂》一書作者馬丁・賽利格曼（Martin Seligman）說，微笑基本上可以分為兩種，一種是「杜鄉的微笑」（Duchene smile）一種是「泛美式微笑」（Pan American）。杜鄉的微笑是真正發自內心的微笑，主要的特徵是嘴巴和眼睛周圍的肌肉都會出現收縮的動作。你可以藉由眼睛周圍有沒有因此產生些許皺摺，來判斷這是不是一個真心的微笑。而所謂的泛美式微笑則是裝出來的，這種笑只有嘴巴周圍的肌肉會有動作。這也是那種你會在服務業從業人員臉上看到的禮貌性微笑。

我們每個人都看得出微笑是不是發自內心。但是一個看起來真的很高興來到這裡的講者或表演者（因為他／她是真心的快樂），就一定能很自然地和觀眾產生連結。發自內心的微笑能夠顯示我們很高興來到這裡。而既然觀眾能感覺得到我們的感覺，為什麼不讓他們也覺得輕鬆一點呢 ？雖然你可能覺得觀眾只要記得你所說的話就好了，但事實上他們會回想起來的卻是他們在現場看到的，包括你的臉部表情，還有他們所感覺到的一切。

微笑各式各樣，有些微笑帶有諷刺意味，有些微笑是造作的禮節式微笑。這些微笑不會讓人感到滿足，而是令人心生恐懼與疑慮。但是，真誠的微笑帶給我們希望與清新。如果我們想要一個真誠的微笑，首先我們必須創造迎接這些微笑的基礎。

—— 達賴喇嘛

向皇后樂團的拯救生命演唱會取經

在一份為英國 Channel 4 電視台特別節目〈世上最偉大的表演〉(*The World's Greatest Gigs*) 所做 2005 年問卷調查中，皇后合唱團於 1985 年拯救生命 (Live Aid) 演唱會的經典演出，被票選為有史以來最佳的現場表演。直到今日 —— 特別是由奧斯卡得主雷米・馬利克 (Rami Malek) 飾演主唱佛萊迪・墨裘瑞 (Freddy Mercury)，2018 年奧斯卡獲獎影片《波希米亞狂想曲》(Bohemian Rhapsody) 再現了這一經典場面，吸引人們再度關注並觸動懷舊思緒 —— 大眾依舊認為這場為時 21 分鐘的表演是有史以來最偉大的現場搖滾表演。皇后合唱團的表演功力著實精湛，但讓這場表演成為搖滾史上最經典不朽的關鍵是，弗萊迪在那一刻，與觀眾一同全情投入。那一天，佛萊迪・墨裘瑞為我們上了一堂關於「投入與身在此刻」的大師課。也許這只是一段搖滾樂，但佛萊迪的表演值得我們所有人借鑒學習。

充足準備是關鍵

因為他們只是眾多知名表演者的其中之一 (甚至是最後一刻臨時被安排上場)，對皇后合唱團來說，他們大可大致表演一下，不要出錯就好，但很明顯，他們排練得非常充足，為這個特別的場合做好萬全準備。做好充分的準備可以讓你放鬆，全然地享受當下。

第一印象很重要

佛萊迪從後方布幕出場，小跑步地站到舞台前方，當他在空中揮舞著拳頭向觀眾示意時，神情中流露出全然的喜悅，讓人們感覺到這一天是屬於他們的，他很喜歡他們來到這裡。如果觀賞這段表演影片，你會注意到佛萊迪充滿玩心地與觀眾互動後，坐到了鋼琴前，這時他露出了一個巨大的笑容，不是那種人們以為的緊張傻笑，而是發自內心的真誠笑容，證明了他全身心都處在當下，並且無比享受。

保持簡單

皇后合唱團因其現場表演的各式道具與精緻背景而聞名，但是在拯救生命演唱會中他們並沒有依賴任何具有戲劇效果的道具。只有最基本的東西。沒有任何矯揉造作的成分。在活動開始前的一次採訪中，關於溫布利球場的空曠舞台這件事，吉他手布萊恩・梅 (Brian May) 表示，「這完全取決於你是否能夠奏出樂音。」就連佛萊迪的服裝也很簡單：一件白色背心與牛仔褲。

移除障礙

佛萊迪盡自己所能更靠近觀眾，對著人潮爆滿的溫布頓球場中做出手勢，指向所有方向，並在舞台邊緣來回走動。有時候，他還會跳到更低的舞台（這是投影機專用的舞台），只為了更貼近觀眾。他為所有觀眾表演，而不只有最前排的人們。

打造共同的經驗

在整場表演中，佛萊迪的肢體語言顯示著這是一場最令人愉悅的場合，也是一個共同感受快樂的地方。觀眾們一起投入在整場表演中，一起大聲合唱、擺動雙手，在佛萊迪唱出「Radio Ga Ga」時齊聲拍手，或是在空中揮舞拳頭。當佛萊迪用「Ay Oh!」和觀眾進行互動時，他讓人們完全沈醉，將觀眾完全掌握在手心。這裡也有值得我們學習的地方：吸引觀眾興趣，讓他們投入。面對觀眾、在舞台上活動，不要待在固定的地方。有意識地移動身體。

這關於「他們」

「每一個樂團都該好好學習皇后合唱團在拯救生命演唱會的表演。」大衛・格羅爾說。「如果你真的感覺到障礙都被移除了，這時你就成為了佛萊迪・墨裘瑞。我認為他是有史以來最偉大的主唱。」我經常提起的一句話是「這一切不無關乎我們自己，而是關於他們。」佛萊迪・墨裘瑞淋漓盡致地體現了這句話。這場表演始終是關於觀眾的。佛萊迪在舞台下其實是一個低調、冷靜自持的人，但是一站上台，他就成為了有史以來最引人注目、最具情感渲染力的表演者。佛萊迪・墨裘瑞的表演提醒了我們，將觀眾放在首位，並且盡我們所能去移除障礙，創造全心全意的投入，這件事具有偉大而非凡的力量。

讓他們好奇

知名物理學家加來道雄（Michio Kaku）說：「我們生來就是科學家。」他的意思是，我們天生就是極度好奇的生物 —— 而這也是我們學習的方法。展現你的好奇心並且激發其他人的好奇心，這是一種非常有力的情感，能夠強烈地吸引他人的注意。好的簡報可以激發好奇心，就如同壞的簡報會徹底熄滅好奇之火。現在大部分的商業簡報都沒辦法引起觀眾的好奇心，因為這些簡報很無聊，而且都只是單向地把資訊一股腦兒倒給觀眾。

也許這是我們在學校裡學會的，至少從我們國中開始。以我個人的經驗，以及我所收到來自世界各地教師們寄來的無數電子郵件，當今的問題是，許多學校的教學方式對學生天生的好奇心造成了很糟糕的影響。這不是什麼新聞。愛因斯坦在 1951 年出版的《*Albert Einstein: Philosopher-Scientist*》就曾說過：「這簡直就是個奇蹟，現代的教學方式竟然還沒有完全扼殺掉探尋事物的神聖好奇心；因為這株脆弱的幼苗，除了需要刺激以外，還需要自由；要是沒有自由，它不可避免地會夭折。誤以為可以透過脅迫和加諸責任感，藉此提升探尋與發現的樂趣，簡直大錯特錯。」小孩子在童年時期都是順著天生自然、永不滿足的好奇心來行動，但也正如加來博士所說：「我們看到太多因為學校教學方式，而導致下一代學生的好奇心被摧毀的案例。」

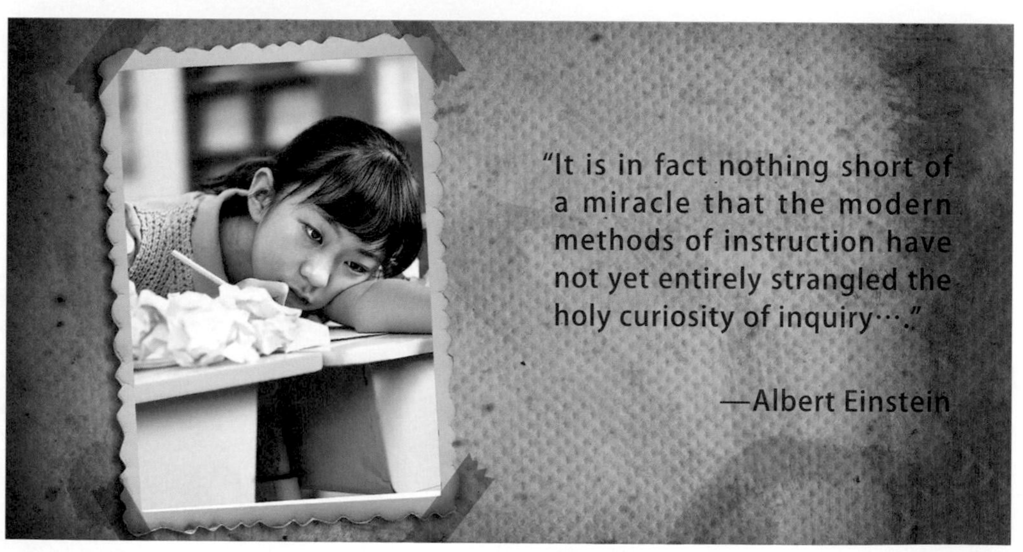

日本知名腦科學家茂木健一郎（Kenichiro Mogi）說，我們必須隨時保有孩童的好奇心。我們一定要保有想要探索事物本質的能力，他堅持地說：「忘了該如何好奇，讓我們失去了非常寶貴的東西。因為好奇心是讓人類能夠進步到今天最重要的一樣東西。」最好的講者和老師，是那些能夠展現出對主題的好奇心與研究熱情的人。能夠展現自己的好奇心與熱情的講者，同樣也能夠激發深化其他人的好奇心。你無法假裝好奇。最好的老師會引導、指導、啟發，並且點燃每個孩子心中的好奇火花。最好的講者是那些不害怕展現出自己對工作充滿好奇心和研究熱情的人。

好奇心具有感染力

能用帶有傳染力的好奇心和研究熱情來呈現重要的資訊，最好的範例莫過於瑞典的漢斯・羅斯林（Hans Rosling）醫師。是的，漢斯使用 Gapminder 來驅動的視覺化數據呈現方式在舞台上非常吸引人。然而，他也同時展現了他那熱烈的好奇心，用他的說話方式深深吸引了觀眾的心，像是這幾句話：

> 你們看到了嗎？
>
> 看看這個！
>
> 這實在太驚人了！
>
> 你們覺得接下來會怎樣？
>
> 這不是太讓人驚訝了嗎？

這就是會吸引觀眾投入的語言。漢斯・羅斯林透過視覺化讓數字活了起來，並且將資訊編進故事中，觸動觀眾的情感，也讓聽者更能夠掌握這些資訊的意義。此外，他也在其中加入了自己的招牌式冷幽默，而幽默正是吸引人注意最有用的方式。

「人，已經淪為手中工具的工具。」

—— 亨利・大衛・梭羅（Henry David Thoreau）

吸引人注意與工具無關

許多人好像把科技技術當作了能夠拯救無聊、無效簡報的萬靈丹。就許多方面來說，數位工具在現場簡報的溝通與吸引力的品質上，的確已有所提升，特別是當你要對住在地球另一端的人發言時，可以透過視訊會議、網路研討會、Skype 等工具。不過，儘管科技在過去十年裡有了非常多驚人的進展，但最基本的人性需求，像是連結、興趣和關係，其實並沒有改變。現在有很多公司天花亂墜地宣傳他們那些酷得不得了的動畫功能，宣稱在簡報中使用這些動畫絕對會很吸睛、會引起觀眾的興趣。不過，我們得對這樣的說法存疑。使用越多工具和效果，通常只會擾亂視覺而已。

清水英二（Eiji Han Shimizu）是位日本電影人，他製作了得獎影片《快樂》（*Happy?*）。在 2011 年的 TEDxTokyo 大會中，清水強調了一個觀念，擁有「更多」不一定會讓我們快樂，反而是經過刻意篩選後的「精簡」，才是日本傳統文化的核心美學。「盲目地被各種擾亂人心的說法、誘惑、消費牽著鼻子走，並不會帶來快樂。」清水如是說。將這段感性的話應用到現代的簡報技術與數位工具上，我們可以說，太多人都被以「進步」、「引起興趣」為名的各種軟體特效、花招和技術牽著鼻子走。越來越多數位工具以越來越快的速度進入我們的生活，但只有透過刻意篩選後的精簡，才能讓我們做出更吸引人、更好的簡報。

排除溝通上的障礙

我並沒有那麼喜歡講臺（亦被稱做演講桌）。是沒錯，它自有其存在的意義，而且有時也無可避免地會用到它。不過，在大多數的演講場合裡，站在演講桌後面，就如同站在一堵牆後面。

演講桌可以讓講者看起來很權威、很有指揮若定的氣勢。這也是為什麼政治人物大多數時候都喜歡站在演講桌後面說話。如果你的目的是希望自己看起來「偉大而且大局在握」的樣子，那麼或許使用演講桌對你來說會很合適。但是對我們大部分人來說（研討會的簡報者、演講者、推銷人員等等），絕對不能站在一堵牆後面。此外，通常演講桌都會被放置在舞台的側邊或後方。在這種狀況下，不單是你站在一堵牆後面，你的投影片（如果你有準備的話）還會成為主要的目光焦點，而你個人的肢體表現也就無法發揮太大作用了。讓你和螢幕同時都出現在舞台中心的正前方是可以做得到的，而這也是一般人很自然會將注意力集中的位置。

假設你站在演講桌後方進行簡報，很可能你的說話內容和之前差不了多少，而且你所使用的媒體看起來可能也沒有太大差異，但是，這並不是個理想的狀況，而且可以說是差遠了。你與觀眾之間的連結就此斷絕了。想像一下，如果你最喜歡的歌手站在演講桌後方演唱，那會是什麼狀況？這很荒謬，這是當然的。再想像一下，賈伯斯使用同樣的投影片、同樣的短片，穿著同樣的牛仔褲和黑色高領衫來做一場演講，只不過他從頭到尾都站在演講桌後方。他說的話聽起來跟之前差不多，他的視覺效果看起來也是一樣的，但是，那份與觀眾之間的連結卻不見了。

大致說來，演講桌可以算是「老古董」了。雖然有些場合使用演講桌是再恰當不過的，比方說，在一場正式的典禮儀式裡，你是多位講者中的一位，大家輪 流走上位於中央的講台發言。畢業典禮就是個很好的例子。但是，如果所有人專程來到這裡只為了聽你說話、向你學習、受你啟發或希望被你說服，那麼你就應該極盡所能排除障礙、所有高牆（不但是字面上，也是實際上的），那些橫亙在你與觀眾之間的障礙。這很可怕，而且需要練習，但一切都會非常值得。

上面這張圖片是一般最常見到的場景。注意，這裡有三重障礙：第一個障礙是那張演講桌，講桌大小會擋住講者的整個身體。接著是那個電腦螢幕，阻擋講者與聽眾之間的眼神交流。最後，講者與聽眾之間的距離本身也成了一種阻礙。演講桌通常被放在距離螢幕或／和觀眾很遠的地方。要盡你所能移除這些高牆（所有的），並且遠離演講桌和電腦，更接近你的觀眾，吸引他們對與你與你內容產生興趣。

回顧：賈伯斯的簡報訣竅

2011 年 10 月 6 日早晨，我坐在日本奈良家中的廚房中島旁，手裡端著咖啡，打開電視，想看看今天的氣象預報。沒想到新聞台發布了一則來自美國的特別報導：「史帝夫・賈伯斯辭世。」我的心頓時跌入了谷底。

我在加州庫伯提諾（Cupertino）的蘋果公司園區工作時，除了曾經和賈伯斯通過幾封電子郵件，以及偶爾在公司咖啡廳的沙拉吧碰到時打聲招呼之外，其實並沒有太多直接和他接觸的經驗。雖然如此，我還是為他過世這件事感到非常、非常難過。老實說，十年前吸引我到蘋果的，就是賈伯斯那種特殊的力量，他能夠用非常自然輕鬆的態度吸引廣大群眾的注意，並且和他們產生連結。當然，這麼多年來我閱讀了所有有關演講和簡報的書，但是到目前為止，讓我學到最多的，還是賈伯斯的簡報技巧。

賈伯斯從 1997 年開始做的每一場專題簡報，我全都看過（1997 年之前的錄影紀錄我也都看了），而當我在蘋果工作時，從來不曾錯過任何一次員工大會或是園區裡的全體大會。雖然我已經在本書前面幾章裡提過賈伯斯的簡報功力，以下內容是這位專題簡報大師的技巧中，最有特色的幾項重點摘要。

知道什麼時候不要用投影片

對專題演講和大型研討會來說，多媒體工具是簡報的好幫手，但是，在一些你想要進行議題討論或是針對細節深入探究的會議中，投影片（特別是各種條列式重點這種不管什麼時候都不好用的方式）通常都會幫倒忙。蘋果上上下下都知道，賈伯斯很討厭在開會的時候使用投影片來做簡報。「我很討厭大家只會用投影片來簡報，而不會思考。」賈伯斯在描述他在 1997 年重新回到蘋果開會的情況時，這樣告訴傳記作家華特・艾薩克森（Walter Isaacson）。「大家都利用簡報來解決問題。但是我想要的是他們能夠更熱烈，把所有問題都徹底討論、解決，而不是弄一大堆投影片給大家看。清楚知道自己要說什麼的人，根本就不需要 PowerPoint。」

賈伯斯喜歡用白板來說明他的想法，然後和大家一起想出解決的方法。專題演講和大禮堂式簡報（以及 TED 等其他類似的簡報活動）以及在會議桌上的簡報是不同的。大部分具有生產力的會議是讓大家能有時間進行討論，然後解決問題，而不是讓大家看一堆投影片。把多媒體留到更大型的簡報場合用吧。以下的技巧主要針對觀眾人數較多的簡報場合。

記住，
就算是在舞台上，也不一定需要多媒體

當你想要製造一種集會的氛圍，並且和觀眾進行討論的時候，你可以考慮拉一張高腳椅到舞台中間坐下，然後開始說你的故事。有幾次我見到賈伯斯在位於庫伯提諾無盡圓環（Infinite Loop）4 號的演講廳對員工演講時，他並沒有使用多媒體，而是坐在一張舞台中央的高腳椅上，開始做他的報告並且回答眾人的提問。這麼做立刻就讓人有種對話的感覺。儘管我很喜歡多媒體工具，但有時候在某些場合裡，它就是不適用。

重點一定要非常清楚，而且焦點明確

在準備階段時，你一定要非常嚴格且無情地將多餘的東西剔除，不論是你的內容還是你所使用的影像圖片。不管影像有多好，甚至是簡報過程的表現有多好，糟糕的簡報一定都是源自於糟糕的規劃，並且缺乏那些你希望觀眾能帶走的明確核心觀點和關鍵訊息。賈伯斯處理所有與工作相關的大小事情，總是有如雷射光點聚焦般的明確精準，包括他所規劃的簡報在內。正如賈伯斯談到產品時所說，所謂的聚焦，意思就是你要經常對很多事物說「不」。你不能在一場簡報中把所有資料都容納進去；鼓起勇氣來把不必要的東西刪掉。大部分的簡報做不到這一點是因為他們放了太多資訊進去，而且用很擁擠的畫面來呈現這些資訊，這麼做完全無法引起大腦的興趣。

與觀眾培養出親近感

賈伯斯通常會滿臉微笑地走上舞台，完全不需要主持人的正式介紹。他在台上充分展現出了他的個性，充滿自信但又非常謙遜友善（這模樣在他平常跟員工開會的時候是很少出現的）。觀眾會被自信的人吸引 —— 但這種自信絕對不是自滿，而是帶有謙卑態度的自信。他在台上的動作自然，並且懂得善用眼神接觸和友善的態度，來建立與觀眾之間的連結。

讓觀眾知道你接下來要講的是什麼

你並不需要一張議程大綱投影片，但是你得讓觀眾知道接下來你要說的內容是什麼，有點像是給他們一張地圖，讓他們知道你接下來要帶他們往哪個方向走。以賈伯斯為例，他會輕鬆和善地先和大家打個招呼問聲好，然後他經常會說一句類似這樣的話來開場：「今天我有四件事情想要和各位說，所以，讓我們開始吧。首先……」通常賈伯斯會把他的演講主題分成三到四個部分。

展現出你的熱誠

有時候你可能會希望稍微克制一下自己的熱情，但絕大多數的講者所展現出的熱情其實是不夠，而不是太多。每一次的場合狀況都不一樣，但是熱情可以讓一切不同凡響。賈伯斯的熱誠和情感表現比較深沈隱約，但你還是可以從他的語調和他所用的詞彙中察覺到熱情所在。在開場的前幾分鐘裡，賈伯斯可能就會用到諸如「驚人的」、「無與倫比」、「太棒了」、「令人眼睛一亮」、「革命性的」這些字眼。你可以說他所用的詞彙實在太誇張了，但賈伯斯相信自己說的話。他是認真的，而且他很坦率。重點不是要跟賈伯斯一樣 —— 而是要找出你自己的熱情，把這種真誠的熱切帶入簡報中，讓全世界都能看見屬於你自己的簡報風格。

保持正面、積極和幽默的態度

賈伯斯是個非常嚴肅的人，但是他在簡報的時候是個非常正面的人，因為他真心相信自己所說的話。就算當下時局看似艱難，他對未來的想法仍是非常積極正面。不管這是不是所謂的「現實扭曲力場」，但這股正面的能量的確是他在舞台上的形象。這是假裝不來的 —— 你一定要真正相信你所說的話，否則你根本無法說服其他人。此外，賈伯斯說話時也帶著些許幽默感，但這不代表說笑話。他的幽默是更含蓄、更巧妙的。利用與主題相關但又很微妙的諷刺來讓觀眾聽了大笑，這是種非常吸引人的作法。

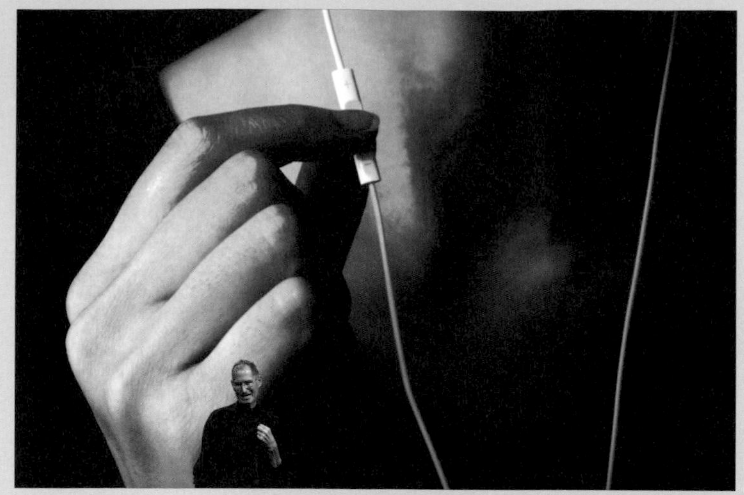

◀ 史帝夫・賈伯斯的每場演講，都絕對少不了具有高度衝擊力的影像。

▶ 賈伯斯偶爾會讓身後的投影螢幕切換成一片空白，藉此來平衡具有高度衝擊力的影像畫面。這種作法和你在演講中切換空白投影片是一樣的。這麼做會讓所有人將目光轉移到你身上。

（本頁照片取自 Justin Sullivan/iStockphoto.com）

數字本身並不重要，重要的是它所代表的意義

一場科技公司的商業產品策略發表會，和一場科學研討會的簡報是不同的。但相同點在於，重要的並不是數字本身，而是它們所代表的意義，不是嗎？這麼說好了，你的膽固醇值是 199，這是全國的標準值。但這個數字到底是好還是壞？是提高還是降低了？「標準值」究竟是健康還是不健康？要跟什麼東西來比較？當賈伯斯在他的發表會中提到數字時，他通常會把數字拆開來解釋。舉例來說，他可能會說，自從 iPhone 上市以來，到目前總共已經賣出 400 萬支，也就是一天能賣出兩萬支。「iPhone 擁有 20%的市佔率。」這句話本身並沒有太大的意義，但是當賈伯斯把它拿來跟市場上的其他公司做比較時，這個數字的意義立刻就變得很清楚了。在你呈現數據時，一定要問自己，該拿這個數字跟什麼做比較？

讓內容視覺化

賈伯斯在專題簡報和特別場合時，會使用非常大的螢幕，還有非常大、畫質非常高的影像圖片。這些圖像非常清楚、專業而且獨一無二，並非一般的樣版。圖表和統計圖都很簡單，但卻清楚美觀。他的簡報絕對不會有「無聊至死的條列式重點」。他用螢幕來展現視覺化的內容，而且只有偶爾會用非常短的清單來呈現資訊。他所使用的方式，能讓資料的意義立刻就清楚地呈現出來。不是每一場簡報都需要照片或影片，但如果你要使用多媒體的話，盡量讓它簡單，但是畫質一定要高。

告訴觀眾一些出乎意料的事

賈伯斯的簡報裡經常都會有新東西。但是他每次都還是會讓觀眾感到有些驚喜。人都喜歡出奇不意的東西。我們喜歡那些會讓我們看了會「哇！」的東西。大腦喜歡創新和意外的驚喜。

變化簡報的速度，
並且轉換不同的簡報技巧

賈伯斯很懂得變化自己說話的快慢速度，也很知道如何利用不同的技巧方式來轉換簡報過程的節奏。他不會從頭到尾站在同一個地方講話，這是非常不好的一種方式。相反地，他會在過程中加入影片、圖片、故事、資料、使用不同的音響，並在現場展示不同硬體和軟體的應用。在一、兩個小時裡，光只是談資訊對觀眾來說實在太無聊了（對講者來說也是）。如果這場演講只要談資訊內容和新功能，還不如把這些內容印在紙上給觀眾，等到他們有時間再讀，效果可能還更好。

長度要適中

賈伯斯從來不會講不必要的東西，而且他一定會在預定時間內結束。他非常清楚簡報絕對不能太長，所以他會用很簡潔、快速的方式來傳達出他的重點所在。如果你無法在 20 分鐘或更短的時間內，解釋為什麼你的主題很重要、很有趣，而且很有意義，這就表示你對自己的主題了解得還不夠深。試著讓你說話的時間盡量短，但卻還是能表達出內容的精髓，同時要記住，每一次的簡報都是不同的。關鍵不是把你的觀眾塞飽，而是讓他們在離開的時候，還想再多要一點點。

把最好的留到最後

觀眾會在你開場的前兩分鐘對你的表現做出評價，所以開場要很有力。但是，你的結尾要比開場更有力才行。觀眾記得最清楚的就是你簡報的開場和結尾。當然中間的部分也很重要，但是只要你把開場或結尾搞砸了，一切可能都會白費。這就是為什麼你要非常勤快地預演你的開場和結尾。賈伯斯的「還有一件事」投影片非常出名，他會把最好的東西留在最後——只要這張投影片一出來，就表示他要結束了。

賈伯斯總是說要改變世界，而生活在這個星球上的短短 56 年裡，他真的做到了。他對細節、簡單化和美學的驚人貢獻，提升了科技、商業、設計以及更多事物的標準。他甚至提高了簡報的標準。雖然他有著精明的商人本質，但他是位真正的大師、一位真正的師父。

▲當賈伯斯展現數字時，這些數字一定很大，你絕對不會看不到。這張照片是 2008 年在舊金山的 Macworld 大會上所拍攝的，當時他正在宣布 MAC OS 10.5 打從上市開始，已經銷售超過 5 百萬套。（照片來源：David Paul Morris/iStockphoto.com）

▲賈伯斯很擅長運用影像來做比較，並且顯示出對比。在這張照片裡，他正在介紹新的 iPod Nano，地點是 2007 年在舊金山舉辦的一場蘋果發表會。（照片來源：Justin Sullivan/iStockphoto.com）

靠近觀眾

我在世界各地教導簡報技巧以及對別人做簡報，20 年的經驗告訴我，講者與觀眾之間的物理距離，以及觀眾與觀眾之間的距離，對簡報的吸引力和有效性，其影響非常大。空間上的遠近關係，對於非語言性的溝通和互動的品質有極大的影響。對於個人對空間距離的想法，會因文化而有不同，但是要讓觀眾投入，其實代表的就是你必須和觀眾靠近一點。此外，如果你的觀眾彼此之間也能靠近一點，對你更有幫助。在符合物理距離的限制下，一般性的原則應該是：(1) 縮短我們與觀眾之間的距離；(2) 在符合當地人對個人空間的認知下，盡量讓觀眾們彼此靠近一些；(3) 把那些造成講者與觀眾之間距離感的障礙物移除，不管那是實際存在的物體，還是觀眾的感覺。舉例來說，如果你用的語言太過正式、不恰當，或是太過專門，那麼觀眾就會覺得有距離感。此外，如果各種簡報技術沒有使用得當，也會製造出距離感，到時無論你在物理距離上有多靠近觀眾，觀眾的參與感也會因此降低。

▲大型會議通常會將大型投影機（有時被稱為「會議投影機」）設在舞台前方或是觀眾席後方。即便場地沒有提供投影機，你也可以透過將電腦架在舞台前方，比較低的地方，並與會場的音訊系統連結，製造同樣的投影效果。在這個例子中，我可以從舞台的任何角度輕鬆看見電腦，而觀眾不見得會察覺。

▲在這裡，電腦不是被放在側邊的演講桌上，而是在舞台中央，充當我的投影機，同時又不會阻擋觀眾的視線。觀眾只會看到我以及我身後的螢幕。

▲在這個位於東京的會議場地中，房間後方設有一個大螢幕，因此我不需要以我的電腦作為投影機，可以將電腦放在一旁。無論走到舞台的任何一處，我都可以和觀眾保持眼神交流，同時知道我身後的螢幕正展示哪些內容。

使用小型遙控器來切換投影片

我看過很多聰明人做簡報，但也很常見到這些講者不是不太會用遙控器（就如同他有生以來第一次看到這玩意兒），就是根本不用遙控器。甚至到了今天，還是有很多講者一直站在放電腦的桌子或演講台旁邊，或是每隔幾分鐘就走回電腦旁切換投影片。

電腦遙控器算是個很便宜的器材，而且絕對有其必要性。沒有任何藉口，你就是得要有一個。如果你現在還沒有使用遙控器來切換投影片，那麼添購一個遙控器可以讓你的簡報風格出現截然不同的改變。遙控器可以讓你走向台前，更靠近觀眾一些，也可以讓你移動到舞台或房間的各個不同位置上，在這些地方與觀眾連結。

當我們黏在筆記型電腦旁，每次都得低下頭來切換投影片時，我們的簡報看起來就變成是投影片秀加上旁白 —— 這很像你小的時候，叔叔搬出他那台 35 釐米投影機播放他上次去釣魚時的精彩片段一樣，無聊透頂。呵欠連連！

記住，你得讓這些科技隱身在簡報背後，盡可能讓觀眾察覺不到才是。如果你能把這些科技產品掌握得很好，觀眾根本就不知道（或不在乎）你用的是哪一種數位工具。但是，當你把手放在電腦上，而你的眼睛在電腦螢幕、鍵盤、觀眾或是投影螢幕之間來來回回，感覺上這就變成了讓大家怨聲載道的那種典型的投影片簡報了。

如果你的簡報是需要用電腦來進行比操作投影片更複雜的工作，那麼偶爾走到電腦旁邊去開啟程式、網頁等等，是沒有關係的。但是，當你已經不需要站在電腦旁邊時，還是應該走到其他地方去比較好。

你需要的就是小又簡單的遙控器。我個人比較喜歡體積小、只有最基本功能的遙控器。你當然也可以買那種可以在螢幕上當成滑鼠使用，並且配備了各種酷炫功能的遙控器，不過這種遙控器很大，而且本身就很引人注目。其實你只需要切換投影片的功能而已，前進或後退，或者讓螢幕全黑。就是這麼單純。

使用「B」鍵

如果你簡報時需要投影片，有一個很好用的按鍵你得記住，那就是「B」鍵。如果你在使用 PowerPoint 或是 Keynote 的時候按下「B」鍵，螢幕會變成全黑（如果按的是「W」鍵，螢幕就會變得全白）。你甚至可以在簡報裡放入全黑的投影片，好讓觀眾把注意力從螢幕上轉移開。「B」鍵非常好用，舉例來說，如果在現場即興談起了一個與主題有關，但和螢幕上的畫面內容比較無關的話題時，你就可以把螢幕切換成黑色，藉此將原本呈現在螢幕上的資訊先移開，因為現在這些資訊可能會變成一種干擾，而且讓螢幕變黑也可以讓觀眾把注意力轉移到你身上，大家也會更投入在討論之中。等你已經準備好要繼續往下講的時候，你只要再按一次「B」鍵（大部分的遙控器都能夠執行這個功能），投影片就會回到剛剛的地方了。

▲當螢幕被切換成黑色，這時所有的注意力都會回到站在舞台中央的講者身上。你可以在設計簡報時就插入空白投影片，為你的口白預先安排好視覺上的停頓時間。但你可以在電腦上（或是遙控器上）按下「B」鍵，在你希望的時刻裡讓螢幕變成全黑。這個技巧非常好用，尤其是在討論某個話題時，螢幕上的影像變得無關或令人分心的時候。

讓燈亮著

如果你想要吸引觀眾的注意，首先一定要讓他們看得到你。只有當觀眾能夠看見你的眼神變化和臉部表情時，他們才有機會更了解你所想傳達的訊息。觀眾會根據語言（你所使用的語彙）、聲音（你的聲音）和影像（你的肢體語言）來解讀你的訊息。你的肢體語言是所要傳達的訊息中很重要的部分，但如果大家看不到你（即便他們可以很清楚地看到螢幕），訊息中的豐富層次就不見了。所以如果你想把燈關掉好讓螢幕上的影像可以更清楚一點，最重要的事情是，一定要有足夠的燈光照在講者身上。通常折衷的方法是只調暗部分的燈光。

在投影技術如此進步的今天，會議室和演講廳裡的燈通常都可以全開，或是只關掉一小部分，螢幕還是可以看得很清楚。不管簡報時的狀況為何，一定要確認有足夠的光線打在你身上。如果觀眾看不到你，就無法吸引他們的注意。

在日本全國的各大公司會議室裡，一般的作法都是在簡報時把所有或大部分的燈給關掉。很常見的還有讓簡報者坐在桌子的側邊或後方操作電腦，當觀眾盯著投影片看的時候，簡報者就在一邊做旁白。這樣的作法實在太常見了，以致於被視為正常的現象。也許這樣做很正常，但是卻一點效果都沒有。當觀眾可以同時看見並聽見簡報者時，他們對訊息的理解程度會更高。

▲如果你把燈關掉，躲在會議室後方簡報，看起來就會像是這樣……

▲……然後很快地，會議室裡就會變成這樣。

如何知道自己引起了觀眾的興趣？

如果你在簡報中真正引起了某些人的興趣，你會喚醒他們內在的某些東西。第 8 章中提到的班哲明・山德爾（Benjamin Zander）就是一個能喚醒各種可能性的大師。喚醒其他人（或是你的學生、同事、觀眾等等）內在的可能性，正是他鼓勵我們每一個人都該去做的事。畢竟，如果不能喚醒一個團體或組織的可能性，那麼領袖的存在意義又是什麼呢？如果不能啟發或喚醒每一個學生的潛能，那麼要老師做什麼呢？而父母親的角色不就是要喚醒自己孩子內在的可能性嗎？（當然父母要做的事還有很多。）當然，並非每一場簡報都能夠帶來很大的啟發，但是我們需要影響其他人，讓他們有所改變，要做到這一點，就必須引起他們的興趣，並喚醒他們、讓他們看見新的可能性。

班哲明問：「你如何知道自己是否喚醒了每一個學生或觀眾的可能性？」答案是什麼？「看他們的眼睛你就會知道了。如果他們的眼睛閃閃發亮，你就知道你做到了。」他接著又說：「如果他們的眼睛沒有任何光芒，你就得問自己一個問題：我到底在扮演什麼角色呢？為什麼我的觀眾沒有雙眼發光呢？」這個問題適用於我們的孩子、學生、觀眾等人。對我來說，這是一個非常好的問題：我到底在扮演什麼角色？為什麼我沒有從他們眼中看到連結？

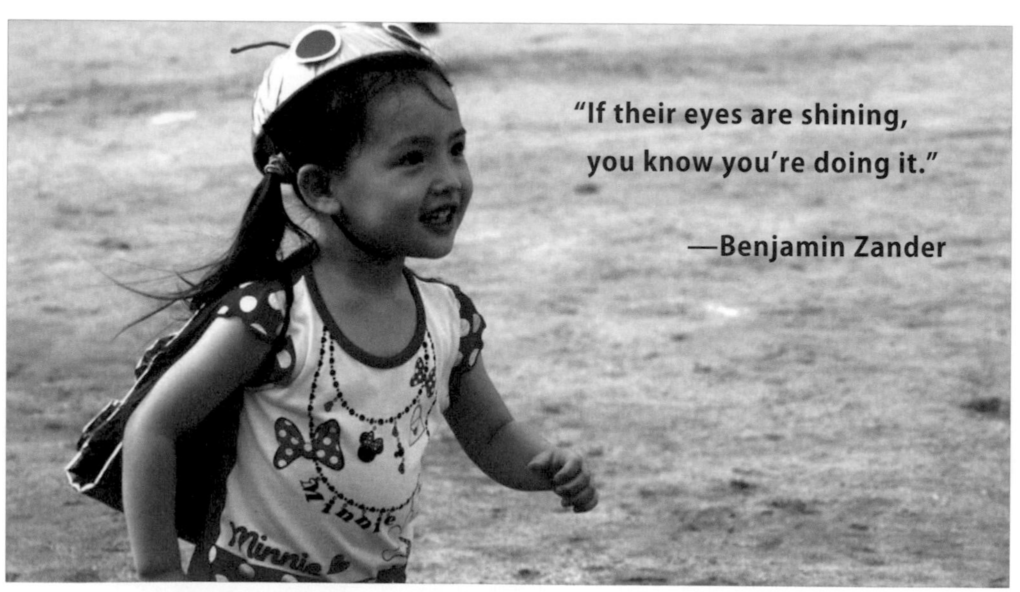

歸納整理

- 觸碰到觀眾的情感，才能引發他們的興趣。
- 讓燈亮著；觀眾一定要從頭到尾都能看到你。
- 把橫亙在你與觀眾之間的障礙都移除。如果可以的話，盡量不要用講台或演講桌。
- 用無線麥克風和遙控器來操控投影片，這樣你就可以自由且自然地移動。
- 保持正面、活潑、幽默的態度，和觀眾培養親近感。你一定要相信自己所說的話，否則你根本無法說服別人。

next step
下一步

「我們即我們所想。」

—— 佛陀（Buddha）

11

旅程就此展開

許多人試圖找出更簡便的捷徑，以及更快速的修正方式來達成完美的簡報。但是，這樣的捷徑與方式並不存在：這世界上並沒有什麼萬靈丹或現成可用的方法。在今天的世界中學習如何成為一個出色的簡報者，可以說是趟旅程。這趟旅程將帶給你許多方式，讓你能做出更具啟發性的簡報，而這樣的啟發性，是我們現今所處的這個世界剛好需要的。踏上這條成為出色簡報者的道路，第一步就是要能看見（真正地看見）那些符合一般標準、普通、還算不錯的事物，往往與我們學習、理解、記憶以及產生興趣的機制大相逕庭。

不論你今天所在的起始點為何，其實都可以再做得更好一些。而且事實上，你可以做得非常出色。我說這話絕對不假，因為我曾親眼見過許多次像這樣的情況。我曾與許多專業人士合作（有年輕的，也有年長的），他們大都認為自己並不特別有創意、有魅力，或是很活潑，但是，只要給予些許幫助，他們就能夠改頭換面，成為極富創意、口齒伶俐、魅力四射的講者，只要他們了解到，那位表現出色的講者其實早就存在他們自己心中。一旦張開了雙眼，下定決心要學習，並將過去拋諸腦後，長足的進步絕對指日可待，一切只是時間的問題而已。有趣的是，就在他們的自信心日益增加，慢慢變成一個有感染力的簡報者同時，他們的這份新自信與新思維，對他們私人生活與專業生活上的其他方面也產生了極大的影響。

該如何改進

要成為一個表現得比現在更好的簡報者有許多方法（不論是否使用多媒體），而想擁有更好、更有效的一般性溝通能力也是一樣。請將以下幾件事謹記在心。

多看多學

透過書本、DVD 以及大量的線上資源，你可以自學到許多成為出色簡報者所需的知識。我在 presentationzen.com 上列出了許多與簡報設計和講演有關的書、DVD 和網站。其中大多數我所推薦的東西都不完全與簡報技巧或簡報軟體直接相關。然而，這些通常都是最有用的資源。舉例來說，你可以透過研究經典紀錄片和戲劇，學到如何說故事以及如何使用影像。即使是有關劇本撰寫的書，也能教導你一些可以應用在簡報製作中的道理。你永遠不會知道經由自學，自己將會學到什麼，尤其是當你向意想不到之處取經的時候。

做，還是不做

閱讀與學習是非常重要而且必須的，但是，要真的在簡報上有所改進（包括視覺設計），你就一定得實戰演練才行，而且，要經常演練。所以，多找些機會做簡報吧。如果你所在的地區有當地的 Toastmaster 國際演講學會（www.toastmaster.org）的分會，你可以考慮加入他們。更棒的作法是，去參加 TEDx 大會（www.ted.com/tedx）、PechaKucha Night（www.pecha- kucha.org），或是 Ignite 大會（ignite.oreilly.com）。如果在你所處的城市區域附近沒有這些活動，何不自己辦一個呢？你也可以自動請纓，為自己的學校、公司或使用者小組去做簡報，盡量找機會一吐為快，並且透過簡報分享你所知的資訊、技能和故事，為你所在的社區做出一些貢獻。

▲在爵士樂中尋找靈感……

鍛鍊你的創意

▲教導我的孩子們也可以……

對於執業中的專業人士來說，無論他們的領域為何，保持自己與創意靈魂之間的聯繫並且經常充實它是非常重要的。忽略你自己的熱情或才能是多麼浪費的事啊。坦白說，你永遠都不知道靈感會從何而來。在你爬山、畫畫、拍攝夕陽、寫小說，或是在市區某家俱樂部（或是自家車庫）裡與同團樂手一起領略美妙樂音的時候，靈感、清晰的思緒或全新的觀點，很可能不必強求就會自動現身。

我已經不再全職玩音樂了，但是偶爾我還是會和大阪當地的爵士樂手和藍調樂團一起表演。做現場的音樂演奏並與其他樂手和懂得欣賞的觀眾之間產生連結，對創意靈魂來說真是太有助益了。爵士樂和藍調本身就是一種和聽者產生連結，並透過歌詞和音符說故事的音樂，它們是情感的音樂。要將藍調或爵士樂演奏得好，就和做一場傑出的簡報類似 —— 一切無關乎技巧。一旦你開始專注於演奏技巧、竅門，一心想表演得華麗耀眼並讓大家印象深刻，一切就會變得索然無味。如果我從來不曾玩過音樂，我就無法領會這些道路。打從我開始撰寫本書第一版時，我開始教我的孩子們彈奏樂器，幫助他們表達創造力並從演奏中獲得樂趣，而我也因此無數次獲得啟發。

出去走走

▲或者去京都的寺廟散散步……

如果你一直待在自己的安全範圍內，絕對不會有任何偉大的事發生在你身上。所以，盡你所能，走出你的辦公室、學校、家裡，去向外做各種連結，找機會好好地鍛鍊你的創造力。學習始於那「廣大的外面世界」。挑戰自己並開發你的創意，鍛鍊你的創意大腦。去上戲劇課程、藝術課程。去參加一場研討會。去看場電影、聽場音樂會、看場舞台劇或音樂劇。或者，獨自一人去散個步，尋求靈感與啟發。

學習，無處不在

我們可以在意想不到的地方找到靈感與學習的課題。比方說，這些年來，我在每天早上的電車通勤中，學到了許多有關圖像設計方面的常識 —— 何謂有效的設計，何謂無效的設計。日本的電車乾淨、舒適，而旦準時，車廂裡則充滿了各種吊掛式的印刷廣告，每一塊你可以想像得到的空間都貼得滿滿的。我在通勤時很喜歡瀏覽這些印刷廣告，藉機觀察圖像設計的趨勢，並且了解平面媒體使用圖像的方式。

透過仔細檢視，你可以從海報、標語、街頭標示、店面等地方的圖像設計中，學到非常多的基礎設計原則，並且培養出敏銳的審美眼光。我們經常忽略了城市景觀中的種種設計，或是將之看做理所當然的存在，但是只要上街去走一遭，你就會發現身邊到處都是可以學習的例子。可以學習的課題無處不在，問題在於你看不看得見。

你早已具備這種能力

這一切的關鍵是，知道你自己本身早就擁有這個能力了。不要依賴科技或任何其他人來左右你的選擇。更重要的是，不要讓習慣（或其他人的習慣）來決定你要用什麼方式來準備、設計，以及最終如何表現你的簡報。秘訣是，讓自己擁有更深刻的覺察力，並讓自己能夠看見這個世界以及所有圍繞在你身邊的課題。如果我們緊抓著舊有的不放，那我們就很難真正向前邁進或學習到新事物。想要有所改善，關鍵的重點其實就是擁有開放的頭腦、開放的心、學習的意願，甚至是在過程中犯錯的勇氣。有很多方

式可以改善並轉化你自己。我在這一章裡列出了其中幾種，希望能夠對你有所幫助。

結語

所以，結論是什麼呢？結論就是沒有所謂的結論這回事 —— 只有下一步。下一個步驟完全操之在你。事實上，這完全稱不上是結語，對很多人來說，這可能反而是個開始。在這本書中，我試著讓你在正要著手改善自己的簡報準備、設計、以及講演技巧時，思考幾件簡單的事。這本書著重在使用多媒體的簡報，然而，並非所有的簡報場合或類型都適合使用多媒體科技。這要由你來決定。不過，如果你決定要在下一次的簡報中使用數位工具來製作影像，那麼，讓限制、簡單與自然成為你在設計與演講時的指導原則。好好享受這趟旅程吧 ！

「千里之行，始於足下。」

—— 老子（Lao-tzu）

圖片來源

▲日式庭園的照片獲授權翻印自《Mirei Shigemori: *Modernizing The Japanese Garden*》（暫譯：《現代日式庭園》，Stone Bridge Press 出版）一書，作者為 Chritsian Tschumi 與 Markuz Wernli Saito。Markuz 的作品可見於：http://markuswernli.org/。

Front Matter

VI kosmos111/Shutterstock; VIII Garr Reynolds; X Guy Kawasaki; XI Guy Kawasaki.

Chapter 1

4 Benson Truong/Shutterstock; 6 Garr Reynolds; 9 Shutterstock; 9 Life and Times/Shutterstock; 11 Life and Times/Shutterstock; 13 Adam Gregor/Shutterstock, 13 Rawpixel.com/Shutterstock; 15 iJeab/Shutterstock, anatoliy_gleb/Shutterstock, Kiattipong/Shutterstock, Korawat photo shoot/Shutterstock, George Rudy/Shutterstock, joyfull/Shutterstock; 18 Shutterstock; 20 Seth Godin; 21 Seth Godin; Lyza Danger Gardner; 23 KieferPix/Shutterstock; 25 Svetoslav Radkov/Shutterstock.

Chapter 2

30 Eladora/Shutterstock; 32 Ollyy/Shutterstock; 33 Garr Reynolds; 36 Garr Reynolds; 38 Dr. Ross Fisher; 39 Dr. Ross Fisher; 42 Garr Reynolds; 43 Garr Reynolds, Min C. Chiu/Shutterstock; 45 Naluwan/Shutterstock.

Chapter 3

46 SkyLynx/Shutterstock; 48 anyaberkut/Getty Images; 51 Ditty_about_summer/Shutterstock; 52 Zack Frank/Shutterstock; 55 Pressmaster/Shutterstock; 57 Daxiao Productions/Shutterstock; 58 Garr Reynolds; 59 Jacob Lund/Shutterstock; 60 Garr Reynolds; 61 Stylephotographs/123rf.com; 64 C.PIPAT/Shutterstock; 67 Matej Kastelic/Shutterstock; 69 Asier Romero/Shutterstock, Wavebreak Media Ltd/123rf.com; 71 its_al_dente/Shutterstock, Pilipphoto/Shutterstock, Alexander Raths/Shutterstock, Garr Reynolds; 72 Matej Kastelic/Shutterstock; 73 wavebreakmedia/Shutterstock; 74 fizkes/Shutterstock; 76 Jacob Lund/Shutterstock; 77 Valzan/Shutterstock.

Chapter 4

78 anatoliy_gleb/Shutterstock; 82 Garr Reynolds; 83 Africa Studio/Shutterstock, pathdoc/Shutterstock, patpitchaya/Shutterstock, Andreeva Anna/Shutterstock; 84 Pictorial Press Ltd/Alamy Stock Photo; 90 Tatchaphol/Shutterstock; 91 TY Lim/Shutterstock; 93 Koonsiri boonnak/Shutterstock; 95 Wavebreakmedia/Shutterstock; 98 Garr Reynolds; 99 Garr Reynolds; 100 Garr Reynolds; 101 Orla/Shutterstock, Lucky Business/Shutterstock, Chinnapong/Shutterstock, Cedric Crucke/Shutterstock; 101 antoniodiaz/Shutterstock, Imtmphoto/Shutterstock; 102 Garr Reynolds; Maridav/Shutterstock, Jacob Lund/Shutterstock, its_al_dente/Shutterstock, Lucky Business/Shutterstock, Nickoly/Shutterstock, 103 Garr Reynolds, Krasovski Dmitri/Shutterstock, Lora liu/Shutterstock, Elnavegante/Shutterstock, TOMO/Shutterstock, GaudiLab/Shutterstock, Andrey Bayda/Shutterstock, Rawpixel/Shutterstock, GaudiLab/Shutterstock, Andrey Bayda/Shutterstock, KPG_Payless/Shutterstock, TOMO/Shutterstock; 104 Courtesy of Nancy Duarte; 105 Courtesy of Nancy Duarte; 106 Courtesy of Nancy Duarte; 107 Courtesy of Nancy Duarte; 110 Elnavegante/Shutterstock; 110 Maxx-Studio/Shutterstock; 111 Slawomir Chomik/Shutterstock.

Chapter 5

116 Alexey Fedorenko/Shutterstock; 120 Justin Sullivan/Getty Images, Ron Wurzer/Getty Images; 123 Kcline/E+/Getty Images; 124 Garr Reynolds; 125 Katherine Welles/Shutterstock; 128 The History Collection/Alamy Stock Photo; 129 Garr Reynolds; 132 COSMOS A PERSONAL VOYAGE/Druyan-Sagan Associates, Inc.; 135 NeydtStock/Shutterstock.

Chapter 6

136 Blue Planet Studio/Shutterstock; 138 Mstanley/Shutterstock; 139 Mstanley/Shutterstock; 141 SFIO CRACHO/Shutterstock; 143 GaudiLab/Shutterstock; 145 Supranee/Shutterstock; 145 akarin Sawasdinaka/Shutterstock; 146 dem10/Getty Images; 147 wavebreakmedia/Shutterstock, Tom Saga/Shutterstock, wavebreakmedia/Shutterstock; 151 iJeab/Shutterstock, anatoliy_gleb/Shutterstock, Kiattipong/Shutterstock, Korawat photo shoot/Shutterstock, joyfull/Shutterstock, Garr Reynolds; 153 Rawpixel.com/Shutterstock, Garr Reynolds; 154 Garr Reynolds; 156 Dex Image/Alamy Stock Photo; 157 Benoist/Shutterstock, naka-stockphoto/Shutterstock, takayuki/Shutterstock, KO HONG-WEI/Alamy Stock Photo, Dex Image/Alamy Stock Photo; 158 mikiel/123rf.com; 159 Yury Zap/Shutterstock, MyPixelDiaries/Shutterstock, 159 FCG/Shutterstock; 160 Shutterstock, Garr Reynolds, Mladen Zivkovic/Shutterstock; 161 Jim David/Shutterstock, wavebreakmedia/Shutterstock, 161 Garr Reynolds; 162 magone/123rf.com, Jit-anong Sae-ung/Shutterstock, Tanya_F/Shutterstock, Sergii Molodykov.123rf.com, Garr Reynolds, Blue Ice/Shutterstock; 164 Anton Watman/Shutterstock; 164 yonibunga/Shutterstock; 165 Anton Watman/Shutterstock, yonibunga/Shutterstock; 166 KieferPix/Shutterstock; 167 EasyBuy4u/Getty Images; 168 Garr Reynolds; 169 Andreeva Anna/Shutterstock, Daxiao Productions/Shutterstock, redhumv/Getty Images, Claudiad/E+/Getty Images; 172 Phil Date/Shutterstock, ene/Shutterstock, Mikhail Pozhenko/Shutterstock, Phil Date/Shutterstock; 173 NASA; James Breeze; 174 Photodynamic/Shutterstock, Pictorial Press Ltd/Alamy Stock Photo; 175 Khakimullin Aleksandr/Shutterstock, StockPhotosArt/Shutterstock, EpicStockMedia/Shutterstock, epicstockmedia/123rf.com, Garr Reynolds; 177 Kathleen Scott; 179 Christian Delbert/Shutterstock, Garr Reynolds, Chinnapong/Shutterstock; 180 Blue Planet Studio/Shutterstock, WildSnap/Shutterstock, KPG_Payless/Shutterstock, joyfull/Shutterstock;

181 Katsushika Hokusai (Japanese, Tokyo (Edo) 1760–1849 Tokyo (Edo)). South Wind, Clear Sky (Gaif kaisei), also known as Red Fuji, from the series Thirty-six Views of Mount Fuji (Fugaku sanj rokkei). Metropolitan Museum of Art, New York. JP9.; Evgeny Atamanenko/Shutterstock, Garr Reynolds; 06photo/Shutterstock, Garr Reynolds, Jozef Polc/123rf.com; 184 Mstanley/Shutterstock; 185 Alina Rosanova/Shutterstock, Garr Reynolds, nadianb/Shutterstock, Tanya_F/Shutterstock; 186 Green Color/Shutterstock; 190 Rawpixel.com/Shutterstock, oatawa/Shutterstock, EM Arts/Shutterstock; 191 Sergii Molodykov.123rf.com; 192 Garr Reynolds, Pictorial Press Ltd/ Alamy Stock Photo; 193 Garr Reynolds, milatas/Shutterstock, PopTika/Shutterstock, jtyler/Getty Images; 195 NeydtStock/ Shutterstock.

Chapter 7

196 Life and Times/Shutterstock; 198 Andrey Bayda. Shutterstock, J.D.S/Shutterstock; 199 Garr Reynolds; 200 MaraZe/Shutterstock, Dan Kosmayer/Shutterstock; 201 Garr Reynolds, polkadot_photo/Shutterstock, Garr Reynolds, kazoka/Shutterstock, Mstanley/Shutterstock; 203 Garr Reynolds; 204 HstrongART/Shutterstoc, PitukTV/Shutterstock; 205 GHProductions/Shutterstock, Halfpoint/Shutterstock, Garr Reynolds; 206 Garr Reynolds; 207 Mstanley/Shutterstock; 208 Garr Reynolds,Kativ/E+/Getty Images, Worldclassphoto/ Shutterstock, Kcline/E+/Getty Images, Kathleen Scott, Patryk Kosmider/Shutterstock; 209 Dudarev Mikhail/Shutterstock, Ooyoo/E+/Getty Images, Yali Shi/123RF, John Leung/ Shutterstock, dstephens/Getty images, Mykeyruna/Shutterstock, RichLegg/Getty Images; 210 Epicurean/E+/Getty Images, nunosilvaphotography/Shutterstock, miya227/Shutterstock, Rawpixel.com/Shutterstock, Yury Zap/Shutterstockq; 212 Courtesy of Gihan Perera; 214 Courtesy of Shena Ashley; 215 Courtesy of Shena Ashley; 216 www.gapminder.com; 218 MatoomMi/Shutterstock; 219 Courtesy of Masayoshi Takahashi; 220 Courtesy of Sunni Brown; 221 Courtesy of Sunni Brown; 222 Garr Reynolds; 223 Courtesy of Andreas Eenfeldt; 224 Courtesy of Andreas Eenfeldt; 225 Courtesy of Clement Cazalot; 226 imtmphoto/Shutterstock, KPG_Payless/ Shutterstock, Vyntage Visuals/Shutterstock, imtmphoto/ Shutterstock, maroke/Shutterstock, milatas/Shutterstock; 227 maroke/Shutterstock, milatas/Shutterstock, imtmphoto/ Shutterstock,UfaBizPhoto/Shutterstock,milatas/Shutterstock, Billion Photos/Shutterstock, Syda Productions/Shutterstock, vectorfusionart/Shutterstock, KPG_Payless/Shutterstock; 228 UPI/Alamy Stock Photo; 229 Angel_fff/Shutterstock.

Chapter 8

234 Breslavtsev Oleg/Shutterstock; 236 Justin Sullivan/Getty Images; 240 bouybin/Shutterstock; 241 bouybin/Shutterstock; 242 maRRitch/Shutterstock; 247 Nikolas Papageorgiou; 249 New Africa/Shutterstock.

Chapter 9

250 Andrey Armyagov/Shutterstock; 253 Billion Photos/ Shutterstock; 254 Invision/AP/Shutterstock; 259 Mstanley/ Shutterstock, Blue Ice/Shutterstock; 261 Garr Reynolds; 262 Garr Reynolds; 263 Garr Reynolds; 264 Photo by Neil Murphy courtesy of TEDxKyoto; 266 TED.com; 267 Photo by Stefan Nilsson; 268 Photo by Jörgen Hildebrandt; 269 Mstanley/ Shutterstock, Supranee/Shutterstock; 271 nito/Shutterstock.

Chapter 10

272 fizkes/Shutterstock; 275 Shutterstock; 275 Shutterstock; 277 Mstanley/Shutterstock, Garr Reynolds; 278 Alan Davidson/ Shutterstock; 279 Shutterstock; 280 Imtmphoto/Shutterstock; 285 Matej Kastelic/Shutterstock; 286 David Paul Morris/Getty Images; 289 Justin Sullivan/Getty Images; 290 David Paul Morris/Getty Images, Justin Sullivan/Getty Images; 292 Garr Reynolds; 295 Life and Times/Shutterstock; 297 Gorodenkoff/ Shutterstock, WHYFRAME/Shutterstock; 298 Garr Reynolds; 299 naluwan/Shutterstock.

Chapter 11

304 Sander van der Werf/Shutterstock; 306 Garr Reynolds; 307 Garr Reynolds; 308 MAHATHIR MOHD YASIN/Shutterstock, Anton Watman/Shutterstock; 309 Mike_O/Shutterstock; 311 Ozerov Alexander/Shutterstock.

▲賈爾・雷諾茲周遊世界，就設計、溝通以及日常生活中與簡單原則等主題發表演講。

▲賈爾的 Presentation Zen™ 研討會在全球各地廣受歡迎，是一個學習如何將限制、簡單與自然等原則納入你的內容的好地方。

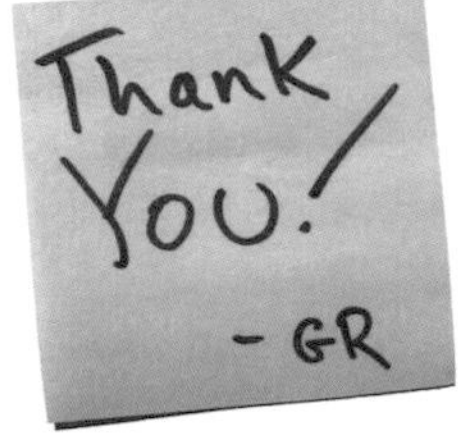

更多相關資訊，歡迎造訪：
www.presentationzen.com

如欲諮詢口語表達訓練課程，敬請致信：
office@presentationzen.com

簡報美學｜簡報 x 設計 x 呈現

作　　者：Garr Reynolds
譯　　者：沈佩誼
企劃編輯：莊吳行世
文字編輯：詹祐甯
設計裝幀：張寶莉
發 行 人：廖文良

發 行 所：碁峰資訊股份有限公司
地　　址：台北市南港區三重路 66 號 7 樓之 6
電　　話：(02)2788-2408
傳　　真：(02)8192-4433
網　　站：www.gotop.com.tw
書　　號：ACI035700
版　　次：2022 年 10 月初版
建議售價：NT$520

國家圖書館出版品預行編目資料

簡報美學：簡報 x 設計 x 呈現 / Garr Reynolds 原著；沈佩誼譯.
-- 初版. -- 臺北市：碁峰資訊, 2022.10
面；　公分
譯自：Presentation Zen: simple ideas on presentation design and delivery
ISBN 978-626-324-288-3(平裝)
1.CST：簡報
494.6　　111013340

讀者服務

- 感謝您購買碁峰圖書，如果您對本書的內容或表達上有不清楚的地方或其他建議，請至碁峰網站:「聯絡我們」\「圖書問題」留下您所購買之書籍及問題。(請註明購買書籍之書號及書名，以及問題頁數，以便能儘快為您處理)
http://www.gotop.com.tw

- 售後服務僅限書籍本身內容，若是軟、硬體問題，請您直接與軟體廠商聯絡。

- 若於購買書籍後發現有破損、缺頁、裝訂錯誤之問題，請直接將書寄回更換，並註明您的姓名、連絡電話及地址，將有專人與您連絡補寄商品。